政府门户网站
公众满意度概念模型
研究

李海涛 著

科学出版社
北京

内 容 简 介

本书吸收企业管理中顾客满意度理论合理内核,在现有成熟的顾客满意度模型、技术接受理论及任务-技术适配模型的基础上,阐述了政府门户网站公众满意度概念模型构建的理论依据、方法及实际应用,以期在发展、完善顾客满意度理论的同时,从公众的心理、行为角度开展政府门户网站公众满意度概念模型的研究,从公众满意度的角度规范、引导政府门户网站建设。

本书可供科研机构专业研究人员,高校情报学、档案学等相关专业的师生,以及政府工作人员等阅读参考。

图书在版编目(CIP)数据

政府门户网站公众满意度概念模型研究/李海涛著. —北京:科学出版社,2018.10

(国家社科基金后期资助项目)

ISBN 978-7-03-059102-9

I. ①政… II. ①李… III. ①国家行政机关－互联网络－网站－社会服务－评价－研究－中国 IV. ①TP393.409.2

中国版本图书馆 CIP 数据核字(2018)第 238072 号

责任编辑:郭勇斌 周 爽 王 贝 / 责任校对:王萌萌
责任印制:张克忠 / 封面设计:黄华斌

科学出版社 出版
北京东黄城根北街 16 号
邮政编码:100717
http://www.sciencep.com

中国科学院印刷厂 印刷
科学出版社发行 各地新华书店经销

*

2018 年 10 月第 一 版 开本:720×1000 1/16
2018 年 10 月第一次印刷 印张:19
字数:320 000

定价:118.00 元
(如有印装质量问题,我社负责调换)

国家社科基金后期资助项目
出版说明

　　后期资助项目是国家社科基金设立的一类重要项目，旨在鼓励广大社科研究者潜心治学，支持基础研究多出优秀成果。它是经过严格评审，从接近完成的科研成果中遴选立项的。为扩大后期资助项目的影响，更好地推动学术发展，促进成果转化，全国哲学社会科学工作办公室按照"统一设计、统一标识、统一版式、形成系列"的总体要求，组织出版国家社科基金后期资助项目成果。

全国哲学社会科学工作办公室

前　言

作为政府行政与公共事务管理的虚拟平台，政府门户网站旨在整合政府部门现有的业务应用、组织内容和信息资源，促进政府职能部门之间，政府与公众、企业之间的交流互动并为公众、企业与政府工作人员提供方便、快捷的服务。随着电子政务全球化浪潮的到来，政府门户网站绩效评价逐步成为重要的学术课题。近10年来国内外学术界分别从评价理论、评价体系及评价方法等维度就政府门户网站绩效评价展开了深入研究。研究结果表明：现有政府门户网站绩效评价主体多为政府，缺少从公众满意的视角开展的政府门户网站绩效评价研究。尽管有部分学者将公众满意度作为政府门户网站绩效评价研究的指标，但该指标大都用于衡量政府门户网站服务功能单一层面。政府门户网站作为政府公共服务的集成平台与政民互动的快捷渠道，其设立的根本目的应是面向公众的需求，提供优质、高效，最终令不同公众群体满意的在线产品及服务。因此从公众满意度的角度开展政府门户网站绩效评价研究，对于指导政府门户网站建设、完善政府门户网站功能具有较强的说服力，而如何从公众满意度出发，探讨在与政府门户网站交互中影响公众满意度的心理、行为因素，应成为面向公众满意的政府门户网站绩效评价理论研究及实践开展的重点与难点。

我们认为政府门户网站公众满意度与企业顾客满意度具有相同的实质，同时对于政府门户网站有用、易用的感知，公众具体事务办理与政府门户网站技术支持间的适配程度等多种因素，均会影响政府门户网站公众满意度，所以在吸收现有成熟的顾客满意度模型、技术接受理论（模型）、任务-技术适配（task-technology fit，TTF）模型合理内核的基础上，构建了政府门户网站公众满意度（GWPSI）概念模型。GWPSI概念模型的构建有利于从公众的心理、行为角度，开展政府门户网站公众满意度模型的创新性研究，有利于从公众满意度的角度规范、引导政府门户网站建设，有利于发展、完善顾客满意度理论。

早期文献中关于满意度模型研究的相关影响因素是经多次实证研究证

明且较为稳定的因素，利于本书 GWPSI 概念模型构建的稳定性。本书首先利用 CiteSpace 可视化软件的共被引分析法（co-citation analysis），分析了多年来政府门户网站绩效评价、顾客满意度研究现状，以及政府门户网站公众满意度评价的国内外研究现状及进展并展开述评。其次，在此基础上利用文献分析法，对国内外顾客满意度、政府门户网站绩效及公众满意度研究现状进行了综合评述，并指出了现有研究的不足。

政府门户网站公众服务及公众满意度理论框架是 GWPSI 概念模型构建的理论基础。本书首先界定了电子政务背景下面向公众服务的政府门户网站的内涵，在分析政府门户网站公众服务的特征、对象、内容、层次及平台的基础上，构建了政府门户网站公众服务的理论框架；其次阐述了政府门户网站公众满意度的内涵、形成机制，将技术接受理论（模型）引入政府门户网站公众服务中，探讨了技术接受理论（模型）在政府门户网站公众满意度形成中的作用，以及政府门户网站服务质量与满意度之间的关系。

基于政府门户网站公众服务及公众满意度理论框架，本书构建 GWPSI 概念模型。在 GWPSI 概念模型的构建中，首先，比较分析系列顾客满意度模型、技术接受理论（模型）、任务-技术适配模型，探讨上述理论（模型）对于 GWPSI 概念模型构建的启示；其次，从与政府门户网站交互中公众的心理、行为出发，设定 GWPSI 概念模型中的结构变量，并利用文献分析、用户调查、专家访谈、探索性因子分析等多种方法，综合选取 GWPSI 概念模型中各结构变量对应的观测变量；最后，结合现有的研究成果科学地设定 GWPSI 概念模型中各变量间的关系，构建 GWPSI 概念模型及测评模型，并阐述 GWPSI 概念模型的应用特征。

GWPSI 概念模型实证研究开展的前提需要科学地筛选实证研究数据。为确保用于实证研究数据的科学、精准，本书构建政府门户网站公众满意度数据采集体系，首先，该体系包含政府门户网站公众满意度测评实证研究中样本数据采集、分析、处理的理论及方法，重点介绍了基于问卷星专业调查网站的电子问卷，以及网络即时通信工具的数据采集方法及其特点；其次，包含政府门户网站公众满意度数据采集系统；再次，包含政府门户网站公众满意度调查问卷的信度、效度分析方法、指标及其间的内在关系分析；最后，在对政府门户网站公众满意度调查问卷缺失数据的原因、机制、处理方法分析的基础上，为充分挖掘问卷缺失数据内含的有用信息，提出了利用 NORM 软件采用多重插补方法，处理问卷中缺失数据。

GWPSI 概念模型用于实际测评需通过数学模型加以显性处理。本书阐述了如何基于结构方程建模的方法开展政府门户网站公众满意度测评研究。主要结合结构方程模型（structural equation model，SEM）的特点，重点阐述政府门户网站公众满意度测评的结构方程建模方法，即包括在分析结构方程模型原理的基础上阐述构建 GWPSI 概念模型的目的、过程；根据结构方程模型原理构建 GWPSI 测量模型及结构模型；在对 LISREL（linear structural relations）与 PLS（partial least squares）路径分析方法推估性能理论分析的基础上，通过仿真试验检验 LISREL 与 PLS 路径分析方法的推估性能；探讨 PLS 路径分析方法在 GWPSI 概念模型参数估计中的具体应用。

基于前期数据采集体系及模型基础，本书开展了政府门户网站公众满意度测评的实证研究。实证研究中，以湖北省人民政府门户网站公众满意度为测评对象，研究内容主要包括湖北省人民政府门户网站公众满意度数据的采集及处理，问卷量表信度、效度分析，问卷缺失数据处理，样本分析，以及该省政府门户网站公众满意度现状分析等，并利用 PLS 路径分析方法验证分析 GWPSI 概念模型，根据测评结果修正完善模型，进一步探讨影响政府门户网站公众满意度的关键因素及政府门户网站发展对策。

湖北省人民政府门户网站 2010 年完成了网站功能及建设理念上的改革，当时以其为主要测评对象构建的 GWPSI 概念模型是本书研究开展的基础模型。随着电子政务发展，政府公共服务力度加大，网站的功能及数据公开上也有新的特点，同时 GWPSI 概念模型的构建具有动态性特征，需要在实证中不断探索完善，故 6 年后即 2017 年，笔者又选择了电子政务较为发达的广东省人民政府门户网站为测评对象，根据测评结果完善 GWPSI 模型。两次测评，在数据采集对象、采集维度上基本保持一致，分析方法上也采用原有参数，以验证此前 GWPSI 模型的强健及稳定性。根据测评结果动态观测 GWPSI 概念模型 6 年来的稳定性，并进一步修正完善模型。同时根据测评结果，进一步探讨影响政府门户网站公众满意度的关键因素，以及新政策及信息技术环境下，政府门户网站公众满意度的提升对策。

感谢全国哲学社会科学规划办公室对于本书创作及出版的支持，感谢研究团队对于本书相关项目的持续参与与投入，感谢科学出版社编辑的支持及专业、高效的工作，最后感谢爱妻宋琳琳在本人工作及生活中的分担与付出。爱你，我的宝贝女儿陶儿。

世界范围内政府门户网站绩效评价理论和实践研究发展迅猛，新的政策环境及信息技术方法，推动了政府门户网站服务功能及质量不断提升，同时也促进了政府门户网站绩效评价方法及技术不断涌现。以公众满意度为核心的政府门户网站绩效测评及测评模型的构建，是一个动态探索的过程。本书难免存在疏漏，恳请专家和广大读者批评指正，作者将继续追踪该领域前沿研究，及时修订完善此书。

目 录

前言

绪论 ……………………………………………………………… 1

第一章 政府门户网站公众满意度测评国内外研究概述 ……… 5

第一节 政府门户网站绩效评价研究现状 ………………… 5
一、国外政府门户网站绩效评价研究现状的可视化分析 … 5
二、政府门户网站绩效评价研究现状的内容分析 ………… 11

第二节 顾客满意度研究现状 ……………………………… 20
一、国外顾客满意度研究现状的可视化分析 ……………… 20
二、顾客满意度研究现状的内容分析 ……………………… 25

第三节 政府门户网站公众满意度测评研究现状 ………… 48
一、国外政府门户网站公众满意度测评研究现状的可视化
分析 …………………………………………………………… 48
二、政府门户网站公众满意度测评研究现状的内容分析 … 49

第四节 综合分析 …………………………………………… 55

第二章 政府门户网站公众服务及公众满意度理论框架 ……… 62

第一节 面向公众服务的政府门户网站内涵 ……………… 62
一、政府门户网站的内涵 …………………………………… 62
二、面向公众服务的政府门户网站的内涵 ………………… 64

第二节 政府门户网站公众服务的理论框架 ……………… 67
一、政府门户网站公众服务的特征 ………………………… 67
二、政府门户网站公众服务的对象 ………………………… 71
三、政府门户网站公众服务的内容 ………………………… 77
四、政府门户网站公众服务的层次 ………………………… 79

五、政府门户网站公众服务的平台 …………………………… 82

　第三节　政府门户网站公众满意度理论框架 …………………… 86
　　一、政府门户网站公众满意度的内涵 ………………………… 86
　　二、技术接受理论（模型）与政府门户网站公众满意度 …… 88
　　三、政府门户网站服务质量与公众满意度 …………………… 93

第三章　政府门户网站公众满意度概念模型的构建 ………… 96

　第一节　顾客满意度模型的分析 ………………………………… 97
　　一、期望差异模型 ……………………………………………… 97
　　二、瑞典顾客满意度指数模型 ………………………………… 98
　　三、美国顾客满意度指数模型 ………………………………… 99
　　四、欧洲顾客满意度指数模型 ………………………………… 100
　　五、中国顾客满意度指数模型 ………………………………… 102
　　六、顾客满意度指数模型对于 GWPSI 概念模型构建的
　　　　启示 ………………………………………………………… 103

　第二节　技术接受理论（模型）分析 …………………………… 104
　　一、理性行为理论 ……………………………………………… 105
　　二、计划行为理论 ……………………………………………… 105
　　三、技术接受模型 ……………………………………………… 107
　　四、技术接受和使用统一理论模型 …………………………… 108
　　五、创新扩散理论 ……………………………………………… 108
　　六、技术接受理论（模型）对于 GWPSI 概念模型构建的
　　　　启示 ………………………………………………………… 110

　第三节　任务-技术适配模型的分析 ……………………………… 112
　　一、任务-技术适配模型 ……………………………………… 112
　　二、任务-技术适配模型对于 GWPSI 概念模型构建的
　　　　启示 ………………………………………………………… 113

　第四节　GWPSI 概念模型结构变量的选择及其路径关系的
　　　　　假设 ………………………………………………………… 113
　　一、GWPSI 概念模型结构变量的选择 ……………………… 114
　　二、GWPSI 概念模型各结构变量路径关系的假设 ………… 119

第五节 GWPSI 概念模型观测变量的选择 ……………………… 124
　一、感知质量的观测变量 …………………………………… 125
　二、预期质量的观测变量 …………………………………… 134
　三、比较差异的观测变量 …………………………………… 135
　四、公众满意的观测变量 …………………………………… 136
　五、感知有用及感知易用的观测变量 ……………………… 136
　六、主观规范的观测变量 …………………………………… 137
　七、感知行为控制的观测变量 ……………………………… 137
　八、持续行为意图的观测变量 ……………………………… 138
　九、任务-技术适配的观测变量 …………………………… 138
第六节 GWPSI 测评模型的结构变量及测量模型 ……………… 138
第七节 GWPSI 概念模型及其特征说明 ………………………… 140
　一、GWPSI 概念模型 ………………………………………… 140
　二、GWPSI 概念模型的特点 ………………………………… 141
　三、GWPSI 概念模型的应用说明 …………………………… 143

第四章　政府门户网站公众满意度数据的采集及处理 ……… 145

第一节　政府门户网站公众满意度数据采集方法 ……………… 145
　一、自助式数据采集法 ……………………………………… 145
　二、非自助式数据采集法 …………………………………… 147
　三、政府门户网站公众满意度数据采集系统 ……………… 150
第二节　政府门户网站公众满意度调查问卷的信度及效度
　　　　分析 …………………………………………………… 155
　一、政府门户网站公众满意度调查问卷的信度分析 ……… 156
　二、政府门户网站公众满意度调查问卷效度分析 ………… 160
　三、政府门户网站公众满意度调查问卷的信度与效度的
　　　关系 …………………………………………………… 162
第三节　政府门户网站公众满意度调查问卷缺失数据的处理 …… 162
　一、政府门户网站公众满意度调查问卷缺失数据原因分析 … 162
　二、政府门户网站公众满意度调查问卷缺失数据机制分析 … 164
　三、政府门户网站公众满意度调查问卷缺失数据处理方法 … 166

第五章 基于结构方程模型的政府门户网站公众满意度测评研究……173

第一节 政府门户网站公众满意度测评的结构方程模型方法……173
一、结构方程模型原理……173
二、基于结构方程模型构建 GWPSI 概念模型的目的……176
三、基于结构方程模型构建 GWPSI 概念模型的过程……176

第二节 政府门户网站公众满意度测评的结构方程模型……179
一、政府门户网站公众满意度测量模型……179
二、政府门户网站公众满意度结构模型……182
三、政府门户网站公众满意度的计算公式……183

第三节 GWPSI 概念模型参数估计方法的选择及应用……183
一、GWPSI 概念模型参数估计方法的选择……183
二、PLS 路径分析方法在 GWPSI 概念模型参数估计中的应用……188

第六章 政府门户网站公众满意度测评的实证研究——以湖北省人民政府门户网站为例……194

第一节 数据采集及处理……195
一、数据采集的方法……195
二、数据采集问卷的设计……196
三、数据处理……197
四、样本特征分析……201
五、湖北省人民政府门户网站服务现状分析……202

第二节 基于 PLS 路径分析方法的 GWPSI 概念模型的推估结果……205
一、GWPSI 测量模型的验证性因子分析……205
二、GWPSI 结构模型的验证性因子分析……209
三、GWSPI 概念模型的各参数指标……211
四、实证研究结论……212

第三节 实证研究结果分析……215

　　　　一、GWPSI 测量模型中结构变量与观测变量的关系分析 …… 215
　　　　二、GWPSI 结构模型中结构变量之间关系分析 ………… 217
　　第四节　政府门户网站公众满意度的提升对策 ……………… 221
　　　　一、GWPSI 概念模型中结构变量发展完善的目标区域 …… 222
　　　　二、基于 GWPSI 概念模型各结构变量的政府门户网站
　　　　　　公众满意度提升对策 …………………………………… 223

第七章　政府门户网站公众满意度测评的发展研究 ——以广东省人民政府门户网站为例 ……………………… 233

　　第一节　数据采集及处理 ……………………………………… 234
　　第二节　GWPSI 概念模型的参数推估及验证分析 …………… 236
　　　　一、GWPSI 测量模型的验证性因子分析 ………………… 236
　　　　二、GWPSI 结构模型的验证性分析 ……………………… 239
　　第三节　基于 PLS 路径分析方法的 GWPSI 测量模型的推估
　　　　　　结果 ……………………………………………………… 240
　　第四节　GWPSI 测量模型的再次修正 ………………………… 241
　　　　一、结构变量之间的直接效应 …………………………… 241
　　　　二、结构变量之间的总体效应 …………………………… 241
　　第五节　再次修正后的 GWPSI 模型 …………………………… 242
　　第六节　再次修正后的 GWPSI 模型分析 ……………………… 243
　　　　一、结构变量与观测变量之间关系分析 ………………… 243
　　　　二、各结构变量之间关系分析 …………………………… 244
　　第七节　政府门户网站公众满意度的提升对策 ……………… 245
　　　　一、基于比较差异的公众满意度提升对策 ……………… 246
　　　　二、基于感知质量的对策 ………………………………… 247
　　　　三、基于预期质量的对策 ………………………………… 249
　　　　四、基于感知有用的对策 ………………………………… 249

参考文献 ……………………………………………………………… 252

附录 1　"影响政府门户网站感知质量相关因素"的开放式
　　　　调查问卷 ……………………………………………………… 271

附录2 政府门户网站公众感知质量影响因素调查问卷 …… 272
    第一部分　甄别问卷 …… 272
    第二部分　正式问卷 …… 272
    第三部分　个人信息 …… 275

附录3 湖北省人民政府门户网站公众满意度调查问卷 …… 276
    第一部分　甄别问卷 …… 276
    第二部分　湖北省人民政府门户网站公众需求调查 …… 276
    第三部分　湖北省人民政府门户网站公众满意度调查 …… 277
    第四部分　个人信息（包含用户使用心理）调查 …… 281

附录4 广东省人民政府门户网站公众满意度调查问卷 …… 283
    第一部分　甄别问卷 …… 283
    第二部分　广东省人民政府门户网站公众需求调查 …… 283
    第三部分　广东省人民政府门户网站公众满意度调查 …… 284

后记 …… 287

绪 论

从 2000 年世界上第一个真正意义上的政府门户网站——美国第一政府门户网站出现以来，政府门户网站已经成为一些信息基础设施完备、电子政务发达的国家促进政府行政改革、扩大公共服务的有力工具。虽然政府门户网站的内涵因各国政府的施政理念及政策方针的不同而有所差异，但是作为政府运用信息化手段为社会提供管理与服务的工具，政府门户网站在促进政府改革、完善公共服务中发挥的作用却是相同的。

1999 年，以"政府上网工程"的正式启动为标志，我国各级政府逐步开展了政府门户网站的规划与建设。2003 年，国务院信息化工作办公室在"两网一站四库十二金"的电子政务建设规划中，就将政府门户网站建设列为当年建设的重点工程之一。根据 2015 年国务院办公厅政府信息与政务公开办公室统计，截至 2015 年 7 月，我国已建立了 8.5 万多个政府门户网站，其中 471 个国务院部门，2995 个省级政府、22 731 个市级政府和 56 785 个县级政府，都建立了电子政务网站。[①]目前，我国已经基本形成了由中央政府、国务院各部门、地方各级人民政府及其部门网站组成的政府门户网站体系。但中国电子信息产业发展研究院发布的中国政府网站绩效评估结果表明，我国政府门户网站在线办事流程复杂，互动不足，与公众需求有较大的差距，从而导致公众对于政府门户网站的认可及信任度不高。随着我国网络用户队伍的壮大及其需求的细化，面向公众的政府门户网站服务，与公众需求间的差距将逐渐拉大，具体表现为公众期望进一步优化政府门户网站、加大信息公开力度、简化网上办事流程、提高在线办事效率、提升政民互动，而政府门户网站建设与现有服务水平还不能满足上述需求。以上数据与事实表明我国政府门户网站建设在以公众的需求为导向方面还存在不足，政府门户网站的服务尚未满足公众的需求。

围绕政府门户网站的研究、实践一直比较活跃。全球数以千计的政府门户网站项目已经实施，绝大部分投入使用，更多的开发研究及项目正在

---

① 中央政府门户网站. 全国政府网站普查总体情况(截至 7 月 27 日). http://www.gov.cn/wzpc/2015-07/28/content_2904005.htm. [2018-07-16].

进行。随着电子政务全球化浪潮的到来，政府门户网站绩效评价问题逐步成为重要的学术课题，国内外围绕政府门户网站绩效评价理论、评价体系及评价方法等方面，展开了深入的研究。科学地评价研究与实践，有利于对政府门户网站的发展规模、水平及实际作用做出正确的判断，为即将开展的政府门户网站建设项目提供科学的规划，并对其影响做出理性预期，引导政府门户网站科学、规范地发展，提高政府投资效益，满足公众、组织对政府门户网站各项服务的需求。

目前国内外政府门户网站绩效评价研究，从评价指标体系构建到评价方法的选择及评价实践的开展还存在一些不足。例如，在评价指标体系上，尽管目前围绕政府门户网站绩效形成了多个评价指标体系，但大多数评价指标体系缺少严密、系统的论证，综合性评价指标体系尚未形成；评价方法选择上呈现多样化趋势且多以描述性统计为主，各评价方法应用之间缺乏互相对比验证；而在现有的政府门户网站绩效评价的实践中，由于缺乏长期跟踪的实证研究，存在评价多从政府自身出发、缺乏利益相关的第三方的评价视角、评价标准选择随意、数据来源不可靠等一系列问题，并最终导致评价结果的适用性与有效性仍需检验。2004年，默门顿研究集团（Momentum Research Group）在关于欧洲八国电子政务实施状况的《网络影响2004：从联网到生产率》的报告中指出，78%的调查对象认为公众满意度应是政府门户网站的重要目标。[①] 而当前政府门户网站的评价活动及实践多从政府自身角度设计问卷，缺乏从公众满意度的角度了解影响公众对于政府门户网站接受、使用及最终满意的相关因素。尽管有部分学者开始尝试基于公众的视角开展政府门户网站绩效评价研究，但是此类评价多集中于网站的信息系统、数字资源等技术建设层面，而从与政府门户网站交互中的公众心理、行为及满意度等角度开展政府门户网站绩效评价的研究比较少见。

政府门户网站作为公共服务平台和政民互动的渠道，其根本目标应面向公众的需求，提供便捷、完善最终令公众满意的服务。因而，从公众满意度的角度开展政府门户网站绩效评价研究具有较强的说服力。政府门户网站现有的服务是否让公众满意，哪些因素影响了政府门户网站公众的满意程度，哪些因素影响公众选择、接受、使用政府门户网站，公众在使用政府门户网站过程中的心理及行为与公众满意度之间的关系如何等一系列

---

① 欧洲八国电子政务调查报告[EB/OL]. http://www.china.com.cn/chinese/EC-c/763075.htm. [2018-01-20].

问题的解决，要求必须从公众满意度的角度开展政府门户网站绩效测评。只有以公众满意度为导向开展政府门户网站绩效测评，才能了解公众使用预期、使用行为及真正需求，科学地引导政府门户网站的建设与发展，且以公众满意度为导向的政府门户网站绩效评价实践，也有利于政府了解公众对于政府门户网站的预期，分析互动中公众的心理、使用行为，为不同需求的公众提供个性化服务。因此，开展面向公众满意度的政府门户网站绩效评价研究，对于促进顾客满意度理论和评价方法的发展，引导、规范政府门户网站建设，开发与利用政府门户网站服务资源，完善政府公共服务职能均具有重要的理论意义与现实意义。

20 世纪 80 年代后期，随着市场管理理念与管理方式的变革，企业为提升市场占有率，加大了对顾客满意度的研究投入，开发出一系列系统测评企业产品、服务及文化的顾客满意度模型。应该说企业对于顾客满意度的评价研究及评价实践已较为成熟。但将顾客满意度理论及顾客满意度评价方法，引入到政府门户网站绩效评价中，国内外相关研究还处于起步阶段。如何在政府门户网站绩效评价中充分借鉴、应用企业现有较为成熟的顾客满意度理论与模型，寻找顾客满意度理论与模型在政府门户网站服务与企业服务两个不同评价领域应用中的结合点至关重要。首先，政府门户网站服务职能不仅体现为日常政务的管理，更重要在于面向公众，提供与公众日常生产、生活密切相关的高质量、高效的主题服务。因此，以公众的需求为中心，提供增值、优质的公共服务应为政府门户网站服务的核心主旨，在新公共管理模式下，服务职能是政府的根本职能，而政府服务职能的体现应强调公共服务中的用户导向及服务的质量与结果，强调政府在解决公共问题、满足公众需求上的有效性和回应力，强调政府与公众的沟通和合作治理（姜齐平和汪向东，2004）。因此，依照企业面向顾客服务的视角，审度面向公众的政府门户网站的服务过程，公众等同于"顾客"，是政府门户网站服务的对象，而公共服务则是政府门户网站提供给"顾客"的"产品"。其次，在市场环境下，顾客满意度形成于产品与服务消费过程中，顾客满意度的实质是顾客对比资本（努力）投入与实际获取的产品或服务后的心理体验的程度。政府门户网站服务与公众之间，表面上看似乎不存在生产与消费的关系，但根据瑞典经济学家林达尔（Lindahl）"均衡学说"中"要保证公共产品的有效供给，每个社会公众应自觉地按照从公共产品中获得的边际效益，承担相应成本"的观点（李静怡，2006），政府门户网站的公共服务是政府为公众提供的"产品"，构建与维持政府门户网站公共服务正常运转的资金,则源于从该服务中获得效益的公众缴纳的税收。因此,政府门户网站与公众交互的实质,是生产者与消费者的关系。政府门户网站所提供的"产品"——服务与公众支出成本(缴纳税收,获取服务时的时间、精力支出等)的比较差异(disconfirmation,D),将直接影响公众对政府门户网站的满意程度,这也是顾客满意度理论与政府门户网站绩效评价的结合点。此外,公众在使用以信息技术为支撑的政府门户网站服务中,政府门户网站信息技术支撑下的服务功能、公众自身的信息素养等因素,将影响公众对于政府门户网站有用、易用的感知,最终影响政府门户网站公众满意度。因此,从与政府门户网站交互中的公众心理、使用行为着手,引入与公众的心理、行为有关的技术接受理论(模型)中的合理内核,在充实顾客满意度理论的同时,有助于完善政府门户网站绩效评价指标体系。公众使用政府门户网站的实质,是以政府门户网站为工具,解决生产、生活、学习中的具体任务,政府门户网站的服务功能与公众具体任务的适配情况,将影响公众对政府门户网站的接受程度,进而影响公众的满意程度。基于上述分析,将企业顾客满意度、技术接受理论(模型)、任务-技术适配模型,融入政府门户网站公众满意度的测评中是切实可行的。

为此,本书将顾客满意度、技术接受理论(模型)、任务-技术适配模型引入政府门户网站公众满意度的测评中,结合政府门户网站公众服务的特点,以美国顾客满意度指数(American customer satisfaction index,ACSI)模型为基础,结合技术接受模型及任务-技术适配模型,形成政府门户网站的公众满意度测评理论、方法及模型(刘燕,2006)。

第一章 政府门户网站公众满意度测评国内外研究概述

电子政务背景下的政府门户网站绩效评价，从理论架构到技术实现均在不断演进中，"政府门户网站""绩效评价"在文献中有不同的表述。中文如"政府门户网站""电子政务网站""电子政府门户网站""评价""评议""测评""验收"等，英文如"government website""e-government portal""e-government website""government internet site""evaluation""assessment""appraisal""estimation""measure"等。行业组织或研究团体在研究中多使用"评价""评议""测评"的表述，而在学术研究的相关文献中，"评价"一词使用较多，因此，本书在与"绩效评价"相关的表述中，一般采用"评价"一词，并根据具体语境采用"测评"一词，用"政府门户网站"代表其他一切相关概念的表述。需要说明的是本书所指"评价模型"或"测评模型"结合具体语境，既指评价或测评的概念模型，也可指评价或测评的测评模型。

第一节 政府门户网站绩效评价研究现状

一、国外政府门户网站绩效评价研究现状的可视化分析

研究发现，两篇文献间的关系可通过它们同时被其他文献引用的频次来表达，当频次较高时，表明其关系越密切，换言之，两篇文献的学科背景具有较高的相似性，这种研究方法被称为共被引分析法。常见的共被引分析法主要包括作者共被引分析（author co-citation analysis，ACA）及文献共被引分析（documents co-citation analysis，DCA），其原理基本相同，即分析两篇文献或两位作者同时被其他文献或作者引用的关系。为了清晰地获知国外政府门户网站绩效评价的研究现状，提高分析过程的效率、范围及客观性，我们利用信息可视化工具 CiteSpace

可视化软件[①]对 Web of Science 中所有与政府门户网站绩效评价相关的论文进行文献共被引分析，探索国外政府门户网站绩效评价研究演进中的关键节点、研究热点及研究前沿。

1. 数据来源与方法

研究使用的数据全部来自美国科学情报研究所（Institute for Scientific Information，ISI）推出的 Web of Science 3 个检索数据库（SCI、SSCI、A&HCI）中的文献，检索策略为：选择题名为"government website evaluation"，语种为"English"，文献类型为"articles"，时间范围为"1986～2010 年"，共检索到 57 篇文章。数据下载日期为 2010 年 6 月 28 日。

2. 政府门户网站绩效评价研究的关键节点文献

将 1986～2010 年发表的全部 57 篇"政府门户网站绩效评价"的题录数据输入 CiteSpace 可视化软件中，题录数据主要包括标题（title）、摘要（abstract）、关键词（keywords）、参考文献（reference）等。在节点类型（node types）中选择被引文献（cited reference），并在时间分区（years per slice）项中将 1986～2010 年的跨度分为 25 个时间分区（每一年为一个时间区），采用默认阈值设置，运行 CiteSpace 可视化软件，得到政府门户网站绩效评价研究的文献共引网络知识图谱（图 1-1），图中字体的大小与文献的重要程度有着正向关联，即字体越大表明该节点对应文献在该学科演进中的作用越重要。

通过图 1-1，可以清晰地发现政府门户网站绩效评价研究领域重要文献间的共被引关系。该知识图谱中有 5 个最为突出的关键节点文献，见表 1-1。

所谓关键节点指的是连接两个以上的不同聚类，且相对中心度和被引频次较高的点，在某一知识研究网络中，此类节点可被看作不同研究阶段间过渡的关键点。关键节点的文献通常是提出重要的理论或是具有重要创新的关键文献。通过分析政府门户网站绩效评价研究演进中的关键节点文献信息，可以进一步理清各文献聚类知识的流向及具体路径，对于政府门户网站绩效评价研究的相关主干理论演进的分析，具有重要作用，而且关

---

① CiteSpace 可视化软件全称为 Information Visualization-Citespace 信息可视化软件，其运行原理是通过 JAVA 计算机编程语言程序实现共被引分析，以可视化的图像直接展示科学知识间的关系。具体来说 CiteSpace 可视化软件具有以下基本功能：一是通过引文网络分析，获取学科领域演进的关键节点（文献）；二是通过其关键词聚类功能，找出学科领域研究的热点；三是通过其膨胀词探测（burst detection）功能，预测学科或知识领域的研究前沿。

图 1-1 政府门户网站绩效评价研究的文献共引网络知识图谱

表 1-1 政府门户网站绩效评价研究的关键节点文献（1986～2010 年，被引频次≥3）

被引频次	节点作者	题名	出版年份	文献类型	来源	对节点的贡献
5 (54)	Eschenfelder K R	Assessing U.S. federal government websites	1997	论文	Government Information Quarterly	初步提出了政府门户网站的评价标准
5 (24)	Nielsen J	Why you only need to test with 5 users	2000	论文	Designing Web Usability	为政府门户网站可用性的测评提供了理论及方法支持
4 (676)	Layne K	Developing fully functional E-government: a four stage model	2001	论文	Government Information Quarterly	构建了政府门户网站的成长模型，为政府门户网站评价提供了动态的参考指标
4 (112)	Muylle S	The conceptualization and empirical validation of web site user satisfaction	2004	论文	Information & Management	构建了网站用户满意度的测评工具，为从公众满意的角度开展政府门户网站绩效测评研究提供了理论、方法支持
3 (128)	Madu C N	Dimensions of e-quality	2002	论文	Information Journal of Quality & Reliability Management	探索了虚拟服务中影响顾客满意度的因素，为面向公众满意的政府门户网站测评研究开拓了新的研究视角

注：该表是对 CiteSpace 可视化软件分析结果统计后绘制，其中括号内的数字是 Google 学术搜索得到的被引频次，节点作者为文献的第一作者，检索日期为 2010 年 6 月 29 日。

键节点文献的分析对于把握政府门户网站绩效评价研究的前沿，也具有积极指导作用（Chen，2005）。根据 CiteSpace 可视化软件运行结果（图 1-1）反映，该知识图谱中共有 5 个关键节点，分别代表了政府门户网站绩效评价研究的主干理论领域中的代表性学者及其重要文献。按照节点在共引网络中的大小，该知识图谱中最为显著的是 Eschenfelder 等在 1997 年发表于 *Government Information Quarterly* 的《美国联邦政府门户网站评价》（*Assessing U.S. Federal Government Websites*）一文。针对美国政府门户网站数量呈指数增长的现实，该文在总结现有美国信息传播政策及法案的基础上，从信息内容（目标、内容、目录控制、服务、传播、精确度）及易用性（链接质量、反馈机制、存取、设计、导航）两个维度，初步构建了联邦政府门户网站的评价标准。Eschenfelder 提出的政府门户网站易用性与信息内容标准指标体系，为后期的政府门户网站绩效评价指标体系的构建提供了重要的理论依据，也为后期的政府门户网站绩效评价中相关指标的设定提供了参考。此后的 Nielsen 关于政府门户网站可用性的测评研究为后期的政府门户网站可用性测评研究的开展提供了理论依据及关键的测评指标与方法，提高政府门户网站可用性标准在测评中的可操作性。Layne 在综合分析不同类型政府门户网站发展过程的结构、功能等特点的基础上，构建了政府门户网站的成长模型，该模型提供了不同发展阶段的政府门户网站结构、功能的共性特征，为政府门户网站绩效评价指标体系的研究，提供了动态性的参考指标。2002～2004 年 Muylle 与 Madu 等则从用户满意的视角开展了网站服务质量的测评研究，研究中 Muylle 等分析了网站用户满意的内涵及测评维度，并通过实证研究的方法，构建了网站服务质量用户满意的测评工具。该研究为后期从公众满意的角度测评政府门户网站服务绩效，提供了理论依据与方法支持；Madu 则分析了电子虚拟服务中影响顾客满意度的相关因素。他的研究为面向公众满意的政府门户网站测评研究，开拓了新的研究视角，提供了研究新方法。

3. 政府门户网站绩效评价研究的热点领域（聚类分析）

采用同样步骤将 1986～2010 年发表的与"政府门户网站绩效评价"相关的 57 篇文献数据输入 CiteSpace 可视化软件中，网络节点（web note）确定为关键词，阈值选择为默认值，运行 CiteSpace 可视化软件，生成了政府门户网站绩效评价研究的关键词被引频次≥4 的列表（表 1-2）及政府门户网站绩效评价研究关键词共引网络知识图谱（图 1-2）。

表 1-2 政府门户网站绩效评价研究关键词列表（被引频次≥4）

序号	主题词	被引频次	年份	序号	主题词	被引频次	年份
1	e-government	18	2005	6	information	4	2008
2	evaluation	7	2006	7	website evaluation	4	2005
3	internet	6	2000	8	performance evaluation	4	2009
4	government website	5	2006	9	service quality	4	2005
5	web sites	4	2005				

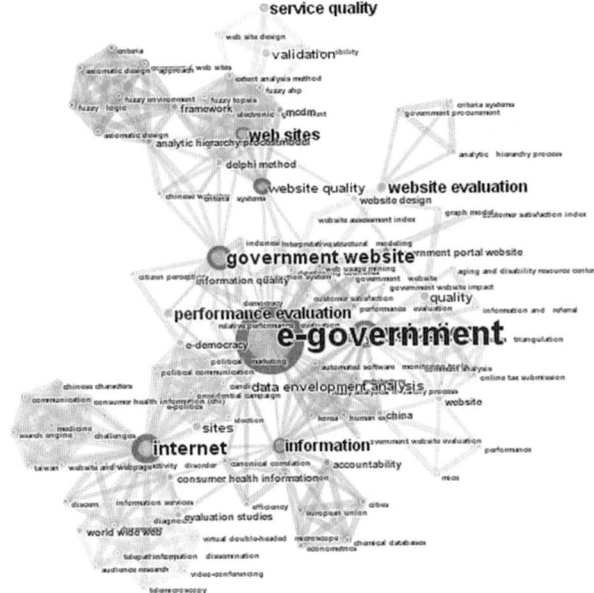

图 1-2 政府门户网站绩效评价研究关键词共引网络知识图谱

e-government（电子政务）、evaluation（评价）、website evaluation（网站评价）、performance evaluation（绩效评价）和 service quality（服务质量）等成为政府门户网站绩效评价研究的热点领域，结合表 1-2 及图 1-2 的显示结果，从单一年份来看，e-government（电子政务）排在第一位，被引频次为 18，表明"电子政务"是政府门户网站绩效评价研究的热点领域。由于政府门户网站绩效评价研究是基于电子政务背景下广泛开展的，作为一种新的政府公共管理模式，电子政务的成熟与发展将不断推动政府门户网站公共服务职能的完善。政府门户网站作为电子政务建设中政府与公众的交互平台，其绩效评价研究与电子政务评价研究联系紧密。紧居其后的关键词 internet（互联网）和 government website（政府网站）则表明互联网及政府网站成为政府门户网站绩效评价研究的另一个热点领域，其中以"互联网"为关键节点的聚类文献的内容，多表现与互联网绩效测评研究相关的互联网信息技术、网络系统功能评价研究，政府门户网站是基于互联网开展服务的，其服务功能的发展、完善来自互联网信息技术的支持。因此，在对政府门户网站绩效测评研究中，学者借鉴吸收了互联网环境下网站信息技术、网站系统功能评价指标体系，围绕着互联网形成了研究热点。而从 2005~2009 年关键词被引频次的累积来看，evaluation 出现频次最多，这表明评价是近年来政府门户网站绩效评价研究中持续关注的热点，通过追踪关键节点文献发现，相关聚类文献的研究包括了企业、互联网、公共服务绩效评价，服务质量评价，评价方法改革，评价工具完善等内容，许多学者在政府门户网站绩效评价中，充分吸收其他领域评价实践中较为成熟的理论、方法的合理内核，围绕着评价形成了新的研究热点。

4. 政府门户网站绩效评价研究的前沿和发展趋势

CiteSpace 可视化软件提供的膨胀短语探测（burst detection）功能与算法，有助于探明政府门户网站绩效评价研究的前沿与发展趋势，其基本原理是通过探测关键词频次的时间分布，从大量的主题词中将频次变化率高的词挖掘出来，依据主题词频次的高低及词频的变动趋势，确定相关研究的前沿领域和发展趋势。实际操作中，先将 57 篇"政府门户网站绩效评价"的题录数据输入 CiteSpace 可视化软件中，通过点选"术语类型"（term type）窗口下的"名词短语"（noun phrases），将题录数据先进行名词化处理，再选择"膨胀短语"（burst phrases），阈值为默认值，最后点击"探测膨胀短语"（find burst phrase）。我们梳理了近年来政府门户网站绩效评价研究的前沿和发展趋势，具体见表 1-3。

通过对上述政府门户网站绩效评价各年度膨胀短语的梳理分析可知：近年来国外政府门户网站绩效测评研究的发展趋势，已从网站技术层面的测评研究，转向网站服务质量建设及具体测评方法的创新、应用研究上，同时在测评内容上，政府门户网站的服务对象被纳入测评指标体系，通过测评服务对象的使用感知、行为等内容，评价政府门户网站的绩效。

表1-3 政府门户网站绩效评价研究的前沿和发展趋势

年份	探测出的膨胀短语	说明
2006	主成分分析法（principal component analysis）	政府门户网站绩效评价研究中2006~2009年各年度测评方法研究前沿
2007	二元相对评价法（binary relative evaluaion）	
2008	顾客满意度指数（customer satisfaction index）	
2009	模糊层次分析法（fuzzy analytic hierarchy process）	
2006	信息质量（information quality）	政府门户网站绩效评价研究中2006~2009年各年度测评内容研究前沿
2007	信息系统质量（information system quality）	
2008	公众感知（citizen perception）	
2009	服务可得性（service accessibility）	

二、政府门户网站绩效评价研究现状的内容分析

（一）国外政府门户网站绩效评价研究现状的内容分析

政府门户网站最初是以电子信息资源和网上信息服务的形式出现的，在不断发展中，政府门户网站的数量与规模逐步壮大，其在体现政府服务职能中的作用也越发明显。政府出于计量和评价工作的需要，开始关注政府门户网站的评价问题。电子政务在全球范围的迅猛发展，促使政府对其政府门户网站的价值及其实际应用效果，进行客观的分析和判断。20世纪90年代后期开始，各国纷纷出现了一系列评价本国政府门户网站发展状况的研究成果，从组织形式上看，有机构研究与实践和项目评价活动，也有学者单独开展的一般性评价研究与实践。

1. 机构研究与实践

近10年来，联合国及欧美等国一直关注政府门户网站绩效评价研究，各方结合实际，组织实施了多种研究活动，形成了多维综合评估体系及多种评价工具，并在具体评价实践中不断完善。

（1）政府门户网站绩效评价指标体系的构建研究

2002年，埃森哲（Accenture）咨询公司量化测评了24个国家级电子政府，在对9个政府部门利用政府门户网站提供的169项国家级服务的测评中，构建了政府门户网站服务成熟度（service maturity）及传递成熟度（delivery maturity）指标体系。该指标体系围绕着政府门户网站的信息发布、交互、传递能力，以及互动性、针对性、站点特性等指标，测评了政

府门户网站的实际服务能力；2003年，埃森哲咨询公司对22个国家的电子政务进行了定量测评并将测评内容增至201项，在此次测评中，埃森哲咨询公司将客户关系管理（customer relationship management，CRM）纳入评价体系；2004年后，埃森哲咨询公司将评价重点从政府门户网站的实际服务能力，转向从公众视角开展对政府门户网站服务质量的评价活动（徐恩元等，2008）。高德纳（Gartner）咨询公司也对政府门户网站实际服务能力开展评价。评价围绕"为公众提供服务的质量""网站运行的效益"及"产生的政治影响"等维度展开，针对各维度均又设定具体评价指标，如"公民服务水平"主要用于评价政府在线服务能力，具体包括政府门户网站服务的成熟性、有用性等评价指标（杜浩文等，2010）。

（2）公众视角下的政府门户网站绩效评价研究

在从公众视角对政府门户网站绩效开展的系列评价研究中，国外一些研究机构分别进行了有益的尝试，如美国布朗大学（Brown University）、美国联邦企业架构项目管理办公室（Federal Enterprise Architecture-Project Management Office，FEA-PMO）、加拿大政府等。

美国布朗大学与世界市场研究中心（World Markets Research Center）对全球196个国家的2288个政府门户网站进行评价，评价以各国电子政务的"标志性特征"为基础，采用百分制电子政府指数，围绕信息可用性、服务发送、公共访问3个大类28项指标，对政府门户网站进行特征分累计。该评价强调以公众为核心，测评政府门户网站信息服务与交易服务能力。FEA-PMO于2015年推出的全美标准化电子政务项目绩效评估模型，提出了包含"任务和业务结果""用户结果""业务流程及活动""人力成本""技术""固定资本"等评价指标的政府门户网站绩效参考模型（赵一椿，2015）。2015年加拿大政府在构建的"以结果为基础"的评价体系中，体现了对政府门户网站产出、结果与影响等层次评价指标体系的有机结合。涵盖了可访问性、可信性、公众满意度、公众接受度、安全等评价指标（赵一椿，2015）。

2. 项目评价活动

项目评价活动是伴随着政府门户网站构建计划的设立而同时开展的，政府门户网站绩效的项目评价报告通常包括三种类型：一是与政府门户网站创建项目同时开展的评价活动的报告；二是就运行中的政府门户网站的绩效进行评价所生成的报告；三是对多个政府门户网站进行评价后生成的报告。

从《电子政务标杆管理：联合国所有成员国电子政务水平的调查报告》开始，2001~2014年，联合国经济和社会事务部（United Nations Department of Economic and Social Affairs）围绕全球电子政务发展状况已经发布了8份调查报告，提出了"电子政务准备度指数""电子参与指数"两大电子政务绩效评价指标，并将"电子咨询""电子信息""电子决策"作为衡量"政务网站绩效"的关键评价指数。①

TNS（Taylor Nelson Sofres）公司连续3年发布了3份全球政府门户网站绩效评价报告，在3份报告中，TNS公司提出了一系列包括测评对象、测评内容、指标权重及测评方式在内的政府门户网站绩效评价指标体系。该指标体系重在评价政府门户网站发展的社会广度及应用程度，并关注公众隐私及网站的信息安全。在测评方式上，该指标体系在以各国人口权重为指标权重的基础上，采用问卷的方式，广泛采集各国政府门户网站用户的原始数据。② 2003~2008年，联合国经济和社会事务部发布的4份全球电子政务发展状况研究报告中已形成了较为系统的政府门户网站评价方法与指标体系，该指标体系包含了电子政务完备度指数（e-government readiness index）与电子参与度指数（e-participation index）2个一级评价指标，以及电子信息（e-information）、电子咨询（e-consultation）、电子决策（e-decision-making）等6个二级评价指标。特别是在题为《2008年度全球电子政务调查报告：从电子政务到整体治理》（*UN e-Government Survey 2008: From e-Government to Connected Governance*）的报告中，联合国经济和社会事务部总结了政府门户网站在教育、医疗、就业、社会保障等领域的300余项服务要素，以起步、提高、交互、在线事务处理、无缝整合5个阶段性评价指标来评价政府门户网站的服务水平，并通过5个评价指标不同权重的赋值，重在评价政府门户网站公共服务的提供、工作流程的重组及制度创新等方面的状况（中国软件评测中心，2008）。IBM公司（International Business Machines Corporation，国际商用机器公司）电子政务研究院则以现代信息通信技术（information and communications technology，ICT）在政府门户网站的应用为出发点，设定了灵活性、可升

---

① 2016年联合国电子政务调查报告[EB/OL]. http://www.doc88.com/P-3761523198572.html. [2018-09-08].
② TNS Global market research company[EB/OL]. http://www.tnsglobal.com. [2010-08-30].

级性、可靠性评价指标,为政府门户网站技术水平的绩效评价提供了另一种思路(赵一椿,2015)。

3. 一般性评价研究与实践

(1) 具体法案指导下的政府门户网站绩效评价研究

国外较早对政府门户网站绩效评价系统地开展研究的是美国的Eschenfelder、Beachboard与Mcclure等学者,他们在20世纪90年代初已发表有关政府门户网站绩效评价的相关学术论文及研究报告。Eschenfelder等(1997)提出了政府门户网站绩效评价应基于联邦政府信息政策及信息法案指导下开展的观点。在相关的信息法案指导下,他们构建了网站服务对象、网站信息内容、易用性3个一级评价指标,以及对应的网站服务定位、网站信息时效性和精确性、个人隐私保护、网站链接、反馈机制等15个二级评价指标组成的美国联邦政府门户网站评价体系。

(2) 政府门户网站的服务质量评价研究

Torres等(2005)在比较欧洲33个城市政府门户网站服务绩效的基础上,吸取了埃森哲咨询公司的服务成熟度及传递成熟度评价指标体系的内核,实证研究了抽样城市政府门户网站的信息发布、信息交互及传递能力,并依据互动性、针对性、站点特性等评价指标,开展了政府门户网站的实际服务能力的测评。Gouscos等(2007)则从政府门户网站的服务质量入手,通过问卷调查、计量分析等方法,构建了包含网站易用性、信息内容可用性、服务获取性、服务界面友好性、服务透明性、个性化定制服务等评价指标在内的政府门户网站服务绩效评价体系。基于该评价体系,他们还开展了政府门户网站服务绩效测评的实践研究。Jati和Dominic(2009)通过网络测试工具,从网站反馈时间、下载时效、网页大小、内容类目等维度入手,测评了5个亚洲国家的政府门户网站的服务质量,并根据测评结果指出亚洲政府门户网站仍需加强政府门户网站绩效评价,以及质量评价标准的建设。de Souza和Mont'Alvão(2012)基于网页内容可访问性指南(Web content accessibility guidelines,WCAG)设计了Hera、DaSilva两种半自动化评价工具,围绕网络信息的无障碍存取性,开展了政府门户网站服务绩效评价研究,对比两种评价工具的评估结果。Elling等(2012)针对政府门户网站服务质量评价工具,专门设计了"网站评价问卷",并通过对比其在受控及非受控试验样本中的应用效果,指出"网站评价问卷"

对于相关用户信息行为具有较强的采集功能。

（3）公众视角下的政府门户网站绩效评价研究

Miranda 等（2009）以欧洲 84 个国家的城市政府门户网站为样本，在问卷调查分析的基础上，构建了包含可获取性、获取速度、导航功能、内容质量等影响因子在内的政府门户网站评价指标体系（Web assessment index，WAI）。与以往评价指标体系不同，WAI 在各项评价指标关系的处理上，从公众视角入手，采用模型拟合的方式，探索了 WAI 中各评价指标间的内在关系。Aladwani（2013）探讨了基于跨文化背景的用户视角，分析了跨文化用户关于政府门户网站界面设计、语义表达等可用性、易用性认知的差异，提出了面向跨文化用户的政府门户网站评价指标及设计。Venkatesh 等（2014）以政府门户网站的用户可用性为主要测评点，以政府健康医疗网站为对象，构建了包含 16 个维度的可用性测评评价指标体系，证明了类似网站可用性对用户满意度，以及持续使用程度的显著影响。

综上所述，国外在对政府门户网站绩效评价的研究中具有以下共性：①以公众为中心；②强调政府门户网站的服务效果；③强调在线互动及公众参与；④强调定量分析，实证研究；⑤构建了多级综合评价指标体系；⑥测评实践中，根据实际灵活应用评价指标；⑦尝试使用多种测评工具评价政府门户网站各项绩效。

（二）国内政府门户网站绩效评价研究现状

随着电子政务的迅猛发展，我国政府门户网站的数量不断增加，政府门户网站绩效评价已得到各级政府部门重视，并在第三方评价机构的参与下逐步开展，国内相关研究现状具体如下。

1. 机构研究与实践

国内机构关于政府门户网站绩效评价研究，经历了不断探索的过程，测评重点也随着我国电子政务发展而不断改变，具体内容如下。

（1）政府门户网站技术层面的绩效测评研究

前期，机构关于政府门户网站绩效的测评研究，主要强调对政府门户网站的信息内容、服务功能等技术层面的绩效测评研究，如 2002 年 5 月，广州时代财富科技公司发布的《中国电子政务研究报告》在对我国 196 个政府门户网站的内容、功能详细分析的基础上，构建了包括政府机关的基本信息、政府网站的信息内容和用户服务项目、网上政务的主要功能、电子政务的推广等维度的政府门户网站绩效评价指标体系，强调从支持网站服务内容、服务功能的技术层面对政府门户网站绩效进行评价（佚名，2004）。

（2）政府门户网站业务结构、流程层面的绩效测评研究

中期的机构研究及实践主要强调对政府门户网站业务结构、业务流程的绩效评估，如 2003 年 2 月，中国电子信息产业发展研究院在发布的《2002～2003 年中国政府门户网站建设现状与发展趋势研究年度报告》中指出，政府门户网站的绩效评价应根据政府门户网站的发展现状，采取相应的评价策略，并尝试从政府门户网站业务结构、流程建设的角度对政府门户网站绩效进行评价[①]。

（3）政府门户网站服务绩效测评研究

随着政府角色从管制型向服务型转变，一些研究机构更强调从用户的角度，对政府门户网站的服务绩效进行评价，如北京大学网络经济研究中心和北京大学光华管理学院联合北京时代计世资讯有限公司，在 2007 年 1 月发布的《2006～2007 年全国政府门户网站评估研究报告》中，参照互联网技术测评体系，开展了全国省级、地市级政府门户网站绩效评价。该评价引入了第三方评价机构，在政府门户网站服务绩效的专题评价研究中，开始从公众实际需求出发，对政府门户网站的互动交流、网上办事等服务功能初步测评[②]，旨在反映转型中政府门户网站的发展特点，衡量当前我国政府门户网站绩效水平与服务型政府门户网站目标间的差距。

2. 项目评价报告

（1）国际视角下的政府门户网站绩效评价方法研究

在已开展的政府门户网站绩效评价项目中，不少研究机构尝试将我国实际情况与国际接轨，采用国际较为通用、成熟的评价模型及评价方法，开展政府门户网站绩效评价研究，并形成了系列项目评价报告。例如，2002 年，电子政府思想库网站以北京、上海、广州等十大城市的政府门户网站为测评对象，在生成的《全国十大城市政府门户网站的初步调查与比较》报告中，依据政府门户网站单项评价指标体系中的 49 项评价指标，评价了国内政府

---

① 见赛迪顾问股份有限公司的《2002～2003 年中国政府门户网站建设现状与发展趋势研究年度报告》。

② 2006～2007 年全国政府门户网站评估研究报告[EB/OL]. http://www.hdcmr.com/8853.pdf. [2010-08-30].

门户网站发展的整体特点与最新趋势。与以往不同的是，此次评价尝试采用国际性电子政务测评模型，通过了严格的数理统计和反复校查，最大限度地反映政府门户网站绩效水平。①

（2）政府门户网站服务能力的测评研究

为广泛采集代表性数据，推广评价活动，在政府门户网站绩效评价中，不同研究机构通过联合组建项目课题组的方式，就政府门户网站的服务能力展开综合评价，并形成了系列项目评价报告。例如，2004年，大型电子政务专业类杂志《电子政务》联合搜狐门户网站，在发布的《2003～2004中国城市政府门户网站评价报告》中，以电子政务实现度为评价政府门户网站绩效的核心指标，分别从交互性、时效性、个性化、透明化、实用性、安全性等测量维度，重点评价了我国336个城市政府门户网站的65项服务中的在线服务能力（OSA）和在线应用能力（OAA），并以此作为衡量城市政府门户网站发展水平的依据。② 2006年，北京大学市场与网络经济研究中心（原北京大学网络经济研究中心）与北京大学光华管理学院，在发布的《中国电子政务研究报告》（2006）中，运用构建的双维度、多层级的网站测评体系（PIT-EEE），评价了我国289个地级市（地区、自治州）、32个省会城市与计划单列市（全称为国家社会与经济发展计划单列市）、31个省（自治区、直辖市）政府门户网站的绩效，此次评价活动整体采用了网站服务功能与技术指标相结合的评价方法。③

3. 一般性评价研究与实践

（1）政府门户网站绩效综合评价指标体系的研究

构建政府门户网站绩效综合评价指标体系，是开展政府门户网站绩效评价的首要任务。我国早期的政府门户网站绩效一般性评价研究与实践，就是围绕该任务展开的。许多学者在借鉴与吸收相关研究领域成果的基础上，开展了政府门户网站评价指标体系构建的系列建设性研究。例如，东南大学经济管理学院胡广伟和仲伟俊（2004）构建的政府门户网站绩效综合评价指标体系中，提出了政府门户网站功能、服务效果、网站使用效果评价标准。此后，许多学者分别就政府门户网站的可用性、评价指标体系、评价客体等问题展开广泛的、日趋深入的探讨。米爱中等（2004）在政府门户网站绩效评

---

① 见电子政府思想库2002年12月发布的《全国十大城市政府门户网站的初步调查与比较》。
② 中国城市政府门户网站排行[EB/OL]. http://it.sohu.com/s2004/chengshimenhu.shtml. [2018-08-30].
③ 中国电子政务研究报告（2006年）[EB/OL]. http://www.docin.com/p-18312371.html. [2018-08-30].

价中，引入了电子商务网站绩效测评的理念，以政府门户网站的服务功能为导向，围绕着政府门户网站的可用性、服务质量和信息质量评价指标，构建了由系列问题组成的开放式问题集合。

（2）政府门户网站绩效评价子指标体系的构建及应用研究

在政府门户网站绩效评价指标体系研究中，我国部分学者从政府门户网站某一测评维度入手，尝试构建与其相关的评价子指标体系，并于实际测评中不断完善。例如，从政府门户网站绩效评价重要维度——网站的影响力入手，沙勇忠和欧阳霞（2004）采用链接分析、网络影响因子测度方法，开展我国省级政府门户网站影响力的评价研究，在对比各省（自治区、直辖市）信息化水平总指数后，提炼出站外链接量、网络影响因子、访问量等评价政府门户网站影响力的关键指标，并进一步探讨了这些指标在政府门户网站绩效评价中的具体应用。刘伟和段宇锋（2006）采用层次分析法（analytical hierarchy process，AHP），建立了政府门户网站网络影响力评价指标体系，并利用该评价指标体系评价了我国 32 个省级政府门户网站的网络影响力。周敏（2009）从政府门户网站的设计水平与网站质量的关系入手，在对我国 31 个省级政府门户网站设计情况调查分析的基础上，构建了政府门户网站的"设计维度"对应的评价指标体系。

（3）政府门户网站绩效评价方法的研究

学者关于政府门户网站绩效评价方法的研究也日益增多。胡广伟和仲伟俊（2004）课题组定量评价了我国 870 个中央及地方政府门户网站绩效，在评价方法上，探索性地采用了相关、回归等定量统计分析方法，分析了评价指标间的关系及具体评价指标在整个评价指标体系中的作用。在评价方法的应用创新上，米爱中等（2004）尝试将动态评价方法，应用于政府门户网站绩效评价中。该评价方法根据政府门户网站的发展阶段，在开放问题集合中灵活地选择评价指标，组成政府门户网站绩效评价的动态性评价指标体系。张敏娜和李招忠（2006）在政府门户网站绩效评价互动性评价指标体系的构建中，利用层次分析法分析了互动性评价指标，在此基础上建立了互动性评价模型。詹钟炜等（2006）运用数据包络分析（data envelopment analysis，DEA）法，建立了政府门户网站绩效评价的 DEA 模型，对全国 28 个省（自治区、直辖市）的政府门户网站绩效进行评价。与以往不同，该研究使用的评价模型不仅包含各测评政府门户网站的物理指标与服务内涵，还将各省（自治区、直辖市）的电子政务的活动与其建设环境结合起来，客观评价了用户在与政府门户网站交互中的能动作用，以及政府门户网站作为建设项目的投入产出效益。费军等（2008）采用了模糊综合评价法，利用其构建的政府门户网站绩效评价指标体系综合评价了我国政府门户网站建设和发展现状。廖奇梅（2010）基于层级分析理论建立了政府门户网站绩效评价模型，并采用多级模糊综合评价方法测评了政府门户网站的服务功能。

（4）政府门户网站绩效用户评价的研究

随着政府门户网站绩效第三方评价研究的深入，学者逐步倾向于从用户的视角出发，构建政府门户网站绩效评价指标体系，并开展政府门户网站绩效用户评价的研究。如宋昊（2005）从政府门户网站服务质量用户满意度出发，结合传统的 SERVQUAL 量表，通过实证分析提取了影响政府门户网站服务质量的便利性、可靠性、效率、关怀性等关键评价指标。周慧文（2005）以面向公众服务的政府门户网站为研究对象，在系统分析政府门户网站相关理论的基础上，从公众满意的角度出发，定量评价了面向公众满意的政府门户网站服务绩效。张少彤等（2008）从公众认知的角度出发，探索了与政府门户网站交互中，影响政府门户网站绩效与公众认知相关的因素，并在中国省级、地市级政府门户网站绩效评价指标体系的构建中，引入了与公众认知相关的评价指标，根据其对政府门户网站绩效的影响程度赋予权重。

综上所述，国内外关于政府门户网站绩效评价研究主要存在以下问题：一是从评价指标体系来看，尽管国内外已构建不少政府门户网站绩效评价指标体系，但由于对政府门户网站测评理论的研究不够充分，现有评价指标体系的构建缺少严密的论证及广泛认可的标准；二是从评价的角度来看，现有的政府门户网站绩效评价多从政府自身角度开展，缺乏从公众满意的角度开展政府门户网站绩效评价研究，虽然部分研究引入了公众心理感知等评价指标，但真正以公众为评价主体，从与政府门户网站交互中的公众心理、使用行为，以及其与公众满意度之间关系入手，开展政府门户网站绩效评价的研究还较为匮乏；三是从评价内容来看，评价集中于政府门户网站的技术或系统功能等层面，缺乏从与政府门户网站交互中的公众心理、使用行为等方面的内容；四是从评价方法来看，政府门户网站的评价方法虽然呈现多样化趋势，但其适用性缺乏有效检验；五是国内关于政府门户网站绩效评价的实证研究偏少，国外有限的评价实证研究也有如评价指标体系相互套用、样本控制不合理、评价过程不科学、采样问卷的信度及效度缺乏检测等一系列问题。总体来看，关于政府门户网站绩效评价，国内外均缺乏系统、跟踪的实证研究。

第二节 顾客满意度研究现状

一、国外顾客满意度研究现状的可视化分析

（一）数据来源与方法

研究数据同样来自美国科学情报研究所推出的 Web of Science 3 个检索数据库（SCI、SSCI、A&HCI）中的文献，检索策略为：选择题名为"customer satisfaction index"，语种为"English"，文献类型为"articles"，时间范围界定为 1986~2010 年，共检索到 212 篇文章，数据下载日期为 2010 年 6 月 30 日。

（二）顾客满意度研究的关键节点文献

先将检索到的 212 篇"customer satisfaction index"的题录数据输入 CiteSpace 软件中，题录数据主要包括标题、摘要、关键词、参考文献等。在节点类型中选择被引文献，在时间分区项中，将 1986~2010 年的跨度分为 25 个时间分区（每一年为一个时间区），采用默认阈值设置，运行 CiteSpace 可视化软件，可得到顾客满意度研究文献共引网络知识图谱，如图 1-3 所示，图中字体的大小与文献的重要程度有正向关联，即字体越大表明该节点文献越重要。

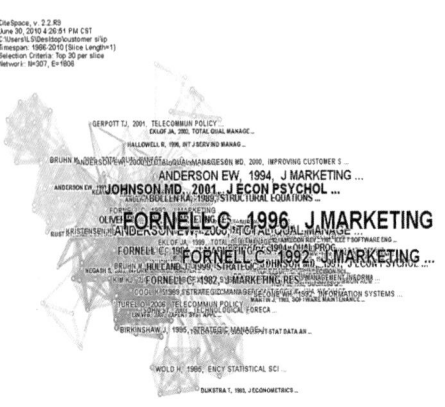

图 1-3 顾客满意度研究文献共引网络知识图谱

分析图 1-3 可知顾客满意度研究领域内重要文献之间的共被引关系。该知识图谱中关键节点文献见表 1-4。

表 1-4　顾客满意度研究的关键节点文献（1986～2010 年，被引频次≥8）

被引频次	节点作者	题名	出版年份	文献类型	来源	对节点的贡献
42 (1288)	Fornell C	The American customer satisfaction index: nature, purpose, and findings	1996	论文	The Journal of Marketing	完善了市场领域内的产品与服务的评价体系并为公共管理领域的服务质量测评提供了有效的测评工具
25 (2085)	Fornell C	A national customer satisfaction barometer: the Swedish experience	1992	论文	The Journal of Marketing	提出了瑞典顾客满意度晴雨表（Sweden customer satisfaction barometer，SCSB）模型，率先对企业、行业、国家经济运行绩效进行了"质"的评价
13 (280)	Anderson E W	Customer satisfaction, market share, and profitability: findings from Sweden	1994	论文	The Journal of Marketing	通过实证研究，证明了顾客预期质量（expectancy quality，EQ）与顾客满意度之间的正向关系，促进了顾客满意度模型的完善
13 (439)	Anderson E W & Mittal V	Strengthening the satisfaction-profit chain	2000	论文	Journal of Service Research	在顾客满意度与企业利润关系分析中，揭示了顾客满意度与顾客忠诚之间的非对称关系实质，为顾客满意度模型测评方法的选择提供了理论依据
9 (717)	Parasuraman A	Communication and control processes in the delivery of service quality	1988	论文	The Journal of Marketing	实证分析了信息沟通及控制过程与服务质量之间的正向关系，为从信息交互、过程分析等角度开展顾客满意度研究提供了理论依据及数据支持
9 (296)	Johnson M D	A framework for comparing customer satisfaction across individuals and product categories	1991	论文	Journal of Economic Psychology	系统分析了顾客满意度与产品类别的关系，为探索顾客满意度模型中的感知质量与顾客满意度的关系提供了理论依据
9 (6013)	Bagozzi R P	Evaluating structural equation models with unobservable variables and measurement error: a comment	1981	论文	Journal of Marketing Research	系统阐述了结构方程建模方法在顾客满意度模型构建中的应用，为顾客满意度模型的构建提供了方法支持

续表

被引频次	节点作者	题名	出版年份	文献类型	来源	对节点的贡献
9 (896)	Bookstein FL & Fornell C	*Two structural equation models: LISREL and PLS applied to consumer exit-voice theory*	1982	论文	*Journal of Marketing Research*	系统阐述 LISREL 及 PLS 结构方程模型的测评方法,为顾客满意度模型提供了测评方法
8 (3069)	Oliver R L	*A cognitive model of the antecedents and consequences of satisfaction decisions*	1980	论文	*Journal of Marketing Research*	从认知角度系统分析了影响顾客满意度形成的前因结果变量,促进了顾客满意度模型的完善

注:该表是对 CiteSpace 可视化软件的相关分析结果统计整理后绘制,其中括号内的数字是 Google 学术搜索得到的被引频次,检索日期为 2010 年 6 月 30 日。

根据 CiteSpace 可视化软件的界定,图 1-3 中共出现了 9 个关键节点,反映了顾客满意度主干理论研究领域中的代表性学者,以及关键节点对应的文献。按照节点的大小,图谱中最显著的节点是 Fornell 于 1992 年发表于《市场期刊》(*The Journal of Marketing*)中的《国家顾客满意度晴雨表:瑞典经验》(*A National Customer Satisfaction Barometer: the Swedish Experience*),与 Fornell 等于 1996 年发表的《美国顾客满意度指数:本质、目标及发现》(*The American Customer Satisfaction Index: Nature, Purpose, and Findings*)两篇论文。作为系列研究成果,在 1992 年的文章中,Fornell 构建了 SCSB 模型,并对企业、行业、国家经济运行绩效进行"质"的评价,在改进 SCSB 模型的基础上,1996 年 Fornell 等又构建了更为完善的美国顾客满意度指数模型。该模型不仅完善了经济领域的产品与服务的评价体系,更为公共管理领域的服务质量测评,提供了有效的测评工具。Anderson 和同事在 1994 年与 2000 年的两篇文章中,就顾客满意度与企业利润的关系展开了系列研究。通过实证分析,他指出了顾客满意度与顾客忠诚变量之间的非对称关系,并证明了顾客预期质量与顾客满意度变量间的正向关系,为顾客满意度模型测评方法的选择提供了依据;Parasuraman 等研究了服务质量与顾客满意度的关系,通过实证分析证明了服务过程中信息沟通与过程控制,与顾客满意度之间的正向关系,为从过程分析的角度,开展顾客满意度的研究提供了理论及数据支持;Johnson 和 Fornell 通过构建比较框架,系统分析了顾客满意度与产品类别的关系,为顾客满意度模型中感知质量与顾客满意度变量之间的关系研究提供了理论依据;1982 年,Bookstein 和 Fornell 等在发表于《市场研究期刊》(*Journal of Marketing Research*)的系列文章中,运用结构方程建模的方法构建了顾客满意度模型,并运用 LISREL、PLS

等结构方程模型测评方法,开展了顾客满意度的实际测评,这为后期基于结构方程模型构建顾客满意度模型的研究奠定了扎实的基础。1980 年,Oliver 在《顾客满意产生的前因及结果的认知模型》(*A Cognitive Model of the Antecedents and Consequences of Satisfaction Decisions*)的文章中,从认知的角度系统分析了影响顾客满意度形成的前因及结果变量,促进了顾客满意度模型的完善。综上所述,在顾客满意度研究中,以上 9 篇关键节点文献从顾客满意度的形成过程、认知结构、模型构建、测评方法等方面,清晰地反映了与顾客满意度研究相关的主干理论的演进过程,在顾客满意度研究知识图谱中均处于中心位置,有力地推动了顾客满意度研究。

(三)顾客满意度研究的热点领域(聚类分析)

本书采用同样的步骤将 1986～2010 年发表的 212 篇 "customer satisfaction index" 文献数据输入 CiteSpace 可视化软件中,网络节点确定为关键词,阈值选择为默认值,运行 CiteSpace 可视化软件,生成关键词被引频次≥9 的关键词列表(表 1-5)及图 1-4 所示的顾客满意度研究关键词共引网络知识图谱。

表 1-5　顾客满意度研究的关键词列表(被引频次≥9)

序号	主题词	被引频次	年份	序号	主题词	被引频次	年份
1	customer satisfaction	50	1998	5	satisfaction	12	2006
2	customer satisfaction index	33	2001	6	service quality	11	2008
3	index	19	1998	7	performance	11	2006
4	quality	18	2000	8	model	9	2009

注:该表是对 CiteSpace 可视化软件相关分析的结果整理后绘制。

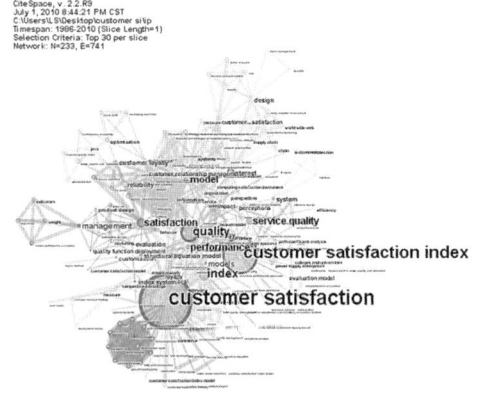

图 1-4　顾客满意度研究关键词共引网络知识图谱

图 1-4 显示的是被引高频关键词共引网络知识图谱,从图中可以清楚地看到,customer satisfaction(顾客满意[①])、customer satisfaction index(顾客满意度指数)、performance(绩效)、service quality(服务质量)、model(模型)等成为顾客满意度研究的热点领域,具体来看,customer satisfaction(顾客满意)排在第一位,频次为 50,追踪关键节点文献发现相关研究主要围绕顾客满意的内涵、外延、形成机制及影响因素展开,这表明顾客满意度的本质及形成机制等基础理论研究是顾客满意度研究中主要的热点领域;排在第二位的是 customer satisfaction index(顾客满意度指数),这表明对于顾客满意程度的测量及评价,成为顾客满意度研究的另一个热点领域;而 performance(绩效)、service quality(服务质量)及 model(模型)等主题的被引,呈现较高频次的结果,表明以结构方程建模的形式开展测评对象的服务质量、绩效及顾客满意度的测评方法,也是近年来顾客满意度研究中的热点领域。

(四)顾客满意度研究的前沿和发展趋势

利用 CiteSpace 可视化软件提供的膨胀短语探测功能与算法,梳理了 2006~2009 年顾客满意度研究的前沿和发展趋势,结果见表 1-6。

表1-6　顾客满意度研究的前沿和发展趋势

年份	探测出的膨胀短语	说明
2006	成本效益(cost effectiveness)	2006~2009 年顾客满意度研究的前沿和发展趋势
2007	顾客感知(perception)	
2008	顾客满意度指数(customer satisfaction index)	
2009	结构方程模型(structural equation model)	
2009	顾客满意度模型(customer satisfaction model)	

注:该表是根据 CiteSpace 可视化软件相关分析的结果整理后绘制。

由此可见,利用结构方程建模的方法构建顾客满意度模型,并应用于顾客满意度测评的相关研究,是国外顾客满意度研究的重要前沿领域之一。从不同年份的膨胀词变化来看,国外对顾客满意度的测评研究,侧重于从顾客的认知入手,深入分析顾客对于服务主体提供的产品或服务的质量感知,通过探讨与顾客预期质量之间的比较差异,获取影响顾客满意度及持续

---

① 顾客满意这一名词引入国内后,在现有的相关文献中常被译作顾客满意、顾客满意感或顾客满意度。需要指出的是本书所指的顾客满意是顾客在某次具体消费行为结束后,所带来的心理体验及此后的持续性行为,即消费导向型满意,该种满意受到以往消费经历的影响。

使用某项产品或服务的内在因素。在测评方法上,国外更强调实证研究,利用结构方程建模方法,基于理论假设构建模型,通过分析理论模型与调查数据间的拟合程度,探测影响顾客满意度各因素间的内在联系。

二、顾客满意度研究现状的内容分析

(一)顾客满意度国外研究现状

20世纪30年代,在社会与实验心理学领域,Hoppe与Lewin首先对满意理论展开研究。他们从心理学的角度解释了满意形成的机制,认为满意与信任、忠诚、期望等因素有关。20世纪60年代中期,企业、金融部门开始对顾客满意度进行研究。几十年来,关于顾客满意度研究的相关成果,分布于各种图书著作及学术期刊。总体来说,近年来顾客满意度研究主要包括以下4个方面:一是顾客满意度的内涵研究;二是顾客满意度的支撑理论研究;三是顾客满意度模型的构建研究;四是顾客满意度测评方法研究。具体分析如下。

1. 顾客满意度的内涵研究

顾客是指接受产品的组织或个人。[①]顾客的外在体现为多样化特征:可以是公众,也可以是企业;可以来自组织内部,也可来自组织外部;可以是现存或潜在的,也可以是过去的;可以是直接顾客,也可以是间接顾客。

顾客满意度与顾客满意感或顾客满意没有实质性区别。顾客满意感最早出现于20世纪70年代,但从语义上讲,顾客满意感表现为顾客消费后的实际感受,侧重于对产品的期望与实际绩效(简称实绩)间的比较差异后的心理体验,而顾客满意度则是衡量顾客满意程度的指标。20世纪60年代中期,Cardozo最早在市场营销领域开展了顾客满意度实证研究(Cardozo,1965)。随后学者纷纷从各研究领域入手,探讨了顾客满意度的多维内涵,并就影响顾客满意度的相关因素展开了全方位研究。表1-7综合了学者关于顾客满意度内涵的理解。

在顾客满意度的研究中,欧美学者始终走在前列,如Oliver、Fornell、Wrestbrook从企业、市场及用户行为等角度,对顾客满意度保持跟踪实证研究,形成了丰富的顾客满意度理论。综合上述关于顾客满意度内涵的研究,可以清楚地了解顾客满意度的实质及其影响因素、形成阶段。

---

① 国际质量管理标准ISO9000:2005(GB/T 19000—2008)关于顾客的定义。

表 1-7　顾客满意度的内涵

年份	研究者	顾客满意度的内涵	产生时期
1965	Cardozo	期望与产品实绩之间的比较差异，它影响顾客再次购买的行为	消费后
1969	Howard 和 Sheth	作为一种认知状态，产生于消费前后对于付出与回报的合理性的评判过程	消费后
1977	Hunt	包含体验与评价的过程，强调顾客满意的产生至少意味着后期体验等同于前期期望	消费中
1980	Westbrook	顾客对于产品消费后的多种体验的主观评价	消费后
1981	Oliver	产品获得过程中或消费体验时产生的正向、积极评价	消费中
1982	Churchill 和 Surprenant	购买、消费产品的结果，该结果来自顾客对于期望回报与投入成本的对比	消费后
1983	Quelch 和 Takeuchi	是整个消费过程中的期望、购买过程、使用体验等诸多因素间比较差异影响的参数	整个消费过程
1983	Bearden	消费者期望的函数	消费中
1984	Day	对期望与产品实绩间感知比较差异的评价反映	消费后
1987	Cadotte，Woodruff 和 Jenkins	使用产品后或消费体验后的感觉评价	消费后
1988	Tse 和 Wilto	对期望与产品实绩之间比较差异的评价	消费后
1989	Oliver 和 Swan	是公平、偏爱及不确定的函数	消费中
1991	Kolter	产品期望与结果比较的函数	消费后
1991	Westbrook	顾客消费后的主观体验，是情感性的函数	消费后
1992	Fornell	顾客满意度是以累计满意为基础的函数，即多次消费后的正向、积极的心理体验的积累	消费后
1992	Oliver	伴随其他消费情感共存的一种属性现象	消费中
1993	Engle	顾客满意度是消费后的一种积极评价，即消费结果体验大于事先期望	消费后
1994	Haistead 和 Schmidt	具体交易的情感反应，该反应产生于顾客对于产品绩效与购前标准的比较	消费中、消费后
1994	Parasuraman	与服务质量、产品质量及价格相关的函数	消费中
1995	Otrom 和 Lacobucci	是一种主观的判断，它是具体消费行为后既得利益或感知质量，与获取该利益或质量所付出的努力或成本之间比较差异的函数	消费中、消费后
1995	Walker	是期望的函数，顾客满意度随着期望的变化而改变，而期望随着服务过程的变化而改变	整个消费过程
1997	Oliver	消费者满足的反应，它是产品与服务本身或其属性给消费者带来满足程度的判断	消费中
2005	ISO9000：2005	顾客对其要求已被满足的程度的感受	整个消费过程

资料来源：霍映宝（2004）。

（1）从顾客满意度研究的主流方向来看

20世纪70年代后期，顾客满意度研究被纳入市场营销体系构建研究的范畴。在竞争激烈的市场环境中，企业逐步意识到顾客满意所产生的持续消费行为，可带来营销、利润不断增长。作为客户关系管理的一种重要的手段，顾客满意度研究在市场需求的刺激下逐渐增多，学者从不同的切入点，探索顾客满意度的内涵、形成机制、影响因素，形成了顾客满意度的不同研究方向。归纳起来，顾客满意度研究包括过程满意、结果满意及过程与结果满意3种主流方向。其中，过程满意方向的代表学者有Hunt、Oliver及Parasuraman等，他们将顾客的整个购买或消费过程划分为产品或服务需求、信息搜索、产品或服务评价、购买决定及购后体验5个阶段，认为顾客满意度是顾客在购买产品或消费过程中的整体感觉；结果满意方向的代表学者有Howard、Sheth、Churchill、Surprenant及Engle等，他们系统研究了顾客的消费行为，认为顾客满意度产生于消费后顾客对于付出与回报的合理性评价的过程中，即对顾客消费行为的投入及产出的比较差异的认知状态，强调了顾客满意度的实质为结果满意；过程与结果满意方向的观点包含了上述两种观点，认为顾客满意度形成是个复杂的过程，它存在于顾客购买产品或其他消费活动的整个过程，还包括消费后顾客对于成本（物质、精神、体力）投入与获得（产品或消费体验）的对比，即顾客满意度是顾客期望与购买过程的函数，其代表人物主要有Quelch、Takeuchi、Walker等。

（2）从顾客满意度的评价标准来看

作为与消费情感共存的一种属性现象，顾客满意度是顾客对于产品（服务）消费后的多种体验的主观评价，是与消费相关的满足状态。对于该满足状态的衡量，学者提出了不同的评价标准，代表学说主要包括期望-实绩说、顾客价值说、需求满足说、公平说。其中，以Tse、Day及Wilton等为代表的期望-实绩说，将购买产品（服务）前的期望，与实际从产品（服务）中所获得的感知实绩的差异作为衡量标准，判断顾客满意度。假如产品（服务）的实绩超过期望，则顾客表现为满意。顾客满意度与期望-实绩的比较差异有着正向关系。以科特勒和凯勒为代表的顾客价值说，细分了顾客感知价值、整体顾客价值、整体顾客成本、顾客感知价值概念，指出顾客满意是个人通过将产品绩效感知与其期望对比后获得的愉悦或失望的感觉（菲利普·科特勒和凯文·莱恩·凯勒，2012）。以Woodruff、Mano及Wrestbrook等为代表的需求满足说，则将顾客的需求在产品（服务）消费结束后满足的状态，作为评价顾客满意度的标准。假若产品（服务）符合顾客的需求，则顾客的心理认知为满意，顾客满意度与其需求被满足的状态呈正向关系。以Oliver、Swan等为代表的公平说，认为还应将顾客的过程公平，纳入顾客满意度评价指标体系。由于在购买产品或服务时，顾客常将自己的消费经历与自己此前消费,或与他人消费作纵向或横向对比,当过程公平标准得以维系时,顾客满意产生。顾客满意的程度与过程公平呈正向关系。Manham Ⅲ 和 Netemeyer(2002)则将公平划分为结果、程序、交互公平,验证了它们对于顾客抱怨处理满意度和总体满意度的影响。

(3) 从顾客满意心理来看

顾客满意度是种情感性的函数,它与顾客的需求、感觉、知觉、感知风险、感知有用、感知易用、记忆、期望、忠诚等心理学相关概念关系密切。在对顾客满意度的研究中,形成了以 Fornell、Reilly、LaBarbera 及 Mazursky 为代表的顾客满意心理说,他们从顾客消费心理入手,观测顾客的需求、感觉、知觉、感知风险、记忆等心理要素在顾客满意形成中的作用,详细分析了顾客满意心理形成过程及各心理因素间的内在关系和作用。在长期实证研究的基础上,Fornell 认为,顾客满意度是以顾客满意程度的累积为基础的函数,即顾客满意心理并非形成于某次消费行为之后,它是顾客多次消费后在期望、感觉、知觉、忠诚等心理作用下形成的正向、积极的心理体验的积累。Westbrook 和 Reilly(1983)则从顾客满意度形成的心理评价标准入手,认为顾客满意度是在顾客消费体验中,认知评价的过程激发的情感反应,而顾客满意形成的心理评价标,应为消费者对产品(服务行为或环境)的感知与个人的心理需求、期望间的比较差异。LaBarbera 和 Mazursky(1983)在顾客形成的心理评价标准上,基本认同 Westbrook 和 Reilly 的观点。稍有不同的是,他们强调了顾客满意度的形成,必须是顾客的感知与其期望间的较大比较差异,即产生心理上"惊讶"的反差。

网络环境下,虚拟产品(服务)的出现,促进了学者从心理学的角度(如认知、接受)探索虚拟消费中顾客满意度的内涵,其中代表人物有 Ajzen、Venkatesh 及 Davis 等。在对网络环境下顾客满意度影响因素的探讨中,学者引入了态度(attitude)、主观规范(subject norm)、感知行为控制(perceived behavior control)等与顾客满意度相关的心理变量。其中,态度是指顾客对有疑问的消费行为评价后所形成的喜欢或厌恶的程度;主观规范则为顾客感知的社会压力对其消费行为的影响;感知行为控制则是顾客对于即将实施消费行为难易程度的可控感。Ajzen 等(1975)认为态度既可以作为顾客满意度的前测变量,又可以作为其后测变量,即顾客满意度既受此前消费态度的影响,也影响下一次消费态度的形成。他同时指出感知易用性是影响顾客满意度的重要心理变量,而感知行为控制又为感知易用性的动力因素,因此感知行为控制在顾客满意度与感知易用性变量间起到调节(或中介)变量的作用(Ajzen,1991);Venkatesh 和 Davis(2000)认为感知有用性与顾客满意度之间呈现正向关系,而在网络虚拟产品(服务)消费中,主观规范在感知有用性及顾客满意度变量中,起到了调节(或中介)变量的作用。

2. 顾客满意度的支撑理论研究

顾客满意度作为主观体验,代表了消费者的一种心理状态,它是顾客期望、顾客感知、比较差异、主观规范、感知行为控制等多个变量直接或间接作用的结果。顾客满意度理论的形成及发展是以经济学、社会心理学等学科理论的发展为支撑的,其中,经济学中的服务质量理论,以及社会心理学中的公平理论、激励理论,对于顾客满意度理论的发展产生了深远的影响,具体如下。

(1)服务质量理论的研究现状及其影响

依据亚当·斯密(Adam Smith)的"劳动分工原理"及泰勒(Taylor)的"科学管理"原理建立的工业化时期的质量管理体系,最突出的特点就是控制产品质量,扩大产品的市场竞争优势。随着工业经济的发展,商品数量极大丰富,在刺激顾客消费的同时也增加了顾客对于个性化商品的需求。随着生产方式从规模化、标准化向个性化、多品种的转变,企业获取市场竞争优势的"利器"也从原先的降低生产成本、提高工作效率逐步转向技术的持续创新。而企业管理标准也从原先的成本利润转向了顾客满意度(吴建华,2009)。如何将顾客满意度转化为企业管理标准,欧美学者在探索中发现,产品或服务质量是顾客满意度与企业管理标准的有效结合点,随后的服务质量理论,对于顾客满意度理论的形成及发展,均产生了重要的促进作用。顾客满意度理论是在服务质量理论的基础上形成的,而服务质量理论近 20 年来的相关研究主要以感知服务质量为中心,包括感知服务质量的内涵、测量维度、测量方法及感知服务质量与顾客满意度间的关系研究等方面(张世琪和宝贡敏,2008)。早期服务质量理论研究(1978～1988 年)始于服务质量的内涵研究,重在一些概念性问题的探讨。Sasser等(1978)提出的服务有别于产品,服务质量应包括结果及服务交付过程的观点,改变了以往将服务质量等同于产品质量的看法。Grönroos(1983)明确提出了顾客感知服务质量的概念,并阐述了其构成要素,他认为服务质量应该是顾客感知的质量,而对服务质量的评价,应以顾客的期望与感知的服务实绩之间的比较差异为标准。Lehtinen 等提出的过程质量及结果质量,明确将服务质量与产品质量区分开来。感知质量是影响顾客满意度的重要变量,服务质量理论中关于质量的界定与划分,为后期顾客满意度研究中的感知质量测评,提供了理论基础(Lehtinen & Lehtinen,1982)。1985 年,在美国市场营销协会的资助下,Parasuraman 等(1985)在实证研究的基础上构建了服务质量差距模型,并提出了评价服务质量的 10 项指标。随后 1988 年他们又构建了服务质量评价方法 SERVQUAL,为服务质量评价提供了有益的工具。应该说早期服务质量的研究为顾客满意度的评价标准体系及顾客满意度模型的构建奠定了理论基础。服务质量理论研究的中期阶段(1989~1994 年)是对早期研究的反思及修正阶段,而该阶段的研究也进一步完善了顾客满意度理论。除了 Talor 等少数学者外,绝大多数学者认为应将"期望"变量引入到服务质量的评价中。1991 年,Parasuraman 等将顾客期望中的服务质量划分为"期望中理想的服务质量"与"期望中可接受的服务质量",并与实绩对比。对于顾客满意度理论来说,该阶段"期望"服务质量理论的研究,形成了顾客期望理论的基础,在衡量顾客满意度的过程中,介于顾客"期望中可接受的服务质量"与"期望中理想的服务质量"之间"容忍区域"的创设,使原先刚性的顾客满意度评价标准更具可操作性。服务质量理论的深化研究阶段(1994 年至今),在对服务质量构成要素深入探讨的基础上,服务质量模型的设计也趋向动态性思考,如 Holmlund 提出的"关系分析模型",创立了连续性互动关系的基本理论框架。而此后的 Liljander 和 Strandvik(1995)提出的"关系质量模型"将服务质量、感知价值、顾客忠诚等变量,整合到同一概念模型中。该阶段所体现出的模型动态化方向,扩展了传统的静态差异分析法,明确了顾客满意度不仅是感知获得与付出成本的比较,而且还取决于感知与其期望的比较。模型中所涉及的概念及其路径关系,为顾客满意度模型的构建提供了理论支持及结构参照(刘向阳,2003)。Sivakumar 等(2014)提出的服务质量模型,纳入服务的频度、时效性、亲近度等因素,探讨了多种服务失败或成功模式,拓展了影响顾客满意的与服务质量相关的多元因素。Turner 等(2010)将服务质量评价模型(SERVQUAL 模型)应用于审计服务中,指出服务提供者与服务需求者之间的期望差异,影响审计服务质量及用户的满意度,证明了当前服务质量模型在结构化与测量服务质量上的效用。

(2) 公平理论的研究现状及其影响

公平（justice）是指个体的投入及其产出相当的感知，或指个体的投入及产出，与其他类似个体的投入与产出的比例相当的感知。人们对于公平的感知通称为公平感，公平理论（equity theory）是研究人的公平感的理论。公平理论的发展，促进了顾客满意度理论的完善。最早的公平理论可追溯至 Festinger 的认知失调理论，该理论认为主体间存在认知失调是必然的，主体需以认知为分析的基本单位，重视并从其心理出发，发挥主观能动性，避开可能增加失调的情景与信息因素。20 世纪 90 年代初期，学者普遍认为消费体验后的情感性反应——态度，是评价顾客满意度的重要标准，即态度先于消费行为。随着认知失调理论的渗入，学者逐步转变了此前的认识，注意到主体的行为，对于转变或保持顾客态度起到先行作用，从而将顾客满意评价标准上的唯一单变量选择转向为双变量之间的对比（马德峰，1999）。而同时期 Homans 在其社会交换理论（the social exchange theory）中，将一切社会活动看作交换活动，交换中人们依据客观经验，对成本和报酬、投资和利润的分配比例做出判断。公平理论及社会交换理论促进了顾客满意度评价标准的完善（Emerson，1976）。20 世纪 60 年代，美国心理学家 Adams（1963）从社会比较中个人贡献及其所得的角度，系统分析了公平理论，提出了横向比较及纵向比较观点。横向比较是指个体的报偿与投入的比值，与其他个体的报偿与投入的比值间的对比。而纵向比较则指个体当前的投入与报偿的比值，与此前的投入与报偿的比值间的对比。1989 年，Oliver 和 Swan 将 Adams 关于公平理论的观点，引入到顾客满意度研究中，将顾客满意度定义为公平、偏爱及不确定的函数，充实了顾客满意度的内涵。而在顾客满意度测评中，"公平"变量的引入，进一步拓展了顾客满意评价中公平标准的理论框架及实施方法。由于公平受个人的主观判断、评价标准等因素的影响，20 世纪 70 年代，公平理论的研究重心开始从以往的"结果公平"转向"程序公平"。Walker 等（1979）在法律程序与正义关系的研究中，提出了程序公平（procedural justice as fairness）的概念。随后 Leventhal 将程序公平的观点引入到组织情境中。同样在评价顾客满意的公平标准的执行上，也受个体观点及评价标准等主观因素影响。为精确测评顾客满意度，Thibaut 和 Walker（1975）将程序公平的观点引入了顾客满意度理论中，他们认为顾客满意度随着期望的变化而改变，但期望却随着服务过程的变化而改变。因此有效地控制服务过程，保证程序上的公平是提升顾客满意度的有效指标。Bies 和 Moag（1986）开始关注互动公平的研究，即考察人际互动方式对于公平感的影响。后来 Greenberg（1993）又在互动公平的基础上，引入了人际公平与信息公平的概念。为分析网络环境下的顾客满意度的影响因素，Selnes 和 Gønhaug（2000）又引入了人际公平及信息公平变量，作为衡量顾客满意度的重要指标。Ha 和 Park（2013）在公平理论构建的顾客满意度及忠诚度模型基础上，纳入了实用、享乐、非物质成本利益的公平感知因素，证明了享乐、非物质成本利益的公平感知，对于顾客满意度效果显著。Dolat Abadi 等（2013）将顾客公平细分为价值、品牌及关系公平，通过实证研究，证实了上述公平与顾客满意度呈正向直接显著关系。综上，尽管公平理论发展各阶段的研究重点不同，但在顾客满意度测评标准的构建上，公平理论提供了系统的支持。

（3）激励理论的研究现状及其影响

社会心理学中的激励理论，从其产生伊始就影响着顾客满意度理论的发展。其中以 Maslow、Herzberg 和 Alderfer 为代表人物的内容激励理论[①]，与以 Vroom 和 Heider 为代表人物的过程激励理论，对顾客满意度理论发展的影响尤为明显。美国心理学家 Maslow（1943）构建的需求层次理论，为解释顾客满意度的形成提供了理论支持：顾客的消费行为来自顾客的需求，而需求导致顾客产生购买满足该需求的相关产品或服务的动机。可以说需求是购买动机产生的内在刺激因素。在该动机驱使下，顾客对比预期质量与现实产品的实绩做出购买决定，从而形成初步满意。Alderfer（1969）在 Maslow 需求层次理论的基础上，提出的 ERG（existence, relatendness, growrh）理论。将人的需求归纳为生存、相互关系、成长三类，并指出生存需求是人与生俱来的，而相互关系及成长需求则要不断完善。当较低层次需求被满足后，人们就会追求较高层次的需求。ERG 理论提出的关系需求及成长需求，为顾客满意度结构模型的构建提供了理论支持，为追求顾客最大程度上的满意，产品（服务）提供者在提升产品或服务质量的同时，还应注重培育、发展与顾客间良性循环的互动关系。例如，从 20 世纪 80 年代的客户关系管理，到 20 世纪 90 年代中期的客户关怀（customer care），产品（服务）提供者都在努力构建与客户间的亲密关系，以获得持续、稳定的顾客满意度，增加客户对其依赖程度。Fornell 将顾客满意度作为以累积满

---

① 内容激励理论是指针对激励的原因与起激励作用的因素的具体内容进行研究的理论，该理论着眼于满足人们需要的内容，代表有 Maslow 的需求层次理论、Alderfer 的 ERG 理论，Herzberg 的双因素理论等。

意为基础的函数，认为满意是来自多次消费后的正向、积极的心理体验的观点，后期客户关系与顾客满意度的实证研究多受内容激励理论的影响。

如果说需求层次理论和 ERG 理论为建立顾客满意度理论中的顾客期望理论，以及为研究其需求诱发因素提供了理论支持，那么 Herzberg 的双因素理论（two factors theory）则为顾客满意形成过程中的相关研究开展提供了指导。在《工作的激励因素》（The Motivation to Work）一书中，Herzberg（1959）提出了工作中与工人满意情绪相关的两个因素：保健因素和激励因素。他们认为合理调节保健因素可预防与消除不满，而增加激励因素则在增进工人满足感的同时，可促进工作效率的提高。1997 年，Oliver 将双因素理论引入顾客满意度研究中，他将顾客满意度界定为产品或服务本身或其属性带给顾客满足的程度。在关于产品或服务及其属性对于顾客满足程度影响的分析中，他将产品（服务）应具有的价值要素归纳为保健因素，而超出产品或服务应当价值的，顾客潜意识中需求的因素归纳为激励因素。并指出在稳定保健因素的基础上增加激励因素，可实现从顾客满意到顾客忠诚的质变（孙华，2006）。

作为过程激励理论的代表，美国心理学家 Vroom（1964）在《工作与激励》一书中提出期望理论（expectancy theory），认为动机激励水平，取决于人们认为在多大程度上可以实现自己期望的预计结果。而该激励力量是期望值（个体主观上估计达到目标的可能性）与目标价值（个体对结果的效用评价）的乘积。当乘积越大时，激励力量就越大。顾客从需求产生到实施购买行为的整个过程中，过程激励理论的作用明显。在影响顾客满意度相关因素的研究中，期望值及目标价值（效价）等因素，成为衡量顾客期望的关键指标。Otrom 和 Lacobucci（1995）将顾客满意度界定为既得利益或质量，与获取该利益或质量的努力（成本）的比较差异的函数。在顾客满意形成初期，就将期望理论中期望值及效价指标（即产品或服务的价值），用于评测具体消费行为中顾客从购买期望转换为购买动机，最终产生购买行为的激励力量。期望理论为顾客满意度的测评提供了有效的量化指标及计算模式。Heider（1958）在《人际关系心理学》中提出了归因理论，该理论侧重于研究个人用以解释其行为原因的认知过程，主张从行为结果探索行为产生的原因，并将个人行为产生的原因分为内部归因及外部归因。其中，内部归因指个人所具有的、影响其行为绩效的品质，包括情绪、动机、需求、能力等；外部归因则指个体之外的影响其行为绩效的条件，如外部环境、外在情境、他人影响。顾客满意度是一些归因的函数。

在顾客满意形成的整个过程，归因理论都起着重要作用。如初始阶段，从需求出现到购买动机的产生的诸多诱发因素中，前一轮心理活动的内部归因，如满意体验、情绪等对于新的购买行为的导向性作用明显，他人影响、外部条件等外部因素也起一定作用；购买阶段，顾客产生购买行为的实质也是行为内部归因的结果，即产品或服务搜寻的满意情绪导致的结果。顾客真正满意形成于产品或服务的使用阶段，受内部归因及外部归因的双重影响，此次满意体验将进一步影响顾客下一次的消费行为。后期学者的实证研究也证明了上述观点。

3. 顾客满意度系列模型的构建研究

由于涉及多个领域，顾客满意度客观上具有一定的复杂性，该复杂性导致人们理解影响顾客满意度形成中各因素间关系及作用时存在障碍。顾客满意度模型有利于清晰地勾勒出影响顾客满意度的组成因素及其路径关系，有助于理解顾客满意度形成机制、特性，还可以深入把握顾客认知、行为及需求，最终实现对于顾客满意度理论的结构化诠释。一般顾客满意度模型可分为顾客满意度概念模型和顾客满意度测评模型。顾客满意度概念模型是依据顾客满意度理论建立起来的，顾客满意度理论是顾客满意度概念模型中各变量关系假设的主要理论依据；而顾客满意度测评模型则是基于顾客满意度概念模型构建的，用于实际测评顾客满意程度的模型。20世纪70年代，学者在顾客满意度理论研究的基础上，构建了大量顾客满意度概念模型，阐述顾客满意度生成机制、形成过程及结果。

（1）基于顾客满意度生成机制的概念模型（20世纪70年代）

70年代初期，为研究顾客满意度的生成机制，学者建立了各种顾客满意度概念模型。由于依据理论不同，相关概念模型的结构各不相同。

1）期望差异模型。期望差异模型（expectancy disconfirmation model，EDM）（图1-5）是1980年Oliver基于期望差异理论（expectancy disconfirmation theory）构建的模型。由顾客期望、实绩、比较差异及顾客满意结构变量组成。其中，比较差异与顾客满意之间呈正向关系。当实绩等于顾客期望时，顾客就会感到满意；当实绩大于顾客期望时，则比较差异为正，顾客将感到非常满意；当实绩小于顾客期望时，则比较差异为负，顾客不满意。随后学者进一步研究了顾客期望变量。KANO模型将顾客预期实绩分为当然绩效、期望绩效及理想绩效。其中，当然绩效是指预期中产品或服务应当具备的实绩；期望绩效则体现为顾客期望中的具体实绩，理想绩效则是超过顾客期望的实绩。只有实绩达到并超过期望绩效，顾客才会感到满意（Sauerwein et al., 1996）。同时学者进一步完善了比较差异与顾客满意的关系研究。以期望差异理论为基础，有 3 种理论用于解释比较差异与顾客满意的关系。如 Festinger 的类化理论认为比较差异将使顾客产生认知失调，为消除该失调，顾客将调整对于产品实绩的感受；而 Hovland（1957）与 Cardozo（1965）的对比理论认为顾客是否满意与比较差异间有对比关系；在上述研究的基础上，Hovland 等（1957）的类比-对比理论指出，当比较差异产生时，顾客内心存在接受域与拒绝域。当比较差异落于不同区域时，顾客会调整感受放大或缩小此差距。对于该模型中各结构变量的关系，许多学者开展了实证研究，如 Churchill 和 Surprenant（1982）证明了顾客期望与实绩都会影响比较差异，并直接影响顾客满意；Oliver 和 Swan（1989）在此基础上进一步证明了比较差异较之于顾客期望，对于顾客满意的作用更为明显。Swan 等也证明了比较差异与顾客满意、实绩之间的显著关系。后期研究中对该模型也存在质疑，如持一般否定观点的 Carlsmith 与 Aronson（1963）认为达到或超过顾客期望从而导致顾客满意的假设，在逻辑上是有问题的。他们指出只要比较差异存在，顾客均会对实绩采取否定态度。Jayanti 和 Jackson（1991）认为实绩的属性或评价标准因顾客而异，期望差异模型在解释顾客满意的形成过程及结果的作用上是片面的。在随后研究中，部分学者如 van Ryzin（2006）在政府服务满意度测评中，证实期望差异模型中比较差异对顾客满意的显著影响，但改变测评对象，如网络虚拟学习环境中，部分学者实证研究结果却不支持比较差异对顾客满意的显著影响的观点。

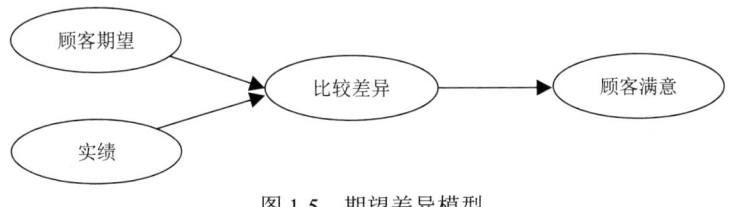

图 1-5 期望差异模型

资料来源：Oliver 和 Swan（1989）。

2）感知绩效模型。与期望差异模型不同，感知绩效模型（perceived performance model）（图 1-6）将顾客期望置于次要位置，而将顾客直接感知产品（服务）的实绩作为预测顾客满意的主要变量，认为顾客满意取决于产品（服务）的感知实绩，即顾客的投入（货币或努力）与感知产品（服务）实绩的对比。许多学者通过大量的实证研究，证明了实绩与顾客满意间的关系，如 Oliver（1980）通过实证研究，证明了在消费过程中顾客满意受到顾客期望、实绩的影响，并指出实绩是顾客满意的主要预测变量，当实绩符合或超过顾客期望时，顾客就会满意。随后 Churchill 和 Surprenant（1982）在顾客满意度与不同类别产品消费行为的实证研究中，指出耐用品的实绩直接决定了顾客满意。Alloy 和 Tabachnik（1984）则比较分析了顾客期望与实绩对于顾客满意的影响强度，指出顾客期望与实绩的影响强度取决于它们在模型中的强度，当顾客获取实绩的信息较之顾客期望更为突出，则其对顾客满意的正向影响就越大。研究还发现顾客对于服务绩效信息的感知明显弱于产品绩效信息。Tse 和 Wilton（1988）在实证研究中，对 Oliver 的期望-实绩模型进一步细化，指出感知实绩可以作为顾客满意的主要预测变量。

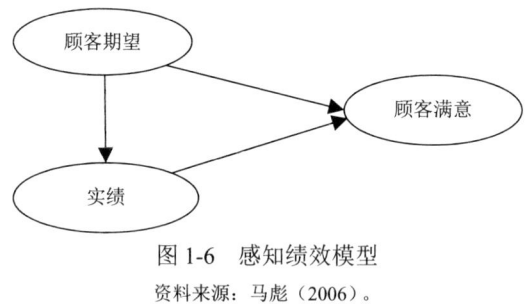

图 1-6　感知绩效模型
资料来源：马彪（2006）。

感知绩效模型是期望差异模型的补充，但是将实绩作为判断顾客满意的主要依据容易忽略顾客需求、能力存在差异的事实。即使实绩再高，顾客因为能力偏低或需求偏高而无法接受，最终也很难使顾客满意（Tse & Wilton，1988）。

（2）基于顾客满意形成过程的概念模型（20 世纪 80~90 年代）

80 年代后期，学者开始从顾客满意形成过程入手构建顾客满意度模型。其中，代表性模型包括多过程模型、公平模型、归因模型、情感模型等。

多过程模型认为顾客满意是复杂的消费过程中，顾客给不同的评价标准赋值，评价不同消费过程后的体验，Cadotte 等（1987）通过实证研究证明了上述观点。

基于公平理论，学者提出了顾客满意公平模型（equality model），该模型强调顾客在消费中、消费后对公平待遇的态度，顾客满意公平模型以结果公平、程序公平、互动公平为主要预测变量，考察其与顾客满意的关系。1989年，Oliver 与 Swan 在实证研究中证明了顾客对于消费中的横向、纵向公平待遇的感知与顾客满意的重要关系。近年来的实证研究中（Girginer et al.，2011），公平因素逐步被抽取出作为评价顾客满意度的重要变量。

归因模型源自归因理论，强调对顾客消费感受产成原因的回溯，该模型从内部归因、外部归因、结果可控性、期望结果的稳定性与顾客满意的关系展开测评。内部归因、外部归因指顾客满意的内部归因、外部原因。结果可控性指顾客或卖方对于购买结果的控制状态。期望结果的稳定性是指期望结果的原因是否随时间变化而改变。有关归因模型相关的研究主要有：Oliver 和 Swan（1989）对比了归因变量与期望、比较差异等变量对顾客满意的影响；Richins（1985）实证分析了内部归因与外部归因对顾客满意的影响，并指出内部归因的影响大于外部归因。

情感模型则突破了以往从顾客认知结构的角度开展研究的模式，将顾客消费后的情感反应作为评价顾客满意的主要变量。关于情感与顾客满意的关系有三种观点：一部分学者认为情感直接影响顾客满意，如 Liljander 和 Strandvik（1995）的实证研究证明上述观点。Oliver（1993）在属性基础满意模型中（图1-7），将属性绩效（属性满意、属性不满意）、情感变量（正面情感、负面情感）作为测评顾客满意的主要变量，其中正、负面情感同时受到属性满意与属性不满意变量的影响，情感变量是属性绩效与顾客满意的中间变量。随后 Oliver 和 Westbrook（1993）又通过实证研究指出情感与认知可作为评价顾客满意的两个重要的并列变量。后期学者在顾客满意度实证研究中，也证明情感及认知变量对顾客的消费行为具有显著影响（Bakirtas，2013）。

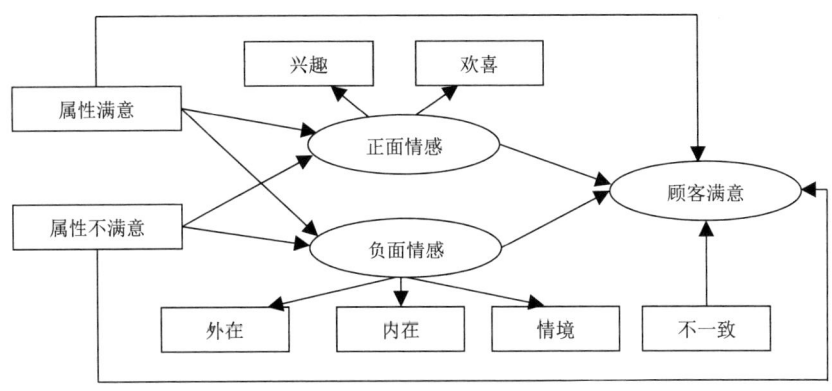

图1-7 属性基础满意模型

(3) 基于顾客满意度因果关系的指数模型（20世纪90年代）

90年代，企业为了在激烈的市场竞争中提升市场占有率，加大了对顾客满意度评价研究的投资，许多用于测评企业产品、服务及文化的综合性顾客满意度模型被开发出来。该类模型基于质量差距原理，将影响顾客满意度的各个因素置于因果链中，通过模型测量顾客对于产品或服务的累积满意程度。其中，应用较广的顾客满意度指数（customer satisfaction index，CSI）模型，包括 SCSB 模型、ACSI 模型、欧洲顾客满意度指数（Europe customer satisfaction index，ECSI）模型。

1989 年，Fornell 及其研究小组为瑞典构建了 SCSB 模型（图1-8），并率先应用于全国性的顾客满意度测评中（马彪，2006）。该模型包括感知价值、顾客期望前因变量，以及顾客抱怨、顾客忠诚结果变量，顾客满意度变量处于因果链的中心。SCSB 模型的贡献在于提出了顾客满意度弹性（customer satisfaction elasticity）概念，开创了顾客满意度与顾客忠诚之间关系的量化研究。

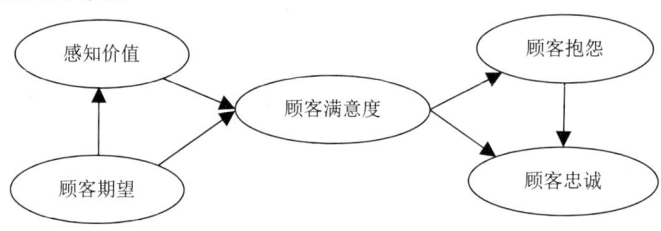

图1-8 SCSB 模型

1994 年，在 SCSB 模型的基础上，美国密歇根大学商学院 Fornell 又创建了 ACSI 模型（图1-9）。该模型的创建是由美国质量控制协会（American Society for Quality Control，ASQC）和密歇根大学商学院"国家质量研究中心"（National Quality Research Center，University of Michigan）共同发起的，旨在从质与量上全面评价国家经济运行绩效的项目。ACSI 模型是一种从宏观角度出发，以产品或服务的消费过程为基础，对顾客满意度水平进行综合评价的模型。ACSI 模型将顾客满意度指数划分为国家满意度指数、部门满意度指数、行业满意度指数及企业满意度指数 4 个层次，并基于顾客期望、感知质量、感知价值、顾客满意度、顾客抱怨、顾客忠诚 6 个结构变量间的因果关系，构建了体系较为完整的国家顾客满意度模型。其中，顾客满意度处于 ACSI 模型因果链的中心，顾客期望、感知质量为前因变量，顾客抱怨、顾客忠诚为结果变量。与 SCSB 模型不同的是，Fornell 等

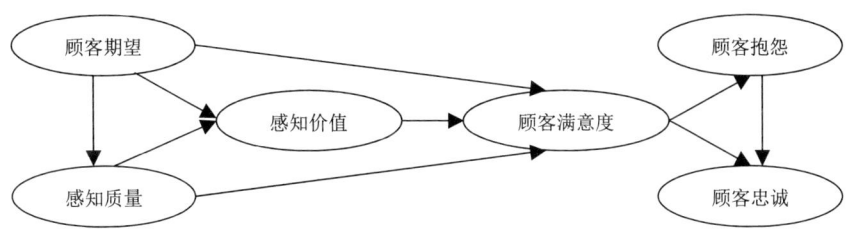

图 1-9　ACSI 模型

资料来源：Fornell 等（1996）。

认为，由于顾客对于产品或服务的感知价值不同，感知质量与顾客满意度的关系不可忽视，随后他们将感知质量加入 ACSI 模型，利用感知质量与感知价值共同作为评测顾客满意度的影响变量。ACSI 模型包含 6 个结构变量、15 个观测变量，有 9 种共变关系表示结构变量间的关系。因此，ACSI 模型不仅可评价当前产品或服务的质量，而且还可预测未来产品或服务质量的走势。作为影响广泛的顾客满意度评价模型，ACSI 模型为新西兰、韩国、瑞士、中国台湾、日本、挪威等地区采用，各地区根据实际，纷纷修正了 ACSI 模型，形成了符合地区情况的 ACSI 模型，如韩国顾客满意度指数（Korea customer satisfaction index，KCSI）、瑞士顾客满意度指数（Swiss index of customer satisfaction，SICS）等模型。

1999 年，欧洲质量组织和欧洲质量管理基金会等机构借鉴了 ACSI 模型的基本结构，保留了顾客期望、感知价值、顾客满意度及顾客忠诚等核心变量及其基本的路径关系，建立了欧洲顾客满意度指数（ECSI）模型（图 1-10）。与 ACSI 模型相比，ECSI 模型新增了企业形象变量，并

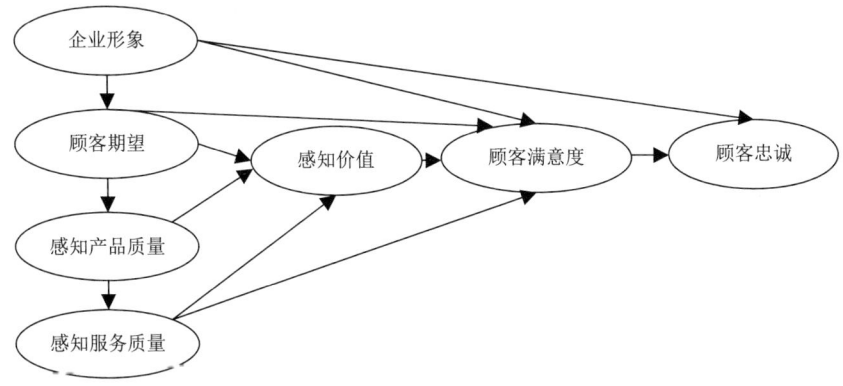

图 1-10　ECSI 模型

资料来源：Cassel 和 Eklöf（2001）。

将感知质量细分为感知产品质量、感知服务质量变量,分别考察其对顾客满意度的影响效应。由于顾客抱怨系统的发展,ECSI 模型删除了 ACSI 模型中的顾客抱怨变量,只保留顾客忠诚作为顾客满意度的结果变量。

(4)基于顾客满意度和技术接受模型的整合研究(20 世纪 90 年代末)

随着信息技术的发展,互联网已经渗透到公众生产、生活的各个方面,成为世界结构的组成部分。近年来,信息技术(information technology,IT)成为服务部门普遍关注的热点,信息技术的快速发展拓展了信息系统(information system,IS)用户的范围,用户对于信息系统的使用逐步从早期的被动转向主动。例如,企业、政府部门纷纷主动采用信息技术与信息系统,旨在降低成本,增加产品或服务的差异化,增进与用户的互动交流,以提升用户的满意程度。因此,随着交互环境的改变,网络环境下公众满意度的评价必须考虑公众、信息技术、信息系统、产品(服务)之间的因果关系,反映在公众满意度模型的构建上,应充分借鉴与融合技术接受理论(模型)的合理内核。

20 世纪 80 年代以来,技术接受研究一直十分活跃,其研究内容主要包括两个路径取向:个体技术接受行为研究及组织技术接受行为研究。其中,个体技术接受行为研究的相关理论,包括理性行为理论(theory of reasoned action,TRA)、技术接受模型(technology acceptance model,TAM)、创新扩散理论(innovation diffusion theory,IDT)、社会认知理论(social cognitive theory,SCT)、技术接受和使用统一理论(unified theory of acceptance and use of technology,UTAUT)。而组织技术接受行为研究主要基于组织中创新扩散的视角、组织行为的视角、变革管理的视角等层面展开。其中,Davis 运用理性行为理论,研究用户对于信息系统接受时创设的技术接受模型最具代表性,该模型由行为意图(behavioral intention,BI)、使用态度(attitude towards using,ATU)、感知有用性(perceived usefulness,PU)、感知易用性(perceived ease of use,PEOU)、实际使用(actual usage,AU)及外部变量(outside variable,OV)6 个结构变量及 8 个关系组成(图 1-11)。

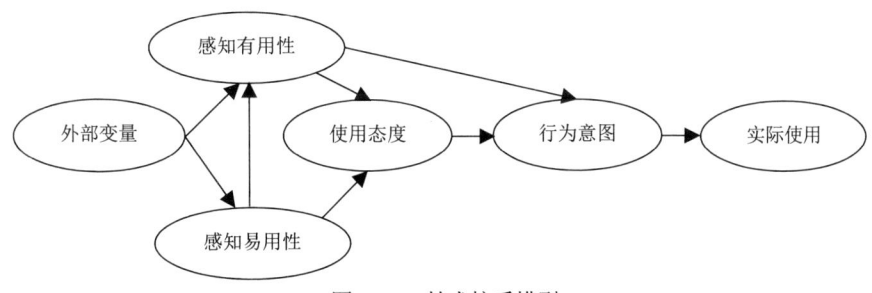

图 1-11 技术接受模型

资料来源：Klopping 和 McKinney（2004）。

20 世纪 90 年代末，国外已有学者尝试将技术接受模型的研究成果，应用于网络环境下顾客满意度的测评中。例如，在电子商务领域，部分学者将技术接受模型运用到电子商务的研究中，通过对信息技术的感知有用性和感知易用性的评价，研究用户对于电子商务的接受及满意程度。技术接受模型在电子商务公众满意度测评研究中，又包含两个路径取向：一部分学者如 Vijayasarathy、Salam、Hung-Pin 等，将技术接受模型中的感知有用性及感知易用性作为主要变量，评价用户对于支持网上交易中信息技术的接受、满意程度；另一部分学者如 Hoffman、Novak、Gefen 等，在技术接受模型中引入信任变量，从交易属性的角度，研究用户对于电子商务的接受及满意程度。在信息管理领域，学者长期致力于用户对于新技术接受的原因、如何接受等问题的研究，形成了系列研究成果。例如，在基于顾客满意的网站绩效评价的实证研究中，Joo 和 Sohn（2008）以 ACSI 模型、技术接受模型及客户关系管理为参考，构建了网站用户满意度模型。该模型以 ACSI 模型为基础，吸收了技术接受模型中的感知有用性变量，作为评测用户满意度的主要结构变量；Verdegem 和 Verleye（2009）基于用户需求及选择政府门户网站的倾向，构建了政府门户网站公众满意度的广义模型。该模型吸收了 Davis 的技术接受模型中的感知有用性变量，并以在线指导、网站导航、网站结构设计三个观测变量解释感知有用性变量；Udo 等（2010）在评价电子商务网站服务质量的实证研究中，将用户满意度模型与技术接受模型结合起来，重点探讨了网站质量、网站交互性、网购属性经验与用户满意度的关系。

近年来，电子商务的兴起，使网购顾客满意度和技术接受模型的整合研究成为热点。在网络购物意向研究中，Bai 等（2008）探讨了网站质量对顾客满意度和购物意向的影响。Zhao 和 Dholakia（2009）构建了网站交互性和顾客满意度多重属性模型,探讨了个体属性级别上网站交互性与满意度的关系。Ha(2012)则对顾客满意度和结构变量展开研究,构建了网购属性对顾客满意度和购买意向的纵向研究模型。Pappas 等(2014)则对顾客满意度和重复购买意愿的关系展开研究,分析了网购经验对于网购满意度和再次购买意愿的调节效应。Park 等(2014)在对员工电话会议信息系统接受研究中,拓展了传统的技术接受模型,指出个体焦虑、自我效能等因素影响员工的有用感知及易用感知。Mai 等(2013)以技术接受模型为基础,构建了网购顾客忠诚度模型,在整合技术接受模型感知有用性、感知易用性变量的同时,引入了互联网经验及网购经验控制变量,证明了分配公平对顾客满意度的显著影响关系。

4. 顾客满意度测评方法研究

随着顾客满意度测评研究的深入,顾客满意度测评方法经历了从定性研究到定量研究的发展过程。总体来说顾客满意度常用的测评方法,包括指标测量法及结构方程组测评法(张新安等,2004)。早期的顾客满意度测评法多为指标测量法,该法首先根据问卷跟踪调查顾客消费后的感受,提取影响顾客满意度的关键因素为评价指标;其次根据问卷反馈结果,通过专家法或排序法确定指标权重,最后通过加权计算得到顾客满意度指数①。指标测量法曾被德国 DK(Deutsche Kunden-barometer,1992 年)及美国 JD Power 公司应用于顾客满意度的评价。但是指标测量法在权重设定上包含了专家的主观看法,指标体系的评价范围有限,且各评价指标间的关系不能清晰表达,因此在应用中具有一定局限性。

20 世纪 80 年代中期,Zeithaml、Berry 和 Parasuraman 等创建了顾客满意度定量测评方法中最具代表性的服务质量量表(SERVQUAL Scale)。该量表围绕有形性、可靠性、回应性、确实性及关怀性 5 个维度定义服务质量,评测目标顾客的服务需求及感知。在各指标权重的设定上,Zeithaml 等(1990)突破了以往借助调查问卷确定权重的方法,首次使用了回归分析法。随着应用推广,van Dyke 等学者在研究中,指出了 SERVQUAL 模型测评方法在可靠性、效度(如区别效度、幅合效度及预测效度)等方面仍存有一定缺陷。

20 世纪 90 年代后期,学者开始将结构方程模型、人工神经网络(artificial

---

① 指标测量法顾客满意度指数(CSI)计算公式:$CSI = \sum_{i=1}^{n} W_i X_i$。

neural network，ANN）法、层次分析法、模糊综合评定法、TOPSIS（technique for order preference by similarity to an ideal solution）等应用于顾客满意度的测评。结构方程组测评方法又称为因果关系测评法，与以往的回归及方差分析方法不同的是，该法可通过因子分析（factor analysis）及路径分析（path analysis）统计技术，检验观察变量与结构变量之间的假设关系，从而呈现出潜在的理论建构。顾客消费前的期望与消费后的感知之间，存有一种因果关系，通过该法构建的结构方程组的求解结果，可客观诠释顾客满意度形成中各结构变量之间的因果关系，根据计算结果与搜集资料间的拟合程度，反映顾客满意度的客观状态。目前常用的结构方程组参数的估计方法有偏最小二乘（partial least square，PLS）、路径分析方法及线性结构关系方法（linear structural relationships，LISREL）。LISREL 对在顾客满意度的参数估计中与非线性变量间关系的处理结果精确性偏差，以及对观测变量的态势、样本的数量与质量有严格要求，PLS 路径分析方法则无上述限制，适用性更强。卢顿（2011）利用 LISREL 对研究生教育满意度模型参数进行推估，并开展了评价研究。赵富强等（2012）运用 PLS 路径分析方法，推估所建顾客满意度模型的变量权值及变量之间路径系数。

鉴于较多产品或服务质量之间多为非线性关系，人工神经网络法也被学者应用于顾客满意度测评。通过人工神经网络法的感知器、自适应线性单元、误差反传网络，可实现函数逼近、数据聚类、模式分类、优化计算功能。刘燕（2006）、薛红等（2008）均在实证研究中，运用人工神经网络法对顾客满意度进行了测评。

层次分析法作为一种结合定性、定量的决策分析方法，通过引入合理标度，可对无法度量因素开展测评。牛浏（2016）利用层次分析法，构建了包含三级 60 个指标的政府门户网站评价体系，并开展测评研究。模糊综合评定法是根据模糊数学的隶属度理论，完成定量评价的方法，该法能够解决顾客满意度变量因模糊性而无法准确测评的问题。息志芳和刘建光（2007）运用该法建立了物流顾客满意度模型和评价指标，并开展实证研究。此外，TOPSIS 作为一种综合评价中理想解的排序方法，因其有利于有限方案多目标决策，也被用于顾客满意度综合评价排序中（李莉等，2009）。

随着心理学与信息学科交叉，心理学研究方法也被逐步引介应用到信息系统组织与绩效评价研究中，如卡片记录法、路径搜索法等。其中，卡片记录法通过分配被测卡片，实验记录其对于被测信息系统某项功能的认知信息，获得与满意度指数相关的研究方法（Yang & Yang，2014）；路径搜索法则通过定量指标来揭示认知结构（如人机互动）结果，基于网络化的表征，有效地进行心智模型内容（如陈述性知识和程序性知识）的描述与可视化（Kudikyala & Vaughn，2005）。

（二）顾客满意度国内研究现状

我国关于顾客满意度的研究起步较晚，但随着经济全球化对于产品与服务质量要求的提升，顾客满意度成为以顾客为导向的，全面质量管理的重要内驱力。20世纪90年代后期，顾客满意度研究及测评在我国逐步开展，先后经历了理论推广、模型构建、测评实践等阶段。

1. 顾客满意度基本概念、理论研究

（1）顾客满意度基本概念研究

为了明确顾客满意度相关基本概念的标准定义，建立适应性更为广泛的理论体系，研究中学者纷纷借鉴了ISO 9000：2005中对于产品与顾客等概念的定义。指出顾客是"接受产品的组织或个人"，质量是"一组固有特性满足要求的程度"，顾客满意是"顾客对其要求已被满足的程度的感受"。为了避免不同顾客满意度模型中感知价值、感知质量等相关术语的混乱使用，学者重新界定了"期望价值"与"经验价值"，指出期望价值是顾客在购买之前，对产品质量和价格的评价，经验价值则是购买后，顾客对产品质量和价格相对独立的评价。从而形成了期望价格价值、经验价格价值、期望质量价值、经验质量价值等不同的价值（张燩，2016）。

（2）顾客满意度相关理论研究

顾客价值研究：顾客价值基于顾客自身感受，直接影响顾客满意度。不同于企业对于产品的期望价值，也不同于基于产品的客观价值。基于国外学者Woodruff、Sheth、Newman、Gale关于顾客价值研究的相关理论，国内部分学者也对顾客价值展开研究，如从利益获得、利益损失维度，白琳（2007）将顾客价值分为产品核心性能、产品伴随性能、服务与品牌、价格等，而刘刚和拱晓波（2007）则将其分为功能价值、象征价值、体验价值、感知风险、感知付出等。

顾客让渡价值理论，从顾客购买前的期望入手，利用顾客价值分析法，分析产品或服务在顾客感知价值、整体顾客价值、整体顾客成本等方面，为顾客带来的价值。该理论分析方法目前在相关领域被接受并应用。该理论主要用于分析顾客感知价值，主要测量不同产品或服务的属性和利益的重要性，指出潜在顾客会选择购买顾客感知价值最高的产品或服务。但也有学者指出该理论的不足，即该理论不能完整应用于购买流程的各个环节，没有明确区分产品的使用价值和交换价值。

顾客期望失验理论，也是当前相关研究中广泛谈及的理论。该理论将产品的实绩与期望比较，当实绩大于期望，将会产生正向期望失验，形成满意。当实绩小于期望，将会产生负向期望失验，形成不满意。基于研究，学者将顾客期望分为预测预期、基准预期、理想预期、均衡预期 4 个类型，对应顾客理想、期望、一般预期 3 个层次。学者指出在期望层次与一般预期层次之间，为顾客可接受区域。达不到该层次，顾客将无法满意。也有学者在指出顾客期望失验理论时，阐述了顾客满意度的形成机制，但是未设计顾客期望和知觉绩效的产生机制。顾客期望复杂，包含了对未来及当前状态的判断，两种判断混合后较难测量顾客期望的构成。

2. 顾客满意度理论的推广研究（1997~2005 年）

20 世纪 90 年代后期，我国学者与研究机构开始关注顾客满意度的相关研究，研究成果主要是推广介绍国外的顾客满意度理论及模型，并结合国外研究成果，探索符合我国实际的顾客满意度理论的内涵，以及顾客满意度模型的特点。如孙丽辉（2003）介绍了国外顾客满意度理论的研究现状，并在分析顾客满意度内涵和顾客满意度模型核心结构的基础上，探讨了顾客满意度的核心价值；符国群（2004）就 ACSI 模型的构建背景、参考模型和构建方法，做了详细的推介；刘新燕（2005）在深入介绍国外顾客满意度理论的基础上，剖析了顾客满意度研究所依据的心理学、经济学、社会学理论基础；朱国玮等（2004）在介绍分析美国公共部门满意测评模型的基础上，进一步探讨了我国公共部门满意度测评的实施要点、适应性、评价体系等一系列问题；Fornell 和刘金兰（2006）系统地介绍了 ACSI 模型、SCSB 模型的理论基础，以及其在具体测评中的应用；霍映宝（2004）在其论文《CSI 模型构建及其参数的 GME 的综合估计研究》中，也系统地介绍了顾客满意度理论、模型、测评方法，并基于 GME 原理提出了测评顾客满意度的两种方法。

3. 顾客满意度模型的构建及测评研究（2005~2015 年）

围绕构建符合我国实际的顾客满意度模型，我国质量管理、市场营销、电子商务等领域的学者及研究机构,最先借鉴国外顾客满意度模型的合理内核,开展本领域内顾客满意度模型的构建及测评研究。随着学科交流的深入,相关研究逐步渗透至图书情报、公共管理、电子政务等领域,并取得了系列研究成果。例如,在质量管理、市场营销领域,2005年,清华大学中国企业研究中心以 ACSI 模型等为基础,结合我国实际开发了中国顾客满意度指数(China Customer Satisfaction Index,CCSI)模型,并根据产品或服务种类,将 CCSI 模型细分为非耐用消费品顾客满意度模型、耐用消费品顾客满意度模型、服务业顾客满意度模型、政府公用事业顾客满意度模型。在构建适合我国国情的顾客满意度模型中,学者及研究机构从制度层面,推动顾客满意度测评向规范化、标准化开展,如在 CCSI 模型的实际应用中,中国标准化研究院、中国质量协会等机构制定了《顾客满意测评通则》(GB/T 19039—2009)、《顾客满意测评模型和方法指南》(GB/T 19038—2009)两项国家标准,指导、规范我国顾客满意度的测评实践,并逐年发布各行业顾客满意度分析报告。

随着网络交易平台的发展壮大,提升网购满意度成为电子商务的可持续发展目标。围绕网购顾客满意度,学者进行了理论和实证研究。谢佩洪等(2011)将物流配送、价格水平、支付方式因素纳入到网购环境,构建了 B2C(business-to-customer,商对客电子商务模式)环境下的顾客满意度理论模型。在模型的调节变量研究中,李海英和林柳(2011)构建了基于调节变量交易经验的网购顾客满意度模型,证实零售质量对顾客满意度的正向显著效应。郭国庆和李光明(2012)构建了购物网站交互特性对顾客满意度影响模型,指出通过增加沟通,可提高顾客满意度。张圣亮和李小东(2013)通过因子分析,将影响网购顾客满意度的因素进行提取,并指出商品质量、网站质量对顾客满意度影响显著。邓爱民等(2014)构建了网购顾客忠诚度模型,指出信任、顾客转换成本、购物网站特征对顾客满意度影响显著。李玉萍和胡培(2015)通过归纳评论内容要素,绘制网络购物顾客满意度影响因素总体框架图,探讨了电子商务环境下顾客满意度内涵,以及影响顾客满意度的驱动关键因素、测评方法。邓世名等(2015)研究了基于二元顾客满意度的激励对服务质量和品牌商受益的影响,探讨了激励顾客满意度,提高服务水平和品牌商收益的条件,揭示了顾客满意度指标的信息价值。

在图书情报领域,学者在对我国图书馆、数字图书馆绩效评价中不断吸收、借鉴顾客满意度理论及模型的合理内核,纷纷尝试构建了适合本领域评价实践的评价模型及方法。例如，甘利人等（2004）以 ACSI 模型为基础，构建了数据库网站的评价指标体系，并开展了基于四大数据库网站的实际测评；马彪（2006）在对顾客满意度模型于科技文献数据库网站信息用户满意度测评应用的可行性分析的基础上，构建了科技文献数据库信息用户满意测评模型；刘娜（2007）从图书馆服务质量评价方式入手，以 ACSI 模型为基础构建了大学图书馆用户满意度模型，并展开实证研究；围绕着国家自然科学基金项目"基于用户行为测试的科技数据库网站满意度测评系统研究"（No.70473028），甘利人等就科技数据库网站用户满意度开展了系列研究，按照科技数据库网站的类型分别构建了"科技数据库顾客满意度指数模型"（ICSI-D），以及"大学及科研机构图书馆网站顾客满意度指数模型"（ICSI-L），并进行了实证研究（吴建华，2009）。

在公共管理领域，朱国玮等（2004）连续 3 年对公众满意度的理论基础、测评标准、测评程序展开实证研究，构建了公众满意度测评模型（PSCSI 模型）并应用于实际测评。段尧清和冯骞（2009）基于结构方程建模方法，从政府信息公开公众满意度的相关概念中，提炼出与公众满意度关系紧密的影响因素，并在此基础上构建了政府信息公开满意度结构方程模型。

在电子政务领域，围绕着国家社会科学基金项目"信息化测度指标构建理论及测度分析研究"（No.05BTQ013），焦微玲（2007）借鉴国外以公众为中心的电子政务绩效评价体系的构建经验，提出了我国电子政务公众满意度评价模型并展开了实证研究。龚莎莎（2009）将顾客满意度理论（模型）与现阶段我国电子政务发展特点结合，创建了基于结构方程模型的电子政务公众满意度测评体系，并开展了实证研究。刘燕（2006）在深入剖析 4 种经典顾客满意度指数模型的基础上，结合电子政务公众服务的特点，构建了电子政务公众满意度指数（EGPSI）模型，并从公众满意的角度开展了电子政务绩效评价。朱国玮等（2006）在比较现有电子政府评价模型的基础上，开展了我国电子政府公众满意度测评。

综上所述，在顾客满意度的研究中，国外已形成了较为成熟的顾客满意度理论，学者就以下观点达成共识：顾客满意度测评是一个基于消费前、消费中、消费后的整体评价过程。顾客满意是一种心理状态，是顾客对于产品或服务的预期与实际结果的比较差异。顾客价值是基于顾客自身感知，对产品利益和成本从价格、质量维度的权衡。顾客价值具有层次性和动态性。国内外顾客满意度测评中形成了包含结构方程模型、人工神经网络法、层次分析法、模糊综合评定法等多维度测评方法，在商品、服务、虚拟网络（电子政务、电子商务）等相关领域的顾客满意度测评实践丰富。国内的研究充分借鉴了国外研究成果，在消化、吸收顾客满意度理论，构建、应用顾客满意度模型的研究上不断进步。但综合来看，国内外的顾客满意度研究仍有以下不足。首先，从研究内容上看，现有研究大都围绕顾客价值和顾客满意度开展，但顾客满意之后的顾客忠诚及抱怨研究偏少，同时对于消费中顾客情绪、认知等因素的形成机制，及其对顾客满意度的影响效用研究关注不大。其次，在顾客满意度实证研究中，样本采集环节较为薄弱，表现为：①受调查样本的来源、代表性、特征、数量等限制，导致较为稳定的顾客满意度模型的变量关系比重偏低。②采集样本数据缺乏科学处理。第一，样本数据清洗、整理不规范，直接影响测评结果科学性；第二，顾客满意度测评活动非常规化，数据积累有限，不利于具体行业顾客满意度跟踪研究的长期开展；第三，调查问卷量表的使用，以及测评方法的选择上仍有不足，如现有测评研究中多采用调整调查问卷的标度，降低调查结果偏度的方法，但调整的原因及其对实际测评结果的影响缺乏说明；第四，所选测评方法多以影响顾客满意度的各因素间关系呈正态分布为假设，导致测评结果与实际情况存有较大偏差，从而降低了顾客满意度测评的精确程度。

第三节 政府门户网站公众满意度测评研究现状

政府门户网站公众满意度测评，是指将顾客满意度理论和模型引入政府门户网站的绩效评价中，通过评价公众的满意程度，来衡量政府门户网站各项绩效。

一、国外政府门户网站公众满意度测评研究现状的可视化分析

本节以"customer satisfaction of government website"在 Web of Science 3 个检索数据库（SCI、SSCI、A&HCI）做主题检索，语种为"English"，文献类型为"Articles"，时间范围为"1986～2010 年"，结果仅检索到 7 篇文章。而该 7 篇文章全为国际会议论文，其中 4 篇文章作者为中国作者。将题录数据输入 CiteSpace 可视化软件，发现政府门户网站公众满意度测评研究节点的数量有限，且分布分散，尚未形成文献聚类。由此可见关于政府门户网站公众满意度测评研究还属于较新的研究领域。政府门户网站公

众满意度的研究和实践开展处于起步阶段。

二、政府门户网站公众满意度测评研究现状的内容分析

(一)政府门户网站公众满意度测评的国外研究现状

在新公共管理运动的推动下,政府的公共服务职能逐步凸显。政府门户网站作为政府公共服务设立和开展的平台,其服务质量直接影响着政府公共服务职能。公众作为政府门户网站服务的主要对象,其满意程度与政府门户网站服务质量密切相关。随着政府门户网站绩效评价研究的深入,学者逐步意识到公众满意度对于提升政府门户网站服务绩效的意义及作用。随着顾客满意度理论及模型的推广,学者已开始尝试从公众满意的角度,开展政府门户网站绩效评价研究。国外相关研究的开展始于21世纪初,研究范围与实践尚未完全展开,参与人员相对偏少;从组织形式上看,有机构研究与实践,也有项目评价活动及一般性评价研究与实践。

1. 机构研究与实践

(1)政府门户网站顾客满意度指数研究

2001年美国将ACSI模型应用于美国政府门户网站绩效测评。研究中,学者通过使用顾客满意度指数,取代了传统的"浏览页数""访问人数",作为政府门户网站绩效测评的指标,并通过结构方程模型,计算出顾客满意度指数及忠诚指数,从而较为客观地反映了政府门户网站面向公众的服务水平。研究中,学者通过横向比较与企业门户网站顾客满意度测评结果,在汲取企业门户网站提升公众满意度有效对策的基础上,提出了提升政府门户网站公众满意度的相关对策。2004年,美国政府发布的《电子政务满意度指数》(*E-Government Satisfaction Index*)报告,对44个政府门户网站公众满意度进行评价。通过比对各政府门户网站的顾客满意度指数,该报告分析了联邦政府门户网站服务的优势及改进领域。

(2)政府门户网站公众服务预期的研究

2005年,澳大利亚政府信息管理办公室(Australian Government Information Management Office,AGIMO)公布的"澳大利亚电子政务服务满意度调查",就政府与公众互动渠道的选择,以及影响公众满意的、与政府门户网站公众预期的相关因素做了研究,调查结果表明,随着政府门户网站的

普及，公众对于政府门户网站服务的预期不断提高，而政府门户网站服务实绩与公众预期间的负向差异逐步加大，导致公众满意程度偏低，与政府交互的传统渠道仍是公众的主要选择（佚名，2007）。

（3）政府门户网站公众满意度研究

加拿大政府门户网站建设始终注重以公众的需求为中心，认为在信息技术迅猛发展背景下，由于用户的需求不断变化，政府门户网站服务应以用户的需求为中心，不断了解其他需求，调整服务策略。自1998年起，加拿大政府委托公众中心服务研究机构（Institute for Citizen-Centered Service，ICCS），开展了5次"公众至上"专题调查（Citizen First surveys）[①]。该项调查广泛收集了加拿大各地区样本，以公众满意度作为衡量政府门户网站服务质量的标准，利用结构方程建模的方式，分析影响政府门户网站公众满意度的各因素间的关系。5次调查结果综合表明，政府门户网站的服务质量，对公众对于政府门户网站的信任，有着显著影响；政府门户网站及时、公平、高质量的服务，仍是影响公众满意度的关键因素；此外，政府门户网站服务获取的便利性，也是影响公众满意度的重要因素。根据项目分析的结果，加拿大政府提出了政府门户网站应与公众的预期、需求保持一致，以公众的需求为驱动，提供高质量、便于公众获取的服务的发展战略[②]。

2. 项目评价活动

2005年，瑞士政府在重新审视本国电子政务发展现状的基础上，设立了"电子政务发展指标"项目，用以评价电子政务实施效果。其中，在该项目子课题"政府门户网站公众满意度模型的构建"的研究中，其项目组以政治、技术、法律及社会环境为环境变量，以政策、结构及组织能力、文化为管理变量，构建了政府门户网站公众满意度概念模型。该模型主要包含电子公共服务（electronic public service，EPS）、电子民主与参与（electronic democracy and participation，EDP）、电子产品或服务网络（electronic production networks，EPN）及电子内部协作（electronic internal collaboration，EIC）4个指标体系。其中，不同的指标体系面向不同的评价对象：EPS针对典型客户，重在评价政府门户网站服务效率，以及个性化

[①] 此5次调查分别为：Citizen First 1998、Citizen First 2000、Citizen First 3、Citizen First 4、Citizen First 5。
[②] Citizens First. About the citizens first series [EB/OL]. https://iccs-isac.org/research/citizens-first. [2018-07-16].

服务的效果；EDP 面向公众利益，重在评价公众在政府门户网站服务获取时是否享有平等权；EPN 面向企业，突出面向企业的服务效率评价；EIC 则面向政府公务员，评价政府门户网站职能部门的系统整合，以及自动化服务水平（Schedler，2002）。

3. 一般性评价研究与实践

国外关于政府门户网站公众满意度评价的一般性评价研究与实践主要体现为：从与政府门户网站交互中的公众心理、接受及采纳行为入手，分析影响公众对于政府门户网站满意的心理、采纳因素（感知有用性、感知易用性、技术采纳、信任、持续使用等）并将其转化为稳定的变量，通过实证研究分析其与公众满意度之间的关系。例如，Wood 等（2008）通过美国顾客满意度指数的在线调查，评价了美国政府卫生部门网站的公众满意度，重点研究了政府门户网站界面的人性化设计，增进公众满意度的作用。Verdegem 和 Verleye（2009）以公众为中心，实证分析了电子政务环境下，公众的信息需求及影响政府门户网站感知质量的相关因素，在此基础上构建了测评政府门户网站公众满意度的广义模型。Lean 等（2009）实证分析了影响公众使用政府门户网站的多种因素，指出在政府门户网站服务中，公众信任及感知有用等因素，对公众满意度具有正向作用，当公众信任且感知网站服务有用性时，公众满意程度越高；而感知复杂性对公众满意度具有负向作用，即公众获取网站服务的方式及程序越繁杂，公众满意度越低，进而产生抱怨甚至放弃使用。Verdegem 和 Verleye（2009）实证分析了与政府门户网站交互中公众需求、期望与满意的关系，并借鉴技术接受理论（模型）构建了包含结构、可得性、意识、成本、技术支持、友好性、可用性、内容、隐私/安全性等变量的政府门户网站公众满意度模型，在此基础上开展了政府门户网站公众满意度实证研究。Butt（2014）从用户视角，提供了结果导向的政府门户网站绩效评价方法。并从探讨评价指标量度，围绕上述指标强调测试案例的开发，选择样本三个阶段，开展测评，提出改进对策。

2013 年，Hung 等将评价视角从传统的政府门户网站，转向移动政府门户网站服务。通过分析指出了感知有用性、感知易用性、信任、交互性、外部影响、内部影响、自我效能、设备条件等，是影响用户接受移动政府门户网站的关键因素。2015 年，Rana 等采用权重分析及元分析的方法，分析了 103 篇关于政府门户网站用户采纳的实证研究论文，指出论文采用的变量相当分散,而且大部分源自现有的信息系统理论。感知有用性、信任、主观规范、预期质量、社会影响、感知行为控制等变量,被证实对用户对政府门户网站的满意度有显著影响。

在影响政府门户网站公众满意度的技术接受、采纳因素研究中,仅有4%的文献基于单一的技术接受理论(模型)开展研究。例如,Al-Shafi 和 Weerakkody(2009)、Niehaves 和 Plattfau(2010)等直接采用技术接受和使用统一理论,对政府门户网站公众的采纳行为进行研究。信任作为公众使用政府门户网站的潜在动力,是政府门户网站采纳因素研究组成部分。Srivastava 和 Thompson(2005)将公众对政府门户网站的信任,扩展为"对技术的信任"和"对政府的信任",指出信任对政府门户网站公众的使用意向具有关键性作用。在接受(采纳)模型的扩展式研究中,鉴于单一的技术接受模型,无法充分解释政府门户网站信息技术的接受行为,学者通过添加如信任理论或其他模型的变量,开展技术接受模型的细化研究,如 Al-Hujran 等(2011)在技术接受模型的基础上,加入了 Hofstede 权力距离、不确定性规避等变量,探讨其对公众关于政府门户网站有用或易用的影响。Hsiao 等(2012)在技术接受模型的基础上,加入了信任、个人创新性变量,探讨其对政府门户网站公众有用感知的影响。在接受(采纳)模型组合式研究中,Orgeron 和 Goodman(2011)主要采用两种以上的接受理论或模型,确定各变量对公民使用意愿的影响,并对其效果做出排列。除了引用其他理论、模型的关键变量,重新对变量路径关系设定检验的接受(采纳)模型的整合式研究,近年来在政府门户网站公众满意度研究中出现,如 Alruwaie(2012)在政府门户网站公众持续使用研究中,整合了公众的自我效能感、持续使用意向、服务质量等变量,构建了信息系统持续使用模型,并指出政府门户网站公众采纳还需要考虑阶段性问题。

(二)政府门户网站公众满意度测评的国内研究现状

我国关于政府门户网站公众满意度测评的研究起步较晚,随着国外相关研究的展开,且一些国内学者开始尝试从公众满意度的角度,对政府门户网站绩效测评进行研究。研究内容主要如下。

1. 政府门户网站公众满意度影响因素研究

学者主要通过实证研究,采集、分析影响政府门户网站公众满意度的相关因素,并将其转化为所构建满意度模型中的结构变量。刘燕(2006)

就电子政务背景下的政府门户网站公众满意度模型的构建、测评作了详细探讨，并以湖南省政府门户网站为测评对象，开展了模型的应用研究。刘渊等（2008）在探讨政府门户网站的服务质量、公众满意度、公众行为意愿等相关理论的基础上，分析了影响政府门户网站公众满意度的重要因素，构建了政府门户网站用户满意度模型，并以杭州市政府门户网站为测评对象，测评了内部（公务员）、外部（公众）用户的满意程度。

2. 政府门户网站公众满意度的测评模型研究

2009 年，我国学者对于政府门户网站公众满意度研究逐步增多。研究上除了保持对影响政府门户网站公众满意度的关键因素继续探讨外，学者还就政府门户网站公众满意度测评模型作了改进、创新。例如，Yao（2009）从公共满意的视角出发，探索影响浙江省政府门户网站公众满意度的相关因素，在比较国内外公众满意度模型的基础上，构建了对应的测评模型，并指出公众信任对政府门户网站公众满意度具有正向作用。

在政府门户网站公众满意度测评模型的研究上，跨学科的理论交叉及模型借鉴，逐步应用于政府门户网站公众满意度模型构建中。同时，政府门户网站公众满意度的测评方法研究也逐步加强。例如，Jia（2008）认为公众的感知质量、期望及公共服务提供方式等，都是影响政府门户网站公众满意度的重要因素。在评测上述各因素间复杂关系时，他们对政府门户网站公众满意度的测评方法进行了创新，提出了解释。Xu 等（2008）基于实证研究，分析了影响政府门户网站公众满意度的相关心理因素，构建了政府门户网站绩效的公众满意度测评模型。Liao 等（2007）基于期望差异模型及计划行为理论（theory of planned behavior，TPB）构建了集成模型，用于解释、预测用户对于政府在线服务的持续使用行为。该模型吸收了感知有用性变量，实证研究结果表明，用户在线持续使用行为，主要取决于用户满意度及感知有用性。

3. 政府门户网站公众接受（采纳）研究

公众满意度是公众初步使用政府门户网站的心理变量。随着交互的增多，保证公众对网站产品及服务的长期满意，则需要考量用户对政府门户网站的持续使用。2006 年后，学者从政府门户网站公众满意度研究视角，纷纷转向政府门户网站公众技术接受及持续使用研究，指出公众的接受与采纳是公众形成政府门户网站满意并持续使用的前提，信息系统最终成功取决于保证公众初步使用网站满意后的接受、采纳或持续使用。如何理解公众的采纳行为，采取有效措施提高政府门户网站的使用率，成为亟待解决的问题。2009年后，国内相关研究文献逐步增加，2011年达到峰值。近年来国内外学者基于电子政务接受（采纳）相关理论、模型，围绕政府门户网站公众接受理论及影响因素，展开实证研究，形成了多种研究范式及成果，诠释了政府门户网站公众满意度的实质及影响因素，拓展了顾客满意理论在政府门户网站绩效测评中的应用。结合其他接受模型，学者以技术接受模型、信任理论、创新扩散理论为基础，规范分析了我国政府门户网站公众接受度问题。例如，李颖和徐博艺（2007）结合了Hofstede的文化维度理论，构建了包含文化因素的政府门户网站接受度模型。杨小峰和徐博艺（2009）结合技术接受模型与期望确认理论，构建了政府门户网站公众拓展接受模型。刘霞和徐博艺（2010）从信息伦理视角，将构建的扩展技术接受模型中融入了信息伦理要素。杜治洲（2010）从任务-技术适配的角度出发，扩展了政府门户网站公众接受模型，从探讨影响公众持续使用的关键因素入手。朱多刚（2012）以理性行为理论为指导框架，综合技术接受、信任、感知风险因素，构建了政府门户网站信任、风险和技术接受综合模型。

为了分清政府门户网站公众初始接受和持续使用等概念，增强理论模型的科学性与可操作性，蒋骁等（2010）综合探讨了政府门户网站公众初始接受与持续使用的影响因素，基于政府门户网站服务类型，设定了公众使用意愿层次，构建了基于过程的政府门户网站公众采纳模型。围绕政府门户网站公众接受影响因素，刘金荣（2011）分析了影响公众接受政府门户网站的基本信息服务、在线办事水平、公众互动及民生相关度等外部因素，探讨了如何从公众服务需求角度，识别公众接受度的影响因素。此外，国内部分学者开始尝试将信任与感知有用性、感知难易度纳入技术接受模型，并指出电子政务信任对公众对政府门户网站的信任和接受意愿的影响更大（陈岚，2012）。部分学者在整合技术特征、创新特性与信任因素拓展模型的实证研究中，指出政府门户网站与个人生活方式的兼容性、感知有用性、网络信任、政府信任等，对公众使用意愿影响显著（廖敏慧等，2015）。部分学者从电子政务公众采纳的视角出发，综合分析了政府门户网站公众初始接受和持续使用的影响因素，构建了基于过程的政府门户网站公众采纳研究框架（关欣等，2012）。吴云和胡广伟（2014）改进了技术接受和使用统一理论模型，根据政府门户网站等政务社交媒体的特征，增加了焦虑、感知可信与社会评价变量，发现社会影响对公众持续使用意向影响显著。在政府门户网站公众接受度影响因素权重研究中，学者指出权重分析是解释、预测影响公众接受政府门户网站各变量的重要方法（Rana et al.，2015）。

第四节 综合分析

通过对国内外政府门户网站绩效评价、顾客满意度、政府门户网站公众满意度测评等理论与实践的现状分析，发现政府门户网站公众满意度测评研究领域已取得一些可喜的成绩。

第一，政府机构和大型信息商业机构，均较关注政府门户网站公众满意度的评价研究，并积极投身于政府门户网站公众满意度的评价实践。研究者特别关注各类政府门户网站绩效评价的机构研究实践，或相关项目的开展情况，试图通过分析与政府门户网站交互中公众满意的形成机制与影响因素，总结机构研究的成果或项目实践经验和教训，推动政府门户网站公众满意度理论的研究和测评的开展。

第二，因研究侧重点、思路、方法、模式不同，学者关于政府门户网站绩效评价的研究呈现五大类型。①面向政府门户网站绩效型，如美国布朗大学[①]等，该类评价焦点集中于政府门户网站外在表现及内在功能，通过量化指标，综合考察政府网络战略和公众应用电子政务的具体情况。但该评价指标多带有主观性，一定程度上忽略了政府门户网站全程管理实际情况测评。②兼顾网站信息技术型，以 IBM 政府事务研究中心相关测评研究（Stowers，2004）为代表，该类测评以网站信息技术为切入点和导向，将网络、数据库、多媒体技术的投入、产出、效果、灵活、可靠、稳定性，作为政府门户网站绩效测评的技术指标，为政府门户网站绩效测评提供了研究思路。③综合型，以联合国经济和社会事务部（United Nations，2003）为代表，相关测评基于政府门户网站内容服务、基础设施、人力资源能力等指标，综合测评政府门户网站的制度、人力、基础设施状况。尽管该类测评兼顾网站的软、硬件环境及电子政务能力，但因指标过多、权重分配复杂等原因，测评的操作性打了折扣，普适性不高。④聚焦政府门户网站社会效用及公共价值型，以美国哈佛大学（Kertesz，2003）等相关测评研

---

① Global E-Government，2007[EB/OL]. http://www.insidepolitics.org/egovt07int.pdf. [2016-12-10].

究为代表，从网络信息技术使用数量、质量、网络（软硬件、基础设施）获取支撑、信息技术政策、经济环境等维度，全方位评价政府门户网站绩效。⑤服务及公共价值导向型，以美国纽约州立大学为代表，该类测评以政府门户网站面向公众提供服务的完善和便捷为基础，基于公共价值框架，引入并修改完善 ACSI 模型，应用于政府门户网站的绩效测评（Stowers，2004）。

无论采用何种测评类型，测评中学者研究思路具有趋同性，即将政府门户网站绩效评价指标体系，作为评价研究的首要任务。由此产生了一系列具有继承发展特点的政府门户网站绩效评价指标体系，具体表现为：新的指标体系修正了现存的政府门户网站绩效评价指标体系，既保持了传统政府门户网站绩效评价指标体系的核心要素，又结合了实际测评对象、问卷样本、测评方法，做出了调整。此外，其继承发展的特点还体现在传统的数字信息资源的评价方法如文献和网络调查法、层次分析法、德尔菲法、专家咨询法、案例分析法等，在构建政府门户网站绩效评价指标体系、设置指标权重等方面，仍发挥重要作用。所以从公众满意的角度，开展政府门户网站绩效评价研究，是政府门户网站绩效评价在电子政务"公众至上"理论推动下的测评视角质的跃迁。利用顾客满意度模型，评价面向公众满意的政府门户网站绩效，并非否定了传统政府门户网站绩效评价工具和方法，而是在数字环境中，继承传统政府门户网站绩效评价工具和方法，更真实客观地反映政府门户网站绩效。

第三，顾客满意度评价理论及模型研究成果丰富。构建政府门户网站公众满意度模型，是开展政府门户网站公众满意度测评的关键环节。构建政府门户网站公众满意度模型所选择的基础模型，直接影响了新建模型中变量的组成及其关系、测评方法的选择，以及测评结果。目前研究成果中的顾客满意度评价理论及模型，为政府门户网站公众满意度模型的构建，奠定了扎实的基础，如在基础模型的选择上，既有国际上普遍适用的 ACSI 模型，也有根据我国国情构建的 CCSI 模型等。另外，学术界对于影响公众满意度的公众期望、感知质量等关键因素的共识，也为模型的构建提供了理论支持。

第四，政府门户网站建设的投资力度不断增加，但其服务功效远落后于政府与公众的预期。随着上述矛盾的激化，2011 年后，理解公众的采纳行为，探讨提高政府门户网站使用率等问题，成为国内外相关领域的研究热点。国外相关研究始于 2002 年，2011 年达到顶峰。国内研究始于 2006

年，总体上相关研究发展与国外趋势一致。国内学者以公众满意度为中间变量，开始探讨满意初步形成后，政府门户网站公众接受、采纳及持续使用行为的模型研究，形成了结合经典的信息技术/信息系统采纳理论和模型。国内外学者通过构建研究模型，开展实证研究的主流研究范式，形成了技术接受模型、技术接受扩展模型、技术接受和使用统一理论、创新扩散理论、计划行为理论、理性行为理论、文化理论、动机模型等14类理论与模型。在研究方法上包括单一性研究（如基于信任理论的采纳研究）、扩展式研究（基于技术接受模型的扩展研究）、组合式研究（主要用于比较各变量对公民使用意向的影响程度）、整合式研究（整合不同模型变量后，重新设定其关系，实证检验）。相关研究内容集中于个体、技术、环境、质量等特征因素，对公众采纳电子政务的影响（杨雅芬和李广建，2014）。总体而言，相关研究多以信息技术/信息系统采纳理论和模型为基础，融入相关模型的关键变量后，深化整合。尽管近年来，国内学者在模型构建、变量筛选、路径关系推估、问卷设计、数据采集整理上，趋于规范、成熟，但系统化、重量级的研究成果偏少，模型的稳定、细化、成熟度需要完善。就电子政务及政府门户网站公众接受度的理论研究而言，国内学者多借助国外现有的理论模型，在模型选择与变量确定上，未涉及公众满意及采纳行为的动态研究和综合考察，在没有充分理论支持下，简单增减、改变原模型变量及其路径关系，使新建模型理论基础夹杂，逻辑关联不清。此外，多数研究以持续使用行为作为公众满意的结果变量，忽视了对公众满意之后的接受行为的多维动态分析。

第五，随着信息学科与认知心理、计算机学科的交叉融合，2012年后，相关领域的研究重点转向探讨在与政府门户网站交互中影响公众满意、采纳的认知行为研究。学者从公众认知的心智模型视角入手，开展政府门户网站绩效测评及信息组织与服务研究，形成了初步的用户认知信息记录、心智模型测评的方法和步骤。这为深入探讨面向公众满意的政府门户网站构建，提供了新的契机和研究思路。

在看到已有成绩的同时，我们发现了现有研究仍存在不足，需要在未来研究中完善。

首先，整体而言现有研究大都基于电子政务层面，缺乏对电子政务背景下，政府门户网站公众服务特点的分析，政府门户网站公众满意度内涵的界定，以及政府门户网站公众满意度形成机制的研究。从政府门户网站公众满意度的评价研究来看，只有深入了解政府门户网站公众服务的特点、把握政府门户网站公众满意度的内涵及形成机制,才能有效地开展政府门户网站公众满意度测评研究,否则有可能造成研究中概念混淆、测评开展缺乏理论支持等问题。因此,本书在深入分析政府门户网站公众服务特点的基础上,系统开展了政府门户网站公众满意度理论研究。

其次,目前有关政府门户网站公众满意度模型变量的选择,都是围绕顾客满意度理论及模型开展的。随着政府门户网站信息技术的发展、信息系统功能的完善,模型变量的选择又面临新的问题。①原有结构变量是否保留。目前政府门户网站绩效评价研究领域存在两种观点,一种观点认为仍需要参照成熟的顾客满意度理论及模型,保留原有关键变量,如感知质量、公众预期等;另一种观点则认为,由于政府门户网站是在信息技术支持下面向公众服务的信息系统,因此技术接受理论(模型)比顾客满意度理论(模型)更适用于政府门户网站公众满意度的测评。建议除依据顾客满意度理论(模型)外,变量的选择还应借鉴技术接受理论(模型)中的合理内核。②在公众与政府门户网站交互中,基于公众技术接受视角下的变量选择。为降低服务成本,提高服务效率,增加产品或服务的差异化供给,政府采取了加大政府门户网站信息技术投资,改进政府门户网站服务功能等举措,但上述举措的落实,还取决于与政府门户网站交互中公众的信息素养、技术接受能力、公众任务与网站技术支持的适配等因素。现有政府门户网站公众满意度模型的变量,多源于企业顾客满意度模型,缺乏对在公众与政府门户网站交互中,影响公众满意度形成的技术接受、任务-技术适配及持续使用行为等变量的关注。虽然部分学者尝试将技术接受理论(模型)应用到电子政务绩效测评实证研究,但多倾向以传统的信息技术/信息系统采纳理论和模型为基础,融入其他模型的变量,加以整合、细化。尽管在研究方法、数据分析统计等方面取得了一定成果,但有影响的理论、模型偏少,相关模型有待细化、定型、完善。因此,本书在政府门户网站公众满意度模型的构建中,除了顾客满意度模型外,还吸收了技术接受、任务-技术适配等模型的合理内核,根据公众的年龄、学历、使用行为的差异,调整了政府门户网站公众满意度模型中影响公众接受和使用政府门户网站与技术接受、任务-技术适配相关的变量,探索其与公众满意度之间的关系。

再次,国内关于政府门户网站公众满意度模型测评方法的研究成果不多,所涉及的测评方法,大多基于样本数据呈正态分布的假设,限制了测评模型对政府门户网站公众满意度的反映程度。实证研究中，严谨的科学描述及操作程序，是保证测评模型真实解释，以及预测现实政府门户网站公众满意度的前提与基础，忽略这些将直接削弱测评结果的科学性、真实性。现有政府门户网站公众满意度测评的实证研究，缺乏严谨、科学的描述及程序，如对问卷采集的样本数据的信度及效度缺乏有效检验，对于样本缺失数据的处理不科学等。另外，对政府门户网站公众满意度模型测评方法的选择，随意性较大，缺乏不同测评方法之间的互相验证研究；关于测评模型的有效性缺乏长期、跟踪测评。因此，本书在政府门户网站公众满意度测评研究中，遵循了科学的样本采集、分析、处理流程，基于变量间的实际关系及样本分布态势，在比较不同测评方法、测评结果的基础上，选择了合适的测评方法，并在长期跟踪的测评实践中检验、完善模型。

最后，本书开展政府门户网站公众满意度模型的构建研究，可为从公众满意的角度开展政府门户网站绩效评价研究，提供有效的测评工具。该模型可消除政府门户网站绩效自评估的局限，引入第三方评价主体参与评估，使政府职能部门更为有效地管理服务资源，并面向公众需求提供服务。基于模型测评结果的分析，以增加对政府门户网站公众满意度的揭示深度，加强对在公众与政府门户网站交互中影响公众满意度的心理、行为内在因素的剖析，并有针对性地提出对策；加强政府门户网站服务中各职能部门的合作，提升政府门户网站公共服务质量，最终实现增值政府公共服务资源，扩大用户范围，方便公众获取、使用政府门户网站服务资源。具体来说，本书的研究意义如下。

1. 有利于从公众满意度的角度规范、引导政府门户网站建设

政府门户网站是网络环境下把政府各职能部门的应用系统、数据资源和互联网资源，集成到统一的门户下，并根据用户不同的角色与使用特点，通过特定应用界面提供个性化服务的平台，是伴随着电子政务与因特网发展起来的一种新的信息组织和服务形式，已对公众的生活产生了深远的影响。许多国家在电子政务发展过程中，都率先将政府门户网站作为国家信息基础建设的重要组成部分，纷纷将其列为国家战略发展规划，投入大量人力、物力，有计划地开展相关研究。政府门户网站已在科研、教育、文化、生活等多个领域发挥了重要作用。对公众的生产、生活产生深远影响的政府门户网站，运用科学的评价理论和方法开展的政府门户公众满意度评价，有利于引导政府门户网站建设规范地发展。

2. 有利于发展与完善顾客满意度理论

政府门户网站公众满意度模型是基于政府门户网站公众满意度理论构建的，而该理论源于企业管理中的顾客满意度理论。基于企业顾客满意度理论而形成的政府门户网站公众满意度理论，可进一步分析基于政府门户网站虚拟服务环境，影响公众满意形成的公众预期、比较差异等前因变量的特点及层次，解释政府门户网站虚拟服务环境下公众满意的形成机制。因此，政府门户网站公众满意度模型的构建研究，是政府门户网站公众满意度理论研究的重要组成部分，开展政府门户网站公众满意度模型的构建研究将充实、完善顾客满意度理论，进一步拓展顾客满意度理论的应用领域。

3. 有利于从公众的心理、行为角度开展政府门户网站公众满意度模型的创新性研究

目前为数不多的政府门户网站公众满意度模型，主要是以顾客满意度模型为基础构建的，虽然其一定程度上反映了政府门户网站公众满意的程度。但现有模型对影响公众满意度的诸多因素缺乏全面、系统的分析研究。在与政府门户网站交互中，满意是公众使用后的心理体验，涉及公众的心理、行为等内容。因此，从与政府门户网站交互中的公众心理、使用行为入手，科学系统地选取影响公众满意度的，与公众心理、行为相关的变量是必要的。开展政府门户网站公众满意度模型的构建研究是长期、动态、发展的过程，从公众心理、行为角度，选取影响政府门户网站公众满意度的关键变量，有利于不断创新政府门户网站公众满意度模型。

4. 有利于探讨新的测评方法，增加测评结果的真实性

目前开展的政府门户网站公众满意度测评的方法主要源于传统的指标性评价法及信息系统评价法，并非所有的测评方法都适用于政府门户网站公众满意度评价。基于结构方程模型的政府门户网站公众满意度测评研究，可以对不同的测评方法进行分析，通过对比测评结果，科学地选择真正适合政府门户网站公众满意度测评的方法。

总之，开展政府门户网站公众满意度模型构建、测评及应用研究，对于促进政府门户网站公众满意度理论和测评方法的发展、规范，引导政府门户网站建设、开发，利用政府门户网站均具有重要的理论意义与现实意义。

本书的写作具体思路如下：首先基于政府门户网站公众服务理论及顾客满意度理论，分析政府门户网站公众服务的特征、内容及公众满意形成的机制；其次深入介绍、分析系列典型的顾客满意度模型、技术接受理论（模型）及任务-技术适配模型的特点、发展历程，以及其对政府门户网站公众满意度（GWPSI）概念模型构建的启示，结合政府门户网站公众服务的特征及在与政府门户网站交互中公众的心理、行为特点，构建 GWPSI 概念模型；再次基于结构方程建模方法，对 GWPSI 概念模型变量间的路径关系进行描述，建立 GWPSI 概念模型的测评模型；最后基于仿真试验，比较 LISREL 与 PLS 等结构方程模型参数估计方法的性能，分析基于 PLS 路径分析方法的 GWPSI 概念模型的测评方法及测评程序，接着应用 GWPSI 概念模型，以湖北省、广东省人民政府门户网站为测评对象，开展政府门户网站公众满意度测评的实证研究，并根据测评结果，从影响公众满意度的关键变量入手，探讨提升政府门户网站公众满意度的具体对策。

第二章 政府门户网站公众服务及公众满意度理论框架

第一节 面向公众服务的政府门户网站内涵

一、政府门户网站的内涵

所谓门户网站，是指通往某个虚拟电子社区，并提供相关信息服务的应用系统。对于政府门户网站概念的界定，是理论界长期关注的问题，综合现有国内外研究成果，关于政府门户网站内涵的界定，还未达成共识，总体上看，学者对政府门户网站内涵的界定，包括广义、狭义两种观点。其中，广义的观点认为，政府门户网站是应用框架，它将各种应用系统、数据资源和网络资源，集中到统一的信息系统平台，通过统一的面向用户的界面提供服务。而其面向用户的服务，主要包括面向公众（G2C）、面向企业（G2B）、面向政府职能部门（G2G）3种模式。狭义的观点认为，政府门户网站是连通政府职能部门，并提供相应信息资源或服务的应用系统，其面向的用户仅为公众。

赵国俊（2009）认为"政府门户网站是在网络环境下，把政府各职能部门的应用系统、数据资源和互联网资源，统一集成到通用的门户下，根据用户类别及使用特点，通过特定应用界面，提供个性化服务"的政府电子服务平台。柯平和高洁（2007）认为"政府门户网站既是政府办公业务的对外交流平台和政府形象宣传的前台，是政府发布信息、公众获得信息的主要载体与渠道，也是政府提供在线公共服务的重要工具"。以上学者关于政府门户网站内涵的界定，代表了狭义的观点，他们将政府门户网站的研究范围，界定在信息门户与应用门户之间，强调政府门户网站既是政务信息系统的集成界面，也是面向公众提供政务信息、在线办事的访问入口及服务平台。

杨路明等（2007）认为，政府门户网站是指基于政府各职能部门信息化建设，建立起的跨部门、综合业务应用系统。政府门户网站能使公众、企业与政府工作人员便捷、高效地了解政府所有职能部门的业务应用、组织内容等信息,并使用户能够在恰当的时间,获得合适的服务。上述内容代表了广义的观点,它将政府门户网站的外延,扩大至知识门户的范畴,强调除发布信息、在线办公外,政府门户网站还为政府决策提供支持,是知识加工、知识决策、知识发布和知识获取的平台。

综合上述观点,本书认为政府门户网站的内涵是:由国家或地方所有,整合并链接了政府职能部门现有的业务应用、组织机构内容与服务信息,具有统一入口,便于公众、企业或下属单位,简单、快捷地获取个性化服务的、政府与公众互动的统一门户。为了便于开展研究,本书将政府门户网站的内涵,界定在狭义的观点范畴之内。在该范畴内,政府门户网站按组织结构划分,可分为以行业或部门的上下级关系为主要业务特点的垂直门户,和以地域的同级业务往来为主要特点的水平门户;按功能划分还可分为信息门户、知识门户及应用门户。

关于政府门户网站的内涵,本书阐述如下。①政府各职能部门的信息化程度,是政府门户网站构建的基础。政府各职能部门的信息化是以各政府部门应具有基础的办公自动化,以及业务信息化管理系统,或者初步形成的小型的内、外部网络化事务处理信息系统为最低要求。②面向公众服务的政府门户网站,应具有信息门户、知识门户及应用门户3种功能。信息门户是指政府门户网站通过政务信息收集、管理和无缝隙集成,为公众提供政务信息查询、报告等的基本功能;知识门户则是信息门户的延伸,在对政府信息加工处理的基础上,将信息集成为系统的知识,为公众提供有价值的知识服务;应用门户则是在政府门户网站后台业务流程改造的基础上,整合不同功能模块,为公众提供跨部门业务的在线服务。③政府门户网站需做好后台业务的整合工作。区别于其他互联网门户网站,政府门户网站具有两种前台-后台关系。第一种是双重的前台-后台关系,即政府门户网站与公众,政府门户网站与政府职能部门网站之间的关系。政府门户网站通常包括外部事务处理信息系统和内部事务处理信息系统。其中,外部事务处理信息系统主要受理G2B及G2C的相关事务,在处理来自公众或企业的海量数据时,政府门户网站类似于搜索引擎,只提供相关事务具体办理的各政府职能部门网站的链接地址,此为第一重前台-后台关系;当用户通过链接进入政府职能部门网站申请服务时,政府职能部门网站与事务办理的政府职能部门间,又形成了第二重前台-后台关系。第二种是单一的前台-后台关系,即政府门户网站与公众的关系。政府门户网站重新整合各政府职能部门的业务流程,以用户需求为导向,将政府职能部门按用户的类型及需求划分,实现政府在线服务无缝式提供。公众可直接通过政府门户网站进入具体业务办理流程,获得"一站式"服务。

无论是哪种前台-后台关系,政府门户网站有效运转与其后台业务的整合密切相关。第一种前台-后台关系中,政府门户网站需对政府职能部门网站的业务类型分类排列,并按一定的逻辑结构梳理,以提供有效的业务链接;第二种前台-后台关系中,由于打破了传统官僚层级制的政府机构,所有政府职能部门都应以用户的需求为导向,重组业务流程(杨路明等,2007:108)。

需说明的是,政府门户网站不同于政府网站,它们之间的关系可用图 2-1 表示。政府门户网站包含了政府网站,政府门户网站是在整合政府网站的基础上,为用户提供跨部门、综合业务的应用系统。

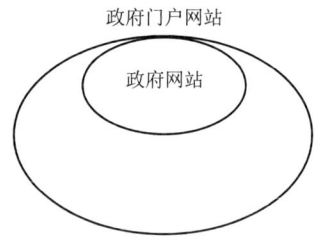

图 2-1 政府门户网站与政府网站的关系

二、面向公众服务的政府门户网站的内涵

1993 年,美国国家绩效评估委员会(National Performance Review Committee,NPRC)在《运用信息技术改造政府》(*Reengineering Government Through Information Technology*)的报告中,提出通过改进政府在管理与提供服务方面的不足,构建以"公众"为中心的电子政务。随后世界范围内掀起了电子政务建设的浪潮。其中,面向公众服务的政府门户网站的建设,成为各国电子政务规划与发展的重点。1999 年,加拿大政府提出"面向公众的任何时间及地点的政府在线信息和服务"的五年发展规划,并借助电子政务成功实现了由管理型政府向服务型政府的转变。英国政府提出到 2008 年末,实现政府服务全部上网的战略规划。欧盟成员国政府也十分重视政府服务上网的方式,提高公共服务能力。德国政府"联邦在线 2005"电子政务计划,提出所有政府服务项目在线提供的目标;法国政府也以政府门户网站"服务公众"(service-public)为出发点,面向公众提供"一站

式"政务服务。

从世界范围来看,随着互联网普及,以及信息技术的发展,各国政府都将政府服务上网,作为本国电子政务发展的出发点与着力点,各国政府在电子政务发展中均采用"政府在线"的服务模式,建立面向公众的服务型政府门户网站已经成为当代政府电子政务管理创新的重要领域之一。以用户为导向、全面质量管理、结果导向等政府行政改革理念,在政府门户网站建设中不断践行,为电子政务全面、深入地开展奠定了良好的基础。现有研究成果关于面向公众服务的政府门户网站内涵的阐述各有侧重,具体如下。

(一)侧重于服务对象

经济合作与发展组织(Organization for Economic Co-operation and Development,OECD)指出,面向公众服务的政府门户网站"是推动政府行政改革的重要工具,它能有效地提高政府职能部门的行政效率,促进政府与公众的交流,面向公众需求,提供更多服务途径及高效的服务"[①]。英国内阁办公室发布的《以技术为支撑的政府变革》(Transformational Government: Enabled by Technology)报告,认为面向公众服务的政府门户网站是利用信息通信技术,连接、共享及协同政府各项服务,实现以公众为中心的政府服务平台。澳大利亚政府在2002年发布的《更好的服务,更好的政府:联邦政府电子政务战略》(Better Services, Better Government: The Federal Government's E-Government Strategy)中指出,面向公众服务的政府门户网站是以信息技术为支撑,围绕着公众或企业需求设计的,通过政府业务流程整合,确保公众或企业获取政府信息和服务,促进公众在线参与、互动的综合性服务平台(程万高,2008)。这类定义多包含了为"顾客导向"的服务理念,强调了面向公众服务的政府门户网站,是以公众为中心,积极引导公众参与服务,增加政府与公众交流与互动的工具。

(二)侧重于服务技术

Homburg 和 Bekkers(2002)认为,面向公众服务的政府门户网站是指"将过程管理技术应用于跨部门的后台信息系统开发,实现跨组织政务信息资源共享,并为公众、企业及政府工作人员,提供服务的网络平台"。欧盟

---

① APO. OECD directorate for public governance and territorial development [EB/OL]. http://apo.org.au/node/83502. [2018-07-16].

委员会 2003 年在《连接欧洲：政府电子服务互操作的重要性》(*Linking up Europe: the Importance of Interoperability for E-Government Services*) 报告中指出，面向公众服务的政府门户网站"是指依靠计算机网络技术、网络之间的信息交流及行政程序重组等模式，支持政府电子服务无缝隙提供的应用系统平台"（程万高，2008）。樊博（2006）认为，面向公众服务的政府门户网站是以网格、数据库、多媒体及信息安全技术为支撑，实现政府信息资源社会共享、社会信息收集和完成公共管理及各种个性化服务的政务信息管理系统。上述定义多从政府门户网站服务公众的技术基础、技术类型、技术实现与完善等视角，阐述了面向公众服务的政府门户网站的内涵，强调通过技术创新，提高政府门户网站的服务效率，提供给公众更多的共享服务。

（三）侧重于服务组织模式

澳大利亚学者 Lenk（2002）认为，面向公众服务的政府门户网站是依赖信息技术，通过政府组织间共享专业人员提供的共享服务，为公众提供政务服务的网络平台。周宏仁（2002）认为面向公众服务的政府门户网站，是以政府为主体，利用信息通信技术构架的，通过数据共享与数据交互，为公众提供随时随地服务的跨部门协同工作平台。李漫波（2005）指出面向公众服务的政府门户网站，是通过系统应用、部门流程及信息协同互动，为公众提供服务的应用系统平台。上述学者关于面向公众服务的政府门户网站内涵的阐述，侧重于从服务组织模式的变革入手，强调运用信息技术及改革制度的方式，重新整合政府门户网站后台业务流程，将政府门户网站打造为跨部门协同工作平台，为公众提供"一站式"服务（程万高，2008）。

上述对面向公众服务的政府门户网站内涵的阐释各有侧重，但从公众满意度的角度，对面向公众服务的政府门户网站内涵的阐述还比较少。政府门户网站构建的主要目的是提高政府的公共服务水平，提升公众对于政府公共服务的满意度。而公众满意度是在与政府门户网站交互中，公众对政府门户网站的在线产品及服务形成的积极、正面、累积性体验。政府门户网站每一次使用中公众满意度的提升，将会提高公众对于该政府门户网站的利用率，增进政府与公众的交流互动；相反，如果政府门户网站使用体验消极，公众将会抱怨，甚至放弃使用该政府门户网站，从而造成政府投资浪费，也不利于电子政务的发展。因此，公众满意是政府门户网站构建成功与否的关键，从公众满意的角度出发，本书将面向公众服务的政府门户网站内涵界定为：国家或地方政府职能部门，以公众满意为目的，选择有助于公众高效完成任务，易于操作的信息技术，优化、集成政府各职能部门现有的业务应用、组织内容和信息，随时随地为公众提供可用、易用、透明、规范服务的网络平台（胡昌平等，2008：371-373）。

第二节 政府门户网站①公众服务的理论框架

一、政府门户网站公众服务的特征

政府门户网站公众服务面向不同人口特征的公众群体，其整个服务流程是一个动态、发展的过程。政府门户网站公众服务的特征，因服务对象、服务环节不同而各异。因此，本书拟以政府门户网站公众服务的流程为参照，从服务环境、服务形成过程、服务过程、服务结果、公众的使用体验5个维度，具体分析政府门户网站公众服务的特征。

（一）从服务环境来看

2008年，联合国经济和社会事务部在《2008年度全球电子政务调查报告：从电子政务到整体治理》（*UN e-Government Survey* 2008：*From e-Government to Connected Governance*）的报告中，指出区域政府治理下的社会生产力发展水平的高低，直接关系到政府门户网站的服务质量，经济发展高水平、民主的政府治理方式，以及开放的文化心态，为完善政府门户网站公众服务功能，引导公众积极参与政府治理提供了良好的发展环境。该报告还同时指出，政府门户网站公众服务在不同的服务环境下，其完备度、公众参与度呈现出不同的特征。由此可见，所谓政府门户网站公众服务环境，是指影响政府门户网站服务质量与社会生产力水平相关的外部因素。政府门户网站的服务质量与当地政府治理下的社会生产力发展水平密切相关。不同国家和地区，或者同一国家不同地区，因为社会生产力发展水平不同，政府门户网站公众服务也会呈现不同的特征（United Nations，2008）。本书将不同服务环境按照社会生产力发展水平划分为，经济发达地区与经济欠发达地区，并作为横向维度；以政府门户网站公众服务完备

---

① 本书所指的政府门户网站是处于电子政务"三网"体系中的外网平台，由该地人民政府（或信息中心）主办的、面向社会公众的综合性政府网站。

度及参与度,作为纵向维度,对不同服务环境下的政府门户网站公众服务的特征进行定性分析,结果见表2-1。

表2-1 不同服务环境下的政府门户网站公众服务的特征

比较标准		服务环境			
		经济欠发达地区		经济发达地区	
		省级政府门户网站	地市级政府门户网站	省级政府门户网站	地市级政府门户网站
服务完备度	信息质量	相关性较强 内容较为丰富 更新速度较快 描述较为准确、规范	相关性较强 内容较为匮乏 更新速度慢 描述较为准确、规范	相关性强 内容丰富 更新速度快 描述准确、规范	相关性较强 内容丰富 更新速度较快 描述较为准确、规范
	系统质量	较易于使用 使用率较低 可访问性强 运行较稳定	不易于使用 使用率低 可访问性较差 运行稳定性较差	易于使用 使用率较高 可访问性强 运行稳定	较易于使用 使用率较低 可访问性较强 运行较稳定
服务参与度	公众参与	交互性较差 交互机制较为健全	交互性差 交互机制不健全	交互性较强 交互机制健全	交互性一般 交互机制较为健全
	公众感知	感知有用性较强 感知易用性较强	感知有用性较差 感知易用性较差	感知有用性强 感知易用性强	感知有用性较强 感知易用性较强

(二) 从服务形成过程来看

政府门户网站公众服务形成过程的实质,是政府门户网站应公众需求,提供服务的系列过程,从公众登录政府门户网站、申请服务,到政府门户网站提供服务,整个政府门户网站公众服务的形成过程,可分为5个阶段,即服务准备、服务调研、服务方案形成、服务方案完善、服务提供,具体如图2-2所示。

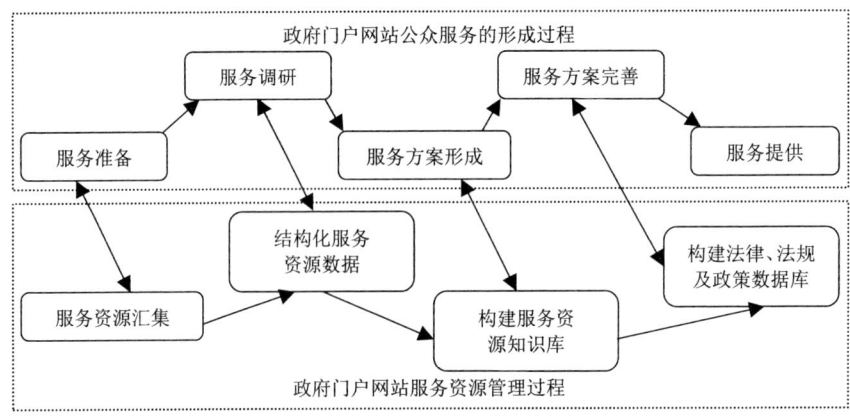

图2-2 基于服务资源管理的政府门户网站公众服务的形成过程

从公众服务的形成过程来看,政府门户网站公众服务具有以下特征。

1. 开放性

所谓开放性，指具有开放性质的措施和形式，相对于封闭性来说，开放性允许外部的介入并与内部达成协调，形成系统发展的动力。在服务准备阶段，政府门户网站主要根据公众的需求，通过网络资源、大众传媒、专业数据库，采集相关服务资源；在服务调研阶段，主要对服务准备阶段采集到的服务资源进行查询、统计，探索各种政府服务资源间的内在联系，整合服务资源。因此，在服务准备和服务调研阶段的服务资源的采集、查询中，公众参与、专家论证与政府协调相结合的措施，体现了政府门户网站公众服务的开放性特点。

2. 科学性

在服务方案形成阶段，政府门户网站主要利用政府服务资源知识库，运用科学的方法分析采集到数据，针对公众的具体需求诠释数据，并制定出具有科学性、针对性的服务方案。因为政府门户网站的服务方案，以公众需求为基础，遵循了新公共管理理论中的客户关系管理规律，并采用了科学的方式，拟定了具有宏观性与实用性的服务方案，所以政府门户网站公众服务，从形成过程来看具有科学性。

（三）从服务过程来看

1. 集成性

所谓集成性，是指集成主体为实现性能提升的目标，创造性地对集成要素进行优化表现出的特性。为应对不同行业、年龄层次的公众需求，政府门户网站跨部门、跨区域整合政府职能部门的服务资源，将其集成于统一的服务平台，为公众提供"一站式"服务，具有较强集成性的特点。政府门户网站公众服务的集成性主要表现为公众服务资源战略规划集成、公众服务资源组织构建集成、公众服务资源管理集成、公众服务资源技术应用集成等方面。政府门户网站公众服务的集成性要求政府推动职能部门之间横向业务协同的同时，还需加强纵向职能部门服务资源的融合，打破政府服务资源条块分割的局面，为公众提供高效、优质的公众服务（黄菁，2009）。

2. 动态性

政府门户网站公众服务的动态性，主要表现为以下方面：首先从宏观角度来看，政府门户网站公众服务的发展，先后经历了静态信息服务、单向交互服务、双向交互服务、在线事务处理等模式，随着政府行政体制改革的深入，以及信息技术进步，面向公众的政府门户网站服务模式，仍将不断地深入发展；其次从中观角度来看，随着政府服务职能的完善，政府门户网站公众服务的内容及模式，也将不断扩增，体现为新的服务平台（突发性事件处理平台）的接入，以及个性化服务功能模块的增加；最后从微观角度来看，政府门户网站的动态服务资源将不断增加。较之于静态、常规的政府服务资源（如政府公报、政策文件），动态服务资源以多种数据格式（如音频、视频等流媒体文件）为支持，及时、有效、动态地反映政府门户网站的服务运行状态。

（四）从服务结果来看

1. 公共性

政府门户网站公众服务，可以看作一种无形的产品，是政府职能部门利用所拥有的服务资源，通过网络平台为社会公众提供的服务。政府门户网站作为政府公共服务的载体，可同时面向社会所有组织成员共享服务资源，具有较强公共性特征。具体表现为：在服务内容上，政府门户网站根据社会公众的公共需求，设立、变更公共服务内容；在服务的组织上，政府门户网站以公众的需求为导向，除了采集政府职能部门的服务资源外，还通过采集网络、科学数据库或以专题调查等方式，组织公共服务资源；在服务的开展上，政府门户网站面向社会公众公开、公平、公正地提供高效、优质、透明的公共服务，排斥市场交易与利益最大化等服务原则。

2. 增值性

作为与社会公众交流的平台，政府门户网站根据公众的不同需求，提供跨地域、时空服务，各企业、社会机构及公民，均可通过政府门户网站的共享服务平台，平等、共享服务资源并实现增值利用。政府门户网站公众服务的增值性体现为：政府在与公众博弈中所带来的社会、经济效益的增长。具体表现为：面向企业服务时，政府门户网站的服务资源共享模式，对于企业信息化的发展具有示范作用，充分获取政府门户网站共享服务资源的内在需求，拉动了企业信息化的进程，进而促进社会信息化的发展；面向公民服务时，政府门户网站既为公众个人发展提供机遇，同时又可将公众创造性的研究成果与其他社会成员共享，从而促进政府与公众的融合。

政府作为公共服务资源的提供者,与公众共享服务,有助于消除企业寻租与市场行政分隔现象,为企业提供了公平竞争的市场环境,提升了政府对社会经济的宏观调控的能力。而与公民的共享服务,有助于打破政府层级化的服务模式,提升政府面向公众的服务质量与能力(刘飞宇和王丛虎,2005)。

(五)从公众的使用体验来看

1. 公众接受程度测不准性

公众对于政府门户网站的接受程度,一定程度上影响着公众对政府门户网站的满意程度,以及再次使用的意图。而公众对于政府门户网站的接受程度,受个人行为意图、态度、感知有用性、感知易用性等主观因素影响。若无实证研究的支持,较难了解影响公众对于政府门户网站接受程度的关键变量,即使在实证研究中,由于受样本控制、缺失数据等因素影响,政府门户网站公众接受程度具有一定的测不准性。

2. 公众满意度测不准性

面向公众的政府门户网站服务,作为无形的产品,公众满意度是衡量其质量优劣的重要标准。公众满意度是公众预期质量与感知质量比较差异的函数,其中公众预期质量、感知质量等变量,均与公众的主观感知有关,受公众多次消费体验、他人意见、广告媒介的宣传,以及个人经济、文化、年龄、职业等因素的影响。因此,若无实证研究的支持,较难测定影响政府门户网站公众满意度的关键变量。即使在实证研究中,由于受样本控制、数据分析、测评方法选择等因素的影响,政府门户网站公众满意度仍具有一定的测不准性。

二、政府门户网站公众服务的对象

(一)政府门户网站面向对象的服务模式

政府门户网站的各种服务资源来自政府、企业、社会公众。作为与政府门户网站交互的行为主体,政府、政府公务人员、企事业单位人员及社会公众,也是政府门户网站的服务对象。一般来说,政府门户网站在面向上述对象服务时,形成了政府职能部门之间(G2G)、政府与公务人员之间(G2E)、政府与公众之间(G2C)、政府与企业之间(G2B)4种类型的服务模式。具体如图2-3所示。

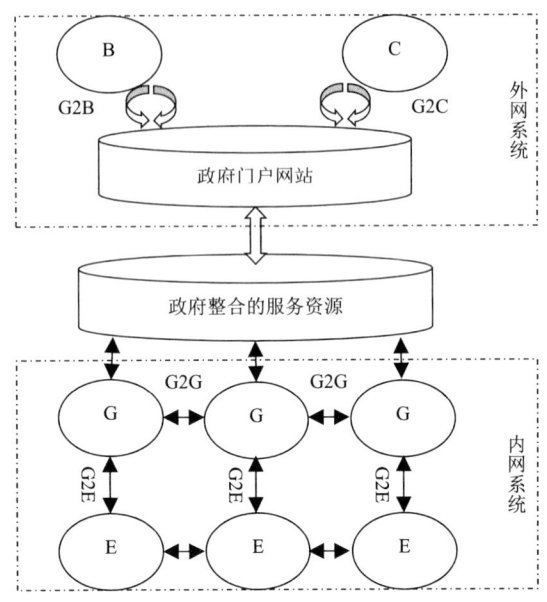

图 2-3 政府门户网站面向对象的服务模式

1. G2G 型服务模式

G2G 型服务模式,是政府职能部门间交互时形成的服务模式。该服务模式通常产生并应用于电子政务"三网"体系中的政府内网系统,由个人办公自动化系统、群体办公自动化系统帮助政府协同政务、共享资源、科学决策。服务内容包括:领导决策支持、业务查询、公文管理、流程监控、日常事务处理、信息服务等。

2. G2E 型服务模式

G2E 型服务模式,是政府公务人员交互时形成的服务模式,该模式产生并应用于政府内网系统,由电子信息、行政办公、人员管理、电子培训等系统组成。目的是在政府职能部门的业务交互中,提升政府公务人员的工作效率、管理水平及服务质量。该模式是政府门户网站其他服务模式的基础,服务内容包括:信息服务(涉及政府、业务、教育培训信息)、人事管理、培训服务等。

3. G2C 型服务模式

G2C 型服务模式,是政府与公众交互时形成的服务模式,该模式产生并应用于电子政务"三网"体系中的政府外网系统,主要通过政府各职能部门网站及政府门户网站,为公众提供与个人生命周期相关的系列服务。目的在于促进政府信息公开、保障社会信息公平共享、增强公民参与监督意识,更好地促进政府践行服务职能。服务内容包括:政务信息公开、医疗社保、教育培训、劳动就业等。

4. G2B 型服务模式

G2B 型服务模式,是政府与企业交互时形成的服务模式,该模式产生并应用于政府外网系统,主要通过政府门户网站及政府职能部门网站,为企业提供信息、管理及政府采购服务。目的在于通过公开透明的网上业务流程,为企业提供公平、健康的市场发展、竞争环境。服务内容主要包括:工商税务、投资经贸、企业设立及变更、质量监督、政府采购等。

(二)政府门户网站具体的服务对象

细化服务对象,有利于了解政府门户网站的服务范围,根据服务对象的需求,提供个性化服务,也是践行政府门户网站面向公众服务的关键步骤。与政府门户网站交互的行为主体,主要包括政府、政府公务人员、企事业单位工作人员及其他社会公众,其中政府是政府门户网站的所有者,政府公务人员则负责政府门户网站日常管理及维护。作为政府与公众交流的平台,政府门户网站服务关系主要产生在以上 4 个行为主体之间。需要说明的是,为了从第三方的视角开展政府门户网站绩效测评,本书所指的公众不包含政府及政府公务人员。

《公共关系辞典》将"公众"界定为泛指对一个机构目标和发展具有现实或潜在的利益关系与影响力的个人、群体及组织(袁世全等,2003)。随着新公共管理运动"公众即为顾客,行政即是服务"理念的大力推行,企业的顾客满意观念逐步被引入公共行政领域,公共部门的顾客满意即为公众满意。结合政府门户网站面向对象的 G2C、G2B 的服务模式,政府门户网站服务对象可分为公民及法人两大类。其中,公民可细分为社区居民及非居民,法人可细分为企业(enterprise)、事业单位(institution)、社会团体(social organization)。总体来说,政府门户网站服务对象主要由社区居民、非居民、企业、事业单位、社会团体组成,它们的关系具体如图 2-4 所示。

公民是指具有一国国籍,并根据该国宪法与法律的规定,享有权利和承担义务的自然人（廖盖隆等，1993）。公民作为政府门户网站的服务对象，按照其地域流动的特点又可分为社区居民和非居民。

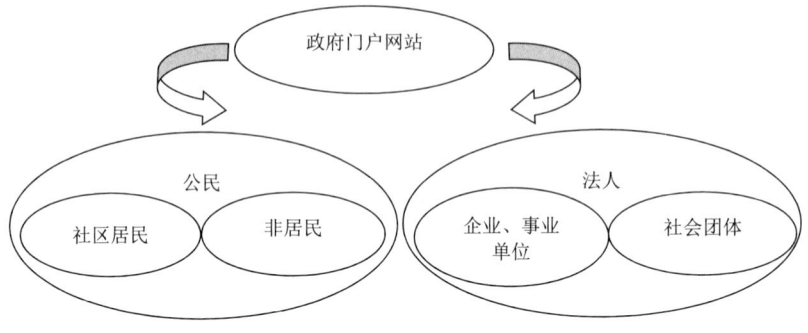

图 2-4　政府门户网站服务对象

1. 社区居民

社区是指由聚居在一定地域范围内的人群形成的社会生活共同体，是具有一整套较完善的、能满足该区域居民物质与文化生活所需公共服务设施的生活聚居区（国务院信息化工作办公室政策规划组，2007：165）。随着市场经济的发展及城镇化进程的加快，越来越多的"单位人"转化为"社会人"，社区逐步成为政府与公民的枢纽，也是政府门户网站公众服务信息资源整合的集散点。社区居民是指在社区内居住达一年以上，从事生产或消费，并受居住地法律保护和管辖的自然人（本国人、双重或多重国籍人）。①随着我国城乡结构的调整，大量农村人口成为城镇社区居民。企业经济制度改革，也将大量退休职工移交到社区管理（国务院信息化工作办公室政策规划组，2007：165-166，186-188），社区居民是包含了多种人口特征的公众群体。因此，了解社区居民对政府门户网站的需求，关系到政府社区信息化建设及政府服务职能的落实。随着电子政务的深入开展，社区居民与政府门户网站的关系，不再局限于通过后者获取相关的政务信息，他们参与政府治理的意愿不断上升，迫切需要政府转变服务观念，依赖协同技术，拓宽互动渠道，积极引导社区居民参与政府决策，以及具体事务管理，帮助他们完成从政府门户网站"访问者"到"管理者"角色的转换。作为政府门户网站服务的主要对象，社区居民在利用政府门户网站时，因职业、年龄、性别、学历不同，具有需求类型复杂、信息及时反馈需求性强、个人信息安全要求高等特点。

---

① 根据百度百科释义。

2. 非居民

非居民是指除居民之外的自然人。区别于居民，非居民泛指因出差、上学、就医、旅游、探亲访友等事由异地居住，预期将返回户籍所在地居住的人员。虽然该类人员也在异地与居住地间流动，但该流动是短期的、可重复的，不会导致当事人居住地的改变。[①]非居民作为政府门户网站的服务对象，较之于社区居民，他们更像政府门户网站服务对象中的"游客"，其需求呈现动态、多元与及时的特点。随着社会经济的发展，以及信息技术的进步，异地交流与融合已成为世界发展的主要潮流，在异地政府间服务对等原则的驱动下，政府门户网站面向非居民的公共信息发布、在线信息查询等服务需求，所采用的传统集体处理方式已不能满足其需求。随着区域经济的发展，人口流动的加速，非居民对政府门户网站的需求程度也将不断加深，继而必将增强政府门户网站与非居民间的交互频次。享有与当地居民同等效率、效果、效益的服务，是非居民对于政府门户网站新的要求。

3. 企业、事业单位

企业是指从事生产、流通及服务性活动的经济单位。作为政府门户网站主要服务对象之一的企业，在业务流通中与政府门户网站具有密切的联系。对于企业，政府门户网站主要以信息发布、在线互动的方式提供服务，其中，信息发布的内容主要包括与市场、投资、税收、工商、经济性政策、法规等相关的静态信息，以及项目招标、工程招标、政府采购等动态信息。政府采购、工程招标等动态信息，政府门户网站常以在线互动的方式提供。作为市场环境中独立的生产和经营者，企业对于政府门户网站信息发布的时效性、业务流程的简洁性、在线办事的高效性上要求较高。针对此项特点，政府门户网站可通过梳理、整合面向企业的业务流程，基于"一站式"的服务框架，统一服务入口、出口及界面，为他们提供了优质、高效的服务。此外，政府门户网站还可通过在线政府采购，以及网络监督等方式，规范政府招标、企业投标的业务流程，消除市场的行政分割和企业组织的寻租现象，为企业的发展创造公正、公开、公平的竞争环境（国家信息安全工程技术研究中心和国家信息安全基础设施研究中心，2003）。事业单位是指由国家机关或国家机关授权设立的，为满足公众社会需求服务的非营利性社会机构（蔡朝军，1997）。作为不直接从事物质产品生产及经济

---

① 根据百度百科释义。

活动的社会性公益组织，事业单位也是政府门户网站主要的服务对象之一。事业单位对于政府门户网站的需求主要体现在，对科学、教育、文化、卫生、体育等领域相关政府信息资源的搜索、查询及利用上，因此事业单位对于政府门户网站服务需求具有准确、丰富、及时的特点。随着政府职能的转换，事业单位的公共服务职能逐步凸现，事业单位公共服务社会化的发展趋势，使其在广度、深度上对于政府门户网站的需求逐步加大。针对上述需求特点，政府门户网站可通过优化政府门户网站信息资源目录体系、业务协同、重组共享信息资源、提供基础服务单元等方式，协同与事业单位相关事务的处理流程，最大化地满足事业单位的需求（李海涛，2009）。

4. 社会团体

社会团体是指按照一定目的，由群众自愿组成的非营利性社会组织。根据《社会团体登记管理条例》的规定，社会团体的成立应当经业务主管单位审查同意，并依照条例的规定进行登记。其中国务院有关部门和县级以上地方各级人民政府有关部门、国务院或者县级以上地方各级人民政府授权的组织，是有关行业、学科或业务范围内社会团体的业务主管单位。[①]社会团体作为政府部分公共服务职能的载体，与政府职能部门间具有了支持、辅助及合作的关系。社会团体按照其所承担的政府职能，又分为社会性经济团体如审计事务所、律师事务所、消费者协会等；社会性社会组织团体如各青年团体、妇女联合会、社会协会等；社会性文化团体如文艺团体、大众媒体、中介组织等（图2-5）。作为政府门户网站的服务对象，社会团体因成立原因与功能不同，对于政府门户网站的需求也各不相同。通常政府门户网站与社会团体间缺少互动。针对社会团体，政府门户网站一般较少开展独立的主题服务，通常将其并入其他服务对象的范畴（非营利性组织），不加区别地以面对集体的处理方式提供服务。随着市场经济的发展，社会团体在市场经济活动中，作为中介组织不断发挥中介、调节、服务、监督、保护等作用，其地位和职能对政府来说已不再是简单的附属（赵庆，2005）。因此，一方面政府应加大政务公开力度，让更多的社会团体了解政府工作；另一方面，社会团体应以基层社区为依托，广泛动员社会成员参与到政府的决策、管理工作中，积极发挥社会监督职能，促进政府政务公开，增进公共利益。政府门户网站应当提升面向社会团体的服务级别，开通与社会团体在线交互的多种渠道，开展面向社会团体的主题

---

① 中华人民共和国人民政府. 社会团体登记管理条例[EB/OL]. http://www.gov.cn/gongbao/content/2016/content_5139379.htm. [2018-07-15].

服务，提升其满意程度。

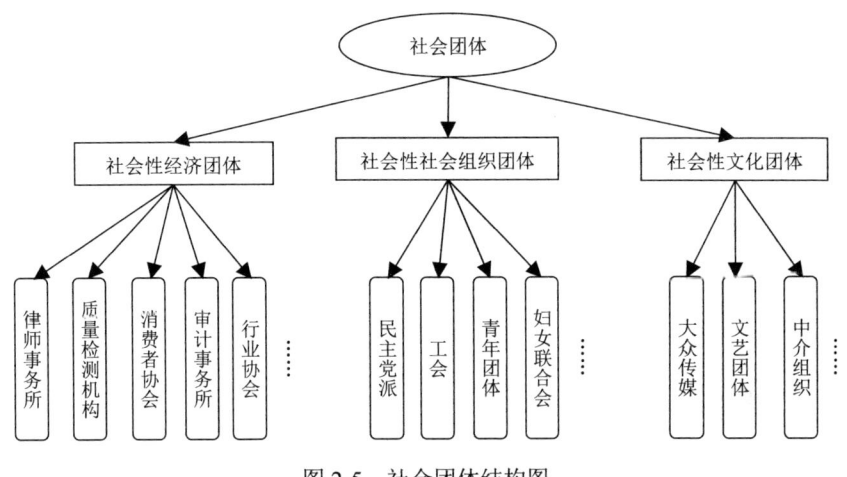

图 2-5　社会团体结构图

综上，作为电子政务的重要载体与功能平台，政府门户网站必须适应政府公共服务对象多元化的特征，针对不同的对象提供适当、高效、优质的服务，真正成为多元化社会主题服务的业务处理平台（任金，2009）。

三、政府门户网站公众服务的内容

因为政府门户网站公众服务涉及公民及法人组织的整个生命周期，且内容覆盖面广、主题繁杂，所以需要依据一定标准，划分政府门户网站公众服务的内容。现有政府门户网站公众服务内容划分标准包括以下两种：一是按照生命周期划分。按此标准，政府门户网站公众服务可分为面向公民的生命周期服务、面向组织的生命周期服务。其中，面向公民的生命周期服务，是指面向处在不同生命周期的公民提供的配套服务，如新生婴儿服务、儿童服务、青年人服务、中年人服务、老年人服务；面向组织的生命周期服务，包括面向组织生产、流通、消费等环节提供的配套服务，如申请服务、运转（经营）服务、组织变更（撤销、合并、破产）服务。二是按照功能划分，政府门户网站公众服务的内容包括信息服务、互动服务、检索服务、导航服务、辅助服务等。

依据上述标准，划分政府门户网站公众服务的内容均有不足：按照生命周期划分标准，将使政府门户网站公众服务内容的分类过细，不利于开展政府门户网站公众服务内容的研究；而按照功能划分标准，将使政府门户网站公众服务内容的分类过于笼统,易造成部分研究内容缺乏有效组织。因此,政府门户网站公众服务内容的科学划分标准应遵循综合性原则、逻辑层次性原则。所谓综合性原则是指该分类标准划分的服务内容能有效涵盖政府门户网站面向公众服务的主要内容;而逻辑层次性原则是指依据该分类标准划分的服务内容之间应逻辑清晰、层次分明,避免重复、冗余。因为政府门户网站主要的服务对象是公众,上文已就公众的内涵及外延做了详细阐述,所以本书拟以政府门户网站公众服务对象为划分标准,分析政府门户网站公众服务的内容,具体如下。

(一)面向公民的政府门户网站公众服务的内容

1. 面向社区居民

面向社区居民的公众服务主要包括教育培训、医疗卫生、社会保障、社会就业、社区安全保障、家政、交通、税务、文化、出入境、证件办理等与社区居民的生活、工作、健康密切相关的主题服务。社区居民可通过政府门户网站接入的政府各职能部门的服务系统,查询相关服务信息,获取服务。

2. 面向非居民

针对该类服务对象在异地与常住地间短期、重复流动的特点,政府门户网站提供的公众服务内容主要包括交通出行、天气预报、餐饮消费、就医指南、旅游住宿、教育培训服务、招商引资等公共信息服务,非居民可通过政府门户网站"一站式"电子政务服务架构的用户接入平台获取相关的服务内容。随着信息技术的发展,政府门户网站面向非居民的服务内容将不断拓展,非居民将最终享受到与当地社区居民同质的政府门户网站公众服务。

(二)面向法人的政府门户网站公众服务的内容

1. 面向企业

面向企业的政府门户网站公众服务内容涵盖企业设立、运转、变更的整个过程,主要包括企业的设立及变更、政府采购、资质认证、电子工商管理、电子纳税、年审年检、质量检查、劳动保障、破产注销等服务。上述部分公众服务内容如政府采购、劳动保障等,可通过政府门户网站网络信息公布的方式提供；部分服务内容如电子纳税、企业的设立及变更、电子工商管理等，则可通过政府门户网站接入的政府职能部门业务网络系统在线提供。

2. 面向事业单位

面向事业单位的公众服务内容主要包括教师信息、文化信息、档案信息、职业资格认证、事业单位公共信息资源共享等服务。政府门户网站主要通过政策文件信息发布、在线信息检索、在线查询等以供利用。而在整合包括教育资源库、公共图书馆、档案馆、教学机构等事业单位的服务资源，实现事业单位间互联互通的基础上，主要通过电话、电子邮件、网络微博等多种渠道。提供服务的方式将是政府门户网站面向事业单位创新服务的方向（李海涛，2009）。

3. 面向社会团体

面向社会团体的公众服务内容，主要包括社会团体的申请、登记管理、印章管理、审核、变更等服务，政府门户网站常通过信息发布、信息指南、表格下载、在线申请、在线咨询等方式，向社会团体提供服务。政府门户网站面向社会团体的公众服务内容多与社会团体的行政管理内容有关,缺乏独立的主题服务。随着市场经济的发展及政府改革力度的加大，社会团体附属于政府的关系将发生转变,政府门户网站面向社会团体的公众服务等级将进一步提升，面向社会团体的公众服务内容随之也将更为细化、实用。

四、政府门户网站公众服务的层次

由于政府门户网站公众服务具有社会性、综合性的特点，且内容丰富，涉及面广。因此，有必要从不同维度，划分政府门户网站公众服务的层次，这样既有利于政府提高服务资源的采集、处理及利用效率，又可细化政府门户网站的服务资源，分析各层次服务的来源、处理深度及业务流程，便于公众快速准确获取所需服务。通过文献分析，将现有政府门户网站公众服务的层次划分如下。

（一）按照政府与公众互动的程度划分

按照政府与公众互动的程度，政府门户网站公众服务可分为单向服务、双向服务、事务处理服务3个层次。其中，单向服务是指政府从自身出发，提供的政务信息在线发布、信息查询、文件表格下载等单向服务，公众被动获取相关服务；双向服务是指政府通过在线互动方式，在与公众交流中完成服务，公众参与到服务流程中，并能有效地支配服务进展；事务处理服务是指在整合政府职能部门业务流程的基础上，政府门户网站提供的在线业务持续、不间断的（24小时×7天）服务。

（二）根据服务运行的时效划分

根据服务运行的时效，政府门户网站公众服务可分为常规性服务、周期性服务、动态性服务及突发事件应对服务4个层次。其中，常规性服务是指政府门户网站通常提供的服务，政府门户网站中的多数服务属于常规性服务层次，常见的常规性服务包括政务信息发布、政策文件、表格下载等；周期性服务是指服务在固定的周期内提供，周期结束后，服务就会停止或变更，常见的周期性服务包括政府年度报告、"三农"服务等；动态性服务是指在处理重大活动或重大社会事件时，政府门户网站提供的相关服务；突发事件应对服务则是指针对社会突发事件如重大事故、灾害提供的相关服务。一般来说，动态性服务及突发事件应对服务，在服务周期上具有偶发性大、时效性强的特点，因此不是政府门户网站公众服务的主要层次。

（三）按照服务的公共性、市场性强弱程度划分

通常情况下政府门户网站公众服务表现为公共性，但在面向企业服务对象，且服务内容涉及市场规律时，政府门户网站公众服务却体现出一定的市场性，如面向企业的政府采购活动，政府必须以市场价值规律确定采购标准，创设公平的市场竞争环境，而企业也必须按照市场规则参与竞标。因此，按照服务的公共性、市场性强弱程度划分，政府门户网站公众服务可分为4个层次。①义务型服务：该类服务具有公共性强、市场性弱的特点，是政府门户网站公众服务的基础；②自助型服务：公共性、市场性都弱的服务，政府门户网站只提供信息链接，具体服务内容公众自我搜索；③市场型服务：该类服务公共性弱，市场性强，政府必须按照市场价值规律办事，透明业务流程，为服务对象创设有效的反馈机制及公平竞争环境；④专业型服务：该类服务公共性、市场性均较强。

上述关于政府门户网站公众服务层次的划分，均未体现"公众本位"的理念，通常公众是否满意政府门户网站的服务，受政府门户网站服务深度，以及服务广度的影响。而对于政府门户网站的接受及满意程度的大小，则取决于政府门户网站面向公众"差异化"服务的程度。根据上述特点，

本书从服务深度、服务广度出发,以公众的视角将政府门户网站公众服务的层次划分为差异化服务、义务型服务、大众化服务、专业型服务,具体如图 2-6 所示(邹凯,2008:31-32)。

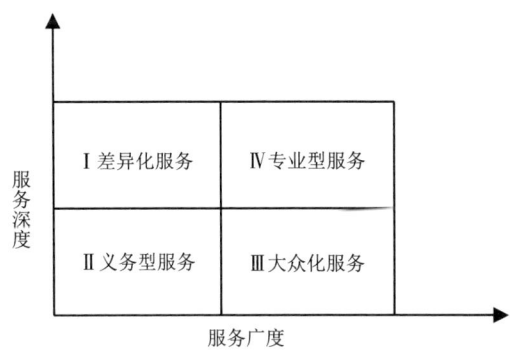

图 2-6　公众视角下的政府门户网站公众服务层次

结合图 2-6 分析,从公众视角出发,依据服务广度、服务深度维度可将政府门户网站公众服务层次划分为 4 个象限。位于左上角第Ⅰ象限的为差异化服务,该层次服务的典型特征是细分了服务对象,根据不同对象的个性化需求,提供差异化服务。但该类服务缺乏有效推广,公众参与度不高,需要政府门户网站在服务中重新调整公众技术接受与网站系统功能的适配关系。针对该层次服务,政府门户网站改进中应充分考虑公众的心理、行为因素,在分析了解公众个体特征的基础上,组织政府服务资源,以适当的时间、方式提供服务。在保持现有服务深度的基础上,提高政府门户网站的服务广度(胡昌平等,2008:379-380)。

位于左下角第Ⅱ象限的为义务型服务,该层次服务的服务深度和服务广度都处于较低水平。服务内容主要包括面向低保户、残疾人员、空巢老人等社会弱势群体,发布相关的服务政策、信息等义务性服务。由于受经济、教育、年龄等因素影响,该层次服务面向的公众群体存在信息素养普遍较低,且对于政府门户网站的服务需求不强的特点,客观上限制了政府门户网站服务的推广;同时,单一的信息发布服务功能,忽略特殊服务对象的信息交互环境、使用体验及接受程度,这将进一步造成该层次服务深度偏低。针对该层次服务,政府门户网站应以特定公众的需求为引导,以社区为基本服务单元,推动政府门户网站义务型服务与特定公众群体的实际需求相结合,在深入调研的基础上,提炼其共性部分并兼顾公众个性化需求,做好义务型服务的推送工作。

位于右下角第Ⅲ象限的为大众化服务，该层次服务面向广大公众，具有推广程度高、服务深度偏低的特点，是政府门户网站公众服务的基础。大众化服务以便民、利民服务为目的，内容涉及公众的生产、生活、教育、医疗、社会保障等各个方面，集中体现了政府门户网站公共服务的职能。该层次服务的服务深度偏低与政府门户网站的功能、公众使用体验、技术接受程度等因素有关。因此，强调技术服务、内容表达与公众使用体验相结合，强调服务内容的易理解、易用性，适应公众的个性化需求，是促进政府门户网站大众化服务向深度发展的抓手。

位于右上角第Ⅳ象限的为专业型服务，该层次服务的典型特点是服务程度深，公众的参与程度高。专业型服务从面向公众与面向服务两个维度着眼，充分将政府门户网站的信息技术与公众使用体验、技术接受程度结合起来，可满足公众多样化、个性化需求，是政府门户网站公众服务的最高层次。

五、政府门户网站公众服务的平台

政府门户网站是政府各职能部门服务应用系统的承载平台，主要为各政府职能部门对外业务提供数据传输和交互服务，并为政府内网系统及互联网提供接入接口。作为一个复杂综合的服务系统，政府门户网站包含了大量的功能模块、支撑数据库及其他部件、接口。具体来说，按照面向公众的业务服务功能来分，政府门户网站通常包括接入、网络门户、网络服务、信息交换及安全5个平台。其中，网络门户平台与网络服务平台，是政府门户网站公众服务的前台体系，面向公众直接提供服务，而接入平台、信息交换平台及安全平台，则是政府门户网站公众服务的后台体系，支持前台体系应用系统的加载及运行。通过上述5个平台的标准化设计与规范化互操作，政府门户网站在面向公众服务的过程中形成了统一有机的运行体系（图2-7）。

（一）政府门户网站公众服务的前台体系

政府门户网站公众服务的前台体系，由政府门户网站网络门户平台与网络服务平台组成，主要具有均衡网站访问流量的负载，提供服务的个性化管理及服务集成的功能，保证了政府门户网站公众服务的及时性、可用性及安全性。

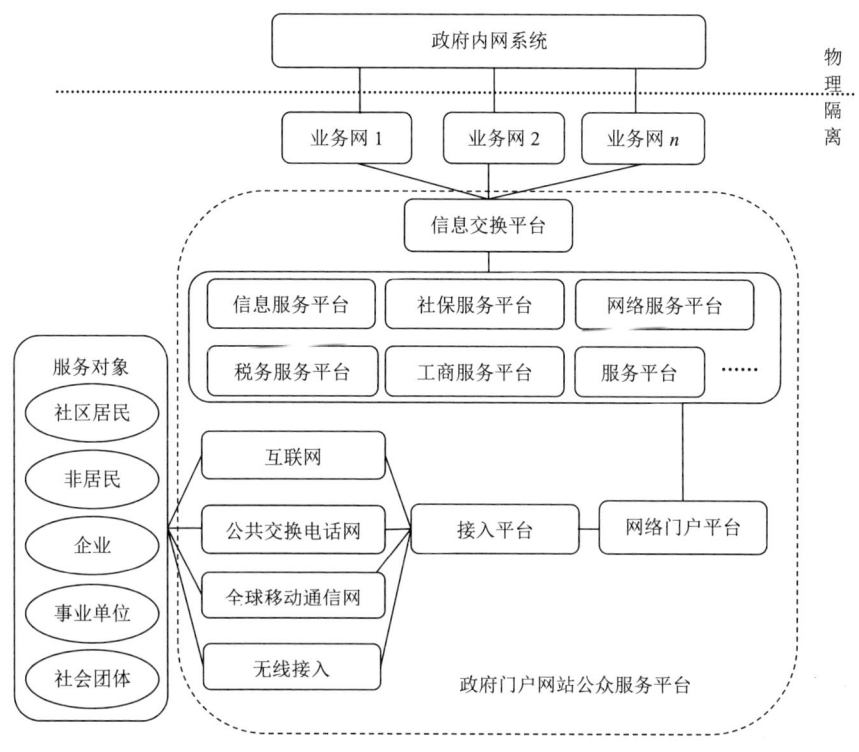

图 2-7 政府门户网站公众服务平台结构图

资料来源：国家信息安全工程技术研究中心和国家信息安全基础设施研究中心（2003：118）。

1. 政府门户网站网络门户平台

政府门户网站网络门户平台，是提供整个政府门户网站运行系统的门户。该平台由 Web 门户服务平台、系统运行维护平台及安全保密服务平台组成。其中，Web 门户服务平台，基于可信 XML 及可信 SOAP（simple object access protocol，简单对象访问协议）应用集成等核心技术，采用四层计算结构与统一的信任及授权机制支持相结合的设计方法，通过提供的负载均衡机制，有效运用系统资源，确保为公众提供可靠、可用的政府门户网站服务。系统运行维护平台主要为网络门户平台提供运行维护与支持功能，该平台主要由信息审核发布与业务维护两个分系统组成，具体提供基于 PKI（public key infrastructure，公钥基础设施）技术的可信发布、可信日志管理，以及服务器身份鉴别、访问控制等功能，发布、审核网络服务业务（国家信息安全工程技术研究中心和国家信息安全基础设施研究中心，

2003：123-126）。而安全保密服务平台则主要为网站提供网络、系统及应用层的安全防护及数据加密服务功能。

2. 政府门户网站网络服务平台

政府门户网站网络服务平台由可信的 Web 服务平台、"一站式"政务服务框架平台、可信时间戳服务系统及政务业务系统组成，其中可信的 Web 服务平台采用了可信 UDDI（universal description，discovery and integration，通用描述、发现与集成服务）技术、可信 SOAP 应用集成技术、可信 WSDL（web services description language，网络服务描述语言）技术及可信 Web 构件技术，为政府门户网站公众服务的机制、服务描述语言、服务构件、服务系统间的互操作等提供了技术支持。

基于可信的 Web 服务平台所提供的应用开发和集成环境中的"一站式"政务服务框架平台，根据公众的需求，可提供服务个性化管理、各种服务的集成等功能，并为各种面向公众的政务系统的开发、运行提供统一的操作平台。

可信时间戳服务系统主要基于 PKI 技术，为政府门户网站服务系统提供准确可信的时间戳服务，以证明服务办理中，不同业务流程生成数据的存在性，确保每项服务办理遵循规范的业务办理流程。可信时间戳服务系统按照层次可分为国家时间源层、可信时间服务层、时间戳服务层、时间戳应用层，在具体的服务结构设计中，该系统又可设计为时间戳服务单元、时间服务单元、时间戳证据存储服务单元及支持设备证书。

政务业务系统是基于"一站式"政务服务框架平台加载与运行的，包含各种具体服务的业务子系统，如电子工商管理系统、电子税务系统、电子金融系统等。该系统基于统一的计算结构，按照业务内容可分为对内与对外服务业务两个部分。其中对外业务部分，主要面向公众及社会组织基于"一站式"政务服务框架平台提供服务，相应的服务资源由该服务框架平台的工作流引擎统一调度，各业务系统之间服务资源可互联、互操作。政务业务系统是一个可扩展的系统，可根据电子政务的新业务的开发，不断加载新的业务子系统（国家信息安全工程技术研究中心和国家信息安全基础设施研究中心，2003：132-135）。

（二）政府门户网站公众服务的后台体系

政府门户网站公众服务的后台体系，由接入平台、信息交换平台及安全平台组成，主要支持面向公众的服务资源的提供、业务数据管理及服务安全保障等功能，确保公众获取优质、高效的政府门户网站服务资源，确保各业务子系统服务资源交互过程的流畅、安全。

1. 政府门户网站接入平台

政府门户网站接入平台，是面向使用不同网络设施的公众提供服务资源接入的系统。由于政府门户网站公众服务对象的范围非常广泛，因此接入平台需要包括互联网、公共交换电话网、全球移动通信网、无线接入等多种接入的支持。其中，互联网接入，面向固定的互联网用户提供24 小时×7 天的持续政务服务，是政府门户网站接入平台的重要方式；而公共交换电话网接入，则面向非固定互联网用户及部分移动用户，提供经济、可靠的政务服务；无线接入，则将互联网、个人数字信息处理设备及个人通信工具结合起来，随时随地为公众提供政务服务，有效地拓展了政府门户网站公众服务的范围。因此多样化的接入平台，将政府门户网站公众服务，纳入整个国家信息化服务体系，更有利于体现政府门户网站增值的特性及政府服务的职能（国家信息安全工程技术研究中心和国家信息安全基础设施研究中心，2003：121，153）。

2. 政府门户网站信息交换平台

在"一站式"政务服务框架平台下的分布式政务业务系统的数据交互中，政府门户网站信息交换平台主要用于访问控制、分析处理、暂存控制、分发控制业务数据，确保业务数据在不同政务业务系统交换中的完整性、机密性，因此政府门户网站信息交换平台的结构设计，需以面向公众服务为原则，注重平台内部安全域的划分、系统接口的控制及数据操作的安全审计，而在功能结构设计上，应完善数据仓库、数据安全、数据挖掘功能，通过集成数据仓库、数据安全、数据挖掘功能，将无序、分散的面向公众的服务资源梳理成有序、集成、安全的服务资源（国家信息安全工程技术研究中心和国家信息安全基础设施研究中心，2003：138）。

3. 政府门户网站安全平台

虽然上述政府门户网站各个平台在运行方面具有一定安全技术的支持，但是构建整个政府门户网站统一严密的安全平台，才是保障政府门户网站公众服务正常运转的关键举措。政府门户网站安全平台实质上是政府门户网站安全保密管理系统，该系统具有安全策略的管理与配置、入侵检测及快速反应、病毒监测及快速反应、漏洞扫描及快速反应、安全审计、病毒防治等多种安全保障功能。安全平台在政府门户网站面向公众服务时，应与各平台的安全技术措施结合起来，遵循各平台安全保障，具体由相应的安全技术措施负责，安全平台只负责流程的监控或检测，以及整个政府门户网站各平台间的互操作，保证政府门户网站公众服务的安全（国家信息安全工程技术研究中心和国家信息安全基础设施研究中心，2003：128）。

第三节　政府门户网站公众满意度理论框架

一、政府门户网站公众满意度的内涵

满意是人的预期与感知实绩间的比较差异，所产生的心理感受。在企业管理领域，顾客满意度是指顾客对比消费产品（服务）前的预期质量，与消费后的感知质量间的比较差异，所产生的心理感受。而政府门户网站公众满意度其实质是，公众在使用政府门户网站时，需求不断得到满足，预期质量与使用后的感知结果基本达成一致，从而产生的正向、肯定、积极、愉悦的心理感受。因此，政府门户网站公众满意度的内涵与企业管理中顾客满意度的内涵，在实质上基本相同，即都以用户的预期质量、感知质量及用户使用（或消费）后的比较差异，作为衡量公众满意程度的直接变量。

但是作为政府公共服务的虚拟平台，政府门户网站公众满意度的内涵与企业管理中顾客满意度的内涵，在预期质量、比较差异等变量上明显不同。企业管理中顾客预期质量是较为明确的变量，而政府门户网站公众预期质量则具有不确定性，这是因为公众利用政府门户网站搜寻服务的实质，就是以政府门户网站为工具，寻求生产、生活问题的解决对策的过程。当公众所遇问题简单、明确且具有一定规则、条件时，公众在相关服务的搜寻中，可形成较为明确的预期质量；而当所遇的问题较为复杂、抽象且规则、条件不明确时，公众则难以形成明确的预期质量。由于公众通过政府门户网站寻求问题的解决方案时，往往在使用之初很难形成明确的预期质量，只有通过不断的学习、使用，才会逐步形成较为明确的预期质量。正是该学习过程的存在，使政府门户网站公众服务的预期质量，呈现多层次、动态演进的特点。基于 Parasurama 的顾客服务容忍区域理论，以及 KANO

模型关于产品或服务质量的划分方法,本书将政府门户网站公众服务的预期质量,划分为理想服务预期质量(ideal service expectancy quality,ISEQ)、适当服务预期质量(appropriate service expectancy quality,ASEQ)及应当服务预期质量(basic service expectancy quality,BSEQ)3个层次。其中,理想服务预期质量是指公众关于政府门户网站理想的服务质量的预期;适当服务预期质量则是指与公众预期相当的政府门户网站服务质量;而应当服务预期质量则是公众预期中,政府门户网站应有的基本服务质量。

此外,企业管理中顾客产品或服务消费前后的比较差异,是指事前预期质量与事后感知质量之间的比较,而政府门户网站公众服务中的比较差异却源于4个层面:第一层面比较差异源于未能与公众进行有效沟通、交流,导致在政府门户网站公众服务的战略规划中,政府宏观规划与公众实际需求间的差异;第二层面比较差异源于不恰当的服务标准及服务项目的设定,导致政府门户网站公众服务战略规划,与具体政府门户网站公众服务项目设定上的差异;第三层面比较差异源于服务资源匮乏、服务资源可用性和易用性程度偏低等,导致政府门户网站公众服务项目具体目标与公众所接受的实际服务间的差异;第四层面比较差异源于不了解公众的实际需求,或公众不清楚政府门户网站公众服务的过程及内容,导致公众预期质量与感知质量的差异。正是上述多种比较差异的存在,使政府门户网站公众满意度区别于企业管理中的顾客满意度。

结合以上关于预期质量及比较差异的分析,我们认为政府门户网站公众满意度的内涵是指,公众在获取政府门户网站服务前的预期质量与获得服务后的感知服务质量(perceived service quality,PSQ)的比较差异,所产生的公众心理感受。其中,适当服务预期质量与政府门户网站公众满意呈线性正相关关系,理想服务预期质量及应当服务预期质量与政府门户网站公众满意间,呈非线性正相关关系,三种预期质量对政府门户网站公众满意的影响程度是ISEQ>ASEQ>BSEQ。政府门户网站公众满意的形成机制如图2-8所示。

当比较差异(D)介于理想服务预期质量(ISEQ)与适当服务预期质量(ASEQ)之间时,公众就会对政府门户网站服务满意;当比较差异(D)高于理想服务预期质量(ISEQ)时,公众将对政府门户网站公众服务非常满意并可能产生继续使用的意图,进而形成忠诚;当比较差异(D)介于适当服务预期质量(ASEQ)与应当服务预期质量(BSEQ)之间时,公众则对政府门户网站公众服务不满意;当比较差异(D)低于应当服务预期质量（BSEQ）时，公众很可能对于该政府门户网站服务产生抱怨、不满。但公众不满、抱怨等负面感受经过调整，可重新形成满意甚至忠诚，但需注意此种调整，不仅包括面向服务对象的政府门户网站服务内容上的调整，更重要的是政府门户网站服务的有用及易用上的调整。

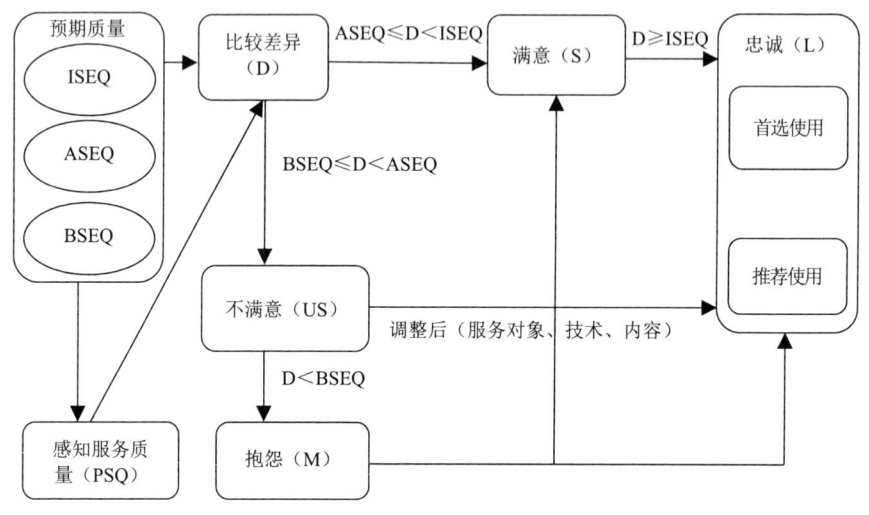

图 2-8　政府门户网站公众满意形成机制

二、技术接受理论（模型）与政府门户网站公众满意度

在公众与政府门户网站交互中，主要包含公众与政府门户网站两个互动主体。其中，公众可抽象为任务、行为意图、行为、学识等变量，而政府门户网站可抽象为硬件平台、软件平台及服务资源等变量。从"复杂系统"的观点来看，政府门户网站服务功能的实现，主要依赖于信息技术，并与用户的体验、交互渠道、社会体系关系密切。公众对于政府门户网站的满意程度，与其对政府门户网站的接受程度密切相关。技术接受理论（模型）等的引入，将有益于从公众技术接受、任务-技术适配、使用行为的角度，分析影响政府门户网站公众满意度的相关变量的组成及其相互关系，深入探讨政府门户网站公众满意的形成机制。技术接受理论（模型）主要包括理性行为理论、计划行为理论、技术接受模型等（本书第三章将对此详述）。尽管上述理论（模型）的假设及结构不同，但是都包含了与信息系统交互中的用户使用意图、态度、行为等关键变量，旨在通过探讨用户

使用意图、态度、行为等结构变量,解释及预测用户对于信息系统的接受及使用行为。政府门户网站的开发、构建应充分考虑环境、用户、技术和内容的协调,其中,技术的选择与服务资源的组织,必须以适应公众需求,便于公众接受为前提。因此,技术接受应当是政府门户网站公众满意度研究中必须考虑的问题,了解公众的使用体验,选择公众易于接受的信息技术,已成为当前政府门户网站提升其公众满意度的重要着力点。

(一)政府门户网站公众服务中的技术接受理念

政府门户网站公众服务中的技术接受理念主要体现为以下几个方面。

1. 以公众技术接受为中心的理念

自 20 世纪 80 年代以来,政府就将大约 50%新的资本,投资于政府门户网站的信息技术发展上,该项投资不受经济衰退的影响,仍呈逐年增加的趋势。政府对于政府门户网站信息技术的大量投资,源于公众缴纳的税收,如果广大公众对于政府门户网站提供的信息技术较难接受,政府门户网站就不能发挥其降低政府服务成本、提高行政效率、增强政府面向公众差异化服务能力、扩大政府门户网站服务辐射的功效,进而难以维持其持续发展的资金来源。此外,信息技术虽然具有提高政府门户网站服务资源组织效率,增进服务绩效的巨大潜力,但是该潜力的实现,仍取决于公众是否接受并使用政府门户网站提供的信息技术。因此,政府门户网站能否产生最大化社会效益,取决于公众是否以最易接受的信息技术使用政府门户网站。以公众信息技术接受为中心的理念,要求政府门户网站将开发公众易接受的信息技术,通过发展与完善政府门户网站的信息系统功能,增进公众的易用、有用感知,来促进他们接受与使用政府门户网站,提升政府门户网站公众满意度。

2. 任务-技术适配理念

公众使用政府门户网站的整个过程,实质上就是以政府门户网站为工具,完成其日常生产、生活、学习中的某项具体任务的过程。公众满意不仅受技术接受理论(模型)中相关变量的影响,同样还受具体任务中,信息技术与任务匹配程度的影响。技术接受理论(模型)只关注与政府门户网站交互中影响公众信息技术接受的相关结构变量,以及其与公众满意的关系,对于公众任务特征、信息技术特征及其适配性关注不足。因此政府门户网站公众满意度研究中，不仅要考虑公众信息技术接受对政府门户网站公众满意度的影响，还应充分考虑政府门户网站信息技术特性与公众任务特性的适配对政府门户网站公众满意度的影响。

任务-技术适配理念要求政府门户网站在服务中应从公众的具体任务出发，提供的信息技术应与公众具体任务匹配，通过评测政府门户网站的信息技术、公众具体任务及两者的适配，对政府门户网站使用的影响，理清公众对该信息技术的有用认知与该信息技术在具体任务中的有用认知的关系，研究政府门户网站某项信息技术是否适合完成公众某项具体任务的要求（孙建军，2010：307-309），进而探讨任务-技术适配与政府门户网站公众满意度间的关系。

3. 个性化服务理念

随着信息技术的发展及快速推广，公众与政府门户网站的交互程度不断加深，表现为公众的参与群体不断扩大，公众与政府间的交互行为，从最初的被动介入获取相关的信息服务，到在自身业务驱动下主动使用并参与政府门户网站服务资源的生成及增值活动。由于服务群体的扩展及参与程度的加深，不同的公众群体因需求不同，对政府门户网站服务资源的需求、接受及使用方式也各不相同。因此，如何保证政府门户网站提供的信息技术便于不同于公众群体接受，是政府门户网站面向公众个性化服务中面临的最大挑战。这要求政府门户网站从不同的公众群体的技术接受行为研究入手，分析公众在政府门户网站接受、使用及满意形成中，与其心理需求、动机、价值观、社会技术环境等密切相关的态度、使用意向、使用行为、技术特性、个体特性等个性化因素，深入剖析公众对政府门户网站技术接受与使用的不同阶段中，上述个性化因素的演进规律。

（二）技术接受理论（模型）在政府门户网站公众满意形成中的作用

技术接受理论（模型）对政府门户网站公众满意的形成作用，贯穿于政府门户网站公众满意形成的始终。从图2-9的政府门户网站公众满意形成的过程来看，公众因解决生产、生活中的与政府公共事务相关问题，产生获取政府门户网站服务的需求，在搜索服务环节，他们依据自身的搜索经验、动机选择所需的服务资源、检索方式，并通过服务资源浏览环节，将选择的服务资源与自己的搜寻预期对比，做出是否接受该服务资源的决策。当公众感知搜索到的服务资源与预期吻合时，在绩效预期、年龄等变量的共同作用下，

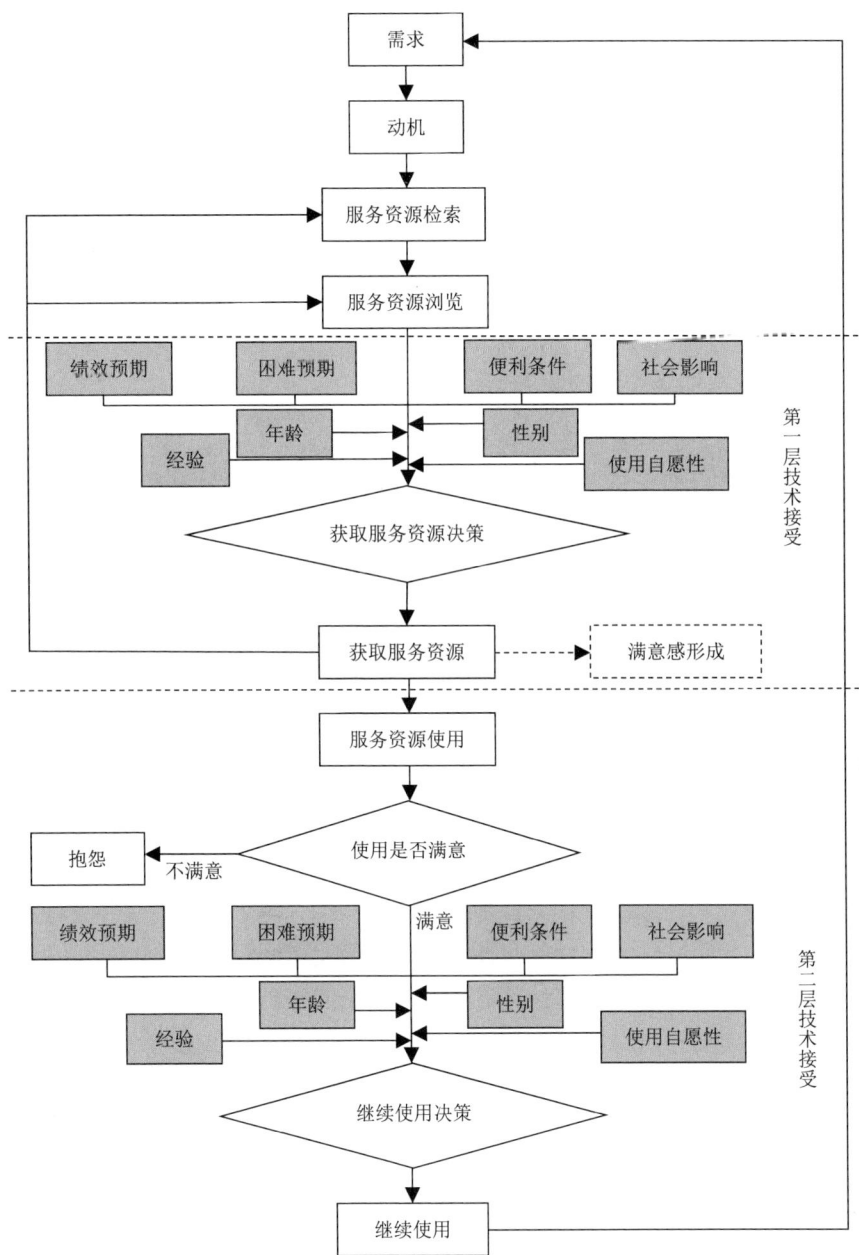

图 2-9 技术接受理论（模型）在政府门户网站公众满意形成中的作用

形成满意及使用该服务资源的意图，并产生获取该服务资源的行为。该过程包含了技术接受的过程。在服务资源使用环节，公众利用获取的服务资源解决实际问题，进一步感知获取的服务资源是否有效，并根据感知服务质量结果与理想服务预期质量的比较差异，形成具体体验。当不满意时，公众可能产生抱怨，当满意时，公众会做出继续使用该服务资源的决策，该决策过程实质上仍是技术接受的过程，同样受绩效预期、年龄等变量的影响，在上述变量共同作用下，当公众的感知服务质量等于或大于理想服务预期质量时，用户在继续使用的意图的支配下，实施继续使用的行为。由此可见，技术接受理论（模型）对于政府门户网站公众满意形成的作用，主要表现在获取服务资源的决策及继续使用决策环节。具体如下。

1. 在获取服务资源决策环节

获取服务资源决策是指公众判断是否接受该服务资源，技术接受理论（模型）在获取服务资源决策环节中起到解释作用。根据技术接受和使用统一理论模型中的绩效预期（该服务资源是否有用）、困难预期（该服务资源是否易用）、便利条件（该服务资源的感知行为控制）、社会影响（即主观规范）四个结构变量及年龄、性别、经验、使用自愿性等变量间相互关系的分析，可以阐明公众为什么及如何接受政府门户网站服务资源的内在机理，根据结构变量间的关系参数，了解各变量对公众接受的影响程度，进而确定影响政府门户网站公众满意度与技术接受相关的关键结构变量。

2. 在继续使用决策环节

技术接受理论（模型）在公众继续使用决策环节起到预测作用，同样根据技术接受和使用统一理论模型中的绩效预期、困难预期、便利条件、社会影响、年龄、性别、经验、使用自愿性等变量间相互关系的分析，对该服务资源的有用性、易用性等进行判断，在此基础上有效预测公众是否会继续使用该服务资源，为从政府门户网站公众满意到忠诚的判断提供参数依据。

3. 从政府门户网站公众满意的形成过程来看

技术接受理论（模型）最大化了政府门户网站公众服务中的公众价值。技术接受理论（模型）要求政府门户网站服务必须从公众技术需求、技术接受行为入手，分析了影响公众技术接受及公众满意的关键因素，制定针对性的服务策略；同样采用任务-技术适配模型，可根据公众不同的技术接受情况提供具体的服务，也有利于实现政府门户网站公众服务中的公众至上的目标（方针，2005）。

三、政府门户网站服务质量与公众满意度

对于服务质量与公众满意度关系的研究，最早产生于企业管理领域。1988年，Parasuraman在服务质量评价（SERVQUAL）法中，就将服务质量定义为用户感知服务水平与其预期服务水平的差值（吴建华，2009：110），并指出此服务质量与顾客满意度在实质上是相似的，均可为感知质量与预期质量之间比较差异的函数。Olsen（2002）却将服务质量与顾客满意度区别看待，认为服务质量用于评价服务属性的绩效，而顾客满意度则是反映顾客对于服务属性绩效的体验程度，服务质量可解释顾客满意度的形成机制，并可预测公众的忠诚度。Anderson等（1997）也认为服务质量不能等同于顾客满意度，他们指出服务质量是顾客满意度的前因变量，服务质量的变化关系到顾客满意度的改变，但除服务质量外，顾客满意度还是以往消费体验的全部累积，并受其他如预期质量、比较差异等变量的影响。与Anderson等持同样观点还有Cardozo、Fornell、Haistead及Schmidt等。但Westbrook和Oliver（1991）的观点却与Anderson等的观点相反，他们认为顾客满意度应为服务质量的前因变量，理由是顾客满意度是顾客消费后的主观体验，是情感性的函数，当顾客消费结束后根据情感体验，判断消费过程中服务（或产品）提供者的服务质量及服务行为。

公众通常感受到的政府门户网站的服务质量，一般包括政府门户网站信息资源服务质量及信息系统服务质量。公众通常以信息资源的内容范围、更新速度、可信赖性等标准，评价政府门户网站信息资源的服务质量。以信息系统的响应性、搜索功能、感知有用性、感知易用性等标准，评价政府门户网站信息系统的服务质量。在完成上述系列评价后，再以其与使用前的预期质量比较后的感受，判断是否满意。由此可见，政府门户网站的服务质量不能等同于政府门户网站公众满意度，政府门户网站的服务质量是政府门户网站公众满意度的前因变量，而政府门户网站公众满意度，应是公众感知服务质量与预期质量比较差异的累积体验的函数。科学划分政府门户网站服务质量，可为政府针对性地改进政府门户网站服务质量，提升政府门户网站公众满意度及忠诚度提供理论支持。

作为政府门户网站公众满意度测评的核心变量，服务质量观测指标的设立，须以公众的实际感受为基础，既不能过于细化，使公众无法有效区

别、把握各观测指标的内涵,又要避免过于笼统,使公众在服务质量测评中缺乏必要的观测依据。政府门户网站服务质量的观测指标的设定,应以政府门户网站公众满意度与服务质量之间的比较差异为基础,探索影响政府门户网站公众满意度与政府门户网站服务质量相关的各个因素。结合Parasuraman等提出的服务质量概念模型,本书从服务质量与公众实际感知的差距入手,设定了基于公众满意的政府门户网站服务质量维度分析探索性指导框架(图2-10)。

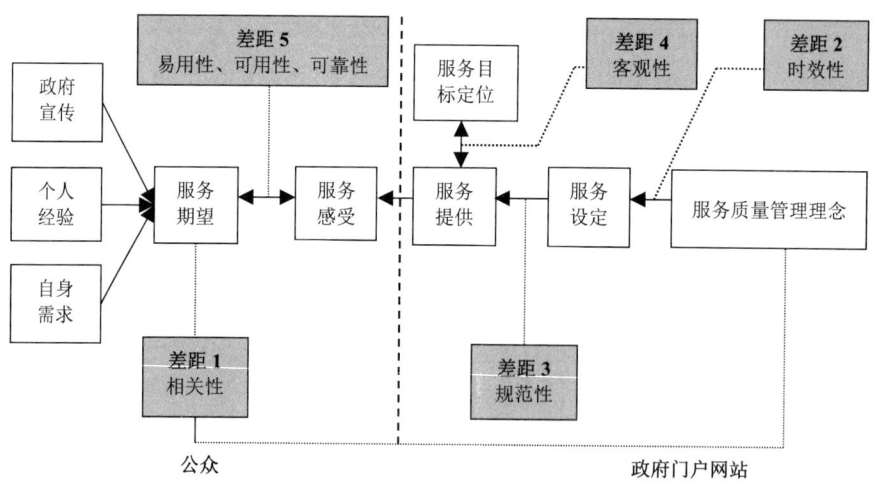

图2-10 基于公众满意的政府门户网站服务质量维度分析探索性指导框架

图2-10的框架指出与政府门户网站交互过程中的5个差距,是造成政府门户网站的服务质量无法使公众满意的主要原因。因此,在公众满意的政府门户网站服务质量测评指标的设定中,应具体分析各差距的成因,针对性地创设相应的观测指标。

差距1:政府门户网站提供的服务项目、服务质量与公众预期服务质量间的差距。造成该差距的原因是政府职能部门未能真正了解公众所需的服务内容,及其关于政府门户网站服务质量的测评标准等。

设立指标:为弥补该差距,要求基于公众满意的政府门户网站服务质量测评标准的设定中,应包含相关性指标,即政府门户网站的服务项目、服务质量应与公众实际需求具有较强的相关性。

差距2:政府服务质量管理理念与政府门户网站服务设定中的差距。政府职能部门对服务质量管理理念的执行受资源不足、市场变化迅速等因素影响,服务质量的完善较公众的需求具有一定滞后性,从而导致服务质量管理理念与政府门户网站服务设定（制定具体的服务规范或设立具体的服务项目）之间存在的差距。

设立指标：为弥补该差距，要求基于公众满意的政府门户网站服务质量测评标准的设定中，应包含时效性指标，即政府门户网站从服务理念的提出，到具体服务设定上应体现时效性要求。

差距 3：服务设定与服务提供的差距。作为服务的提供者，不同级别的政府门户网站缺乏标准的服务提供方式，导致相同的服务主题提供的服务质量存在客观上差异，从而导致公众对于服务质量的感知差异。

设立指标：为此，基于公众满意的政府门户网站服务质量测评标准设定中，应包含规范性标准，即政府门户网站服务提供遵守标准、规范的方式。

差距 4：政府门户网站的服务目标定位与服务提供的差距。该差距是因为政府门户网站的服务目标定位过高，提升了公众的预期质量，但实际服务质量未能达到既定服务目标，所以政府门户网站形成面向公众的过度服务承诺，导致政府门户网站服务目标定位与实际服务质量间的差距。

设立指标：为此，基于公众满意的政府门户网站服务质量测评标准的设定上，应具有客观性导向，即面向公众的政府门户网站服务目标设定上，应科学、准确、可靠、实事求是、避免过度承诺。

差距 5：公众预期服务质量与公众感知服务质量的差距，即公众接受服务前的预期服务质量，与感知服务质量的比较差异。公众根据此前的使用体验、政府（其他职能部门、公务人员）的宣传及感知行为控制的判断，对于政府门户网站预期服务质量形成了理想服务预期质量、适当服务预期质量及应当服务预期质量三种预期质量，当感知服务质量不同于以上三种预期质量时将会产生差距。该差距直接影响公众对于政府门户网站服务质量的满意程度。

设立指标：为此，基于公众满意的政府门户网站服务质量测评标准的设定中，应包含政府门户网站公众服务的易用性、可用性及可靠性创设评价指标，科学测定公众感知服务质量，引导公众对于政府门户网站服务质量的合理预期（徐蔡余，2007：31-32）。

第三章 政府门户网站公众满意度概念模型的构建

　　模型是对研究对象之间复杂关系的模拟。通过扬弃次要关系，挖掘本质关系，模型能够使问题研究更为简单、真实，为研究者量化分析与理论检验模拟对象内在的客观关系，提供一种行之有效的方法。

　　模型通常由不同类型的变量组成，按照各个变量的存在状态及抽象的程度，模型可分为实物模型及概念模型。实物模型以可见的物理形态存在模拟客观物质之间的关系，而概念模型则是以科学理论为基础，在科学假说与科学实证研究中形成的反映抽象概念间相互关系的理论模型。近20年来，模型大量地应用于社会、经济、认知、行为等科学研究领域，并形成了大量典型的概念模型，如顾客满意度模型、技术接受模型、任务-技术适配模型等。

　　顾客满意度模型是以用户需求为导向的全面质量管理的产物，广泛地应用于国内外企业管理与服务质量测评中。顾客满意度指数模型是基于质量差距原理，将顾客满意度置于模型中心，通过实证研究探索影响顾客满意度的前因及结果变量，并利用结构方程建模的方法，分析各变量关系的概念模型。政府门户网站公众满意度测评的实质，是公众对政府门户网站服务绩效感知水平的测评。该测评以公众对政府门户网站服务质量的预期与实际感知质量的比较差异为标准，公众满意程度与该比较差异的大小及方向相关。构建政府门户网站公众满意度概念模型的实质，是以公众关于政府门户网站的满意程度作为测评标准的，将政府门户网站公众服务中影响公众满意度的各变量进行抽象，利用结构方程建模方法，构建并揭示各变量之间、各变量与公众满意度之间关系的测评系统。如第一章第二节的分析，虽然顾客满意度指数模型广泛用于企业管理、经济部门服务质量的测评中，具有扎实的理论基础与成熟的实践经验，然而在政府门户网站公众满意度测评研究中，尚处于起步阶段，如何准确、有效地将顾客满意度指数模型应用于政府门户网站公众满意度测评，把握引导公众信任的主动权，是政府门户网站公众满意度测评研究中首先需要解决的问题。此外，政府门户网站作为电子政务实施的平台，属于信息系统研究领域。随着信息技术的发展，政府门户网站用户的范围不断拓展，政府通过加大面向对象的信息技术投资，改进网站信息系统功能，旨在降低政府服务成本，提高服务效率，增加产品或服务的差异化供给。而在与政府门户网站的交互中，政府门户网站信息系统功能、公众的信息素养，以及网站信息系统功能与公众具体需求间适配程度等因素，也将直接影响公众对于政府门户网站的满意程度。基于此，本章首先梳理、分析了国内外顾客满意度模型、技术接受理论（模型）及任务-技术适配模型，探讨上述经典模型对于 GWPSI 概念模型构建的启示；其次，基于上述启示及相关理论，筛选并设定 GWPSI 概念模型中的结构变量，假设了各结构变量的内在关系；最后，利用文献分析、用户调查与专家访谈等方法设定 GWPSI 概念模型中各结构变量对应的观测变量，并构建 GWPSI 概念模型。

第一节　顾客满意度模型的分析

20 世纪 60 年代，在传统质量管理的基础上，美国学者提出了以全员参与为基础，以"通过让顾客满意和本组织及相关方共同受益"为目的的全面质量管理（total quality management，TQM）理论，全面质量管理理论注重顾客价值，在"顾客的满意与认同是长期赢得市场,创造价值的关键"思想的指导下，该理论以顾客需求，作为组织市场研发及服务的基础，以顾客满意度作为组织产品（或服务）研制、维持及提高等活动中相关质量的衡量标准。[①]因此，顾客满意度模型是全面质量管理的产物，它的构建有助于准确了解顾客满意的特性、结构及形成机制，把握顾客实际需求，最终实现对顾客满意度的形式化定义。70 年代，西方学者开始关注全面质量管理中的顾客满意度的测评，为精确度量经济领域内顾客满意度，他们将顾客满意度理论与实际组织的全面质量管理环节相结合，分析产品生产的计划、实施、检查、处理、流通、反馈等环节的关键变量，并通过数理统计分析，提炼关键变量，探讨它们之间的因果关系，最终构建了期望差异模型、ACSI 模型等代表性顾客满意度模型。

一、期望差异模型

期望差异模型是 20 世纪 80 年代，美国华盛顿大学工商管理研究所 Oliver 在期望差异理论的基础上，构建的反映顾客满意度形成机制的基础性

---

① 全面质量管理[EB/OL]. http://baike.baidu.com/view/47270.htm. [2018-09-05].

顾客满意度模型。期望差异理论认为，顾客满意是顾客消费前预期与实绩对比后形成的比较差异的函数，顾客满意程度与比较差异的大小及方向有关。按照期望差异理论对于顾客满意形成的解析，Oliver将影响顾客满意度的相关因素，抽象为顾客期望、实绩、比较差异及顾客满意4个结构变量，其中，比较差异直接影响顾客满意，而顾客期望与实绩则通过比较差异间接影响顾客满意。当比较差异大于或等于顾客期望时，顾客满意。当比较差异小于顾客期望时，顾客不满意甚至产生抱怨。期望差异模型如图1-5所示。作为较早提出的顾客满意度模型，期望差异模型是顾客总体、累积满意度的测评工具，它率先构建了以顾客满意结构变量为测评核心的概念模型，具有一定的应用价值；同时该模型较早地从顾客消费心理、行为的视角出发，基于顾客满意理论析出的顾客预期等关键变量，为后期顾客满意度模型的完善，奠定了理论基础与基本的模型结构（Fornell et al., 1996）。

二、瑞典顾客满意度指数模型

为了促进国内产业发展的市场导向，提高产业的服务质量及国际市场竞争力，1989年美国密歇根大学商学院教授Fornell及其研究小组，为瑞典构建了SCSB模型（图1-8）。随后，瑞典利用SCSB模型率先从国家层面，开展各产业顾客满意度的测评工作，并形成了持续性测评机制，监测国家经济运行状况。SCSB模型将顾客满意度置于模型因果关系链的中心，包含了感知价值、顾客期望、顾客抱怨、顾客忠诚等结构变量。其中，感知价值与顾客期望是顾客满意度的前因变量，顾客抱怨与顾客忠诚是顾客满意度的结果变量。感知价值有别于产品或服务的客观价值，是相对于顾客预期提出的结构变量。Fornell等认为感知价值的核心就是顾客对于感知利得与感知利失的权衡，其中，感知利得与消费过程中的产品、服务及技术支持等内容有关，而感知利失与消费中顾客经济、时间支出及风险成本有关。作为顾客感知获取利益与付出成本对比后的总体评价，感知价值对顾客满意度具有正向直接作用。①顾客期望则是顾客在消费某产品或服务前，根据以往经验及信息产生的预期。在SCSB模型中，Fornell等指出顾客期望包含理想期望、适当期望及应当期望3个层次。其中，适当期望是指顾客感知产品或服务的价值与预期相当。应当期望则是顾客期望中产品或服务应当具备的质量。理想期望则指感知产品或服务质量高于顾客适当期望。

---

① 感知价值[EB/OL]. http://baike.baidu.com/view/1531717.html. [2018-08-27].

在变量关系上，顾客期望对顾客满意度具有正向直接作用，顾客满意度对顾客抱怨具有负向直接作用，顾客满意度对顾客忠诚具有正向直接作用，顾客忠诚作为 SCSB 模型的结果变量，可以作为观测顾客保留与组织利益的"晴雨表"。SCSB 模型最大贡献在于提出了顾客满意弹性的概念，量化了顾客满意度与顾客忠诚间的非线性关系，应用中可通过衡量顾客满意度的变化，有效获知顾客忠诚度相应变化。价值与质量是衡量顾客满意度的两个重要因素，但 SCSB 模型只研究了感知价值因素对于顾客满意度的影响，忽略了感知质量因素对顾客满意度的作用，感知价值与感知质量对于顾客满意度作用大小的比较，也是 SCSB 模型尚待完善的内容。[①]

三、美国顾客满意度指数模型

1994 年，美国密歇根大学商学院教授 Fornell 在对 SCSB 模型改进的基础上，基于所有顾客满意度是可以跨时间、跨行业测评的观点，建立了全面、统一测评顾客满意度的 ACSI 模型。

作为一种内嵌因果关系的评价工具，ACSI 模型（图 1-9）将顾客满意度变量置于由顾客期望、感知质量、感知价值、顾客满意度、顾客抱怨、顾客忠诚 6 个结构变量组成的因果链的中心，其中顾客期望、感知质量、感知价值是顾客满意度的前因变量，而顾客抱怨、顾客忠诚是顾客满意度的结果变量。

该模型创设的主要目的是通过测评顾客满意度的结果解释顾客忠诚的形成。在该模型中，感知质量是顾客对于当前产品或服务消费体验的评价，对顾客满意度具有正向直接作用。感知质量与顾客的直观感觉有关，也是顾客消费行为的基础。依据全面质量理论，产品或服务对于不同顾客需求的满足程度，以及产品或服务提供者的信度，都将影响顾客对产品或服务的感知质量。感知价值是指顾客对于所获取产品或服务的总体评价，该评价源于顾客感知利益与其获取该产品或服务付出成本的对比。感知价值是兼有客观及主观因素的变量，产品或服务质量及其价格是感知价值的外在表现形式。顾客既得利益与投入成本的横向、纵向比较产生的情感反应，则是感知价值的主观表现。ACSI 模型将感知价值引入模型，目的是通过对比不同产品或服务价值的外在表现——价格，排除顾客自身、经济等因素对于感知质量的影响，科学地比较不同的产品或服务，并认为感知价值对

---

① 顾客满意度指数模型[EB/OL]. http://baike.baidu.com/view/3128222.html. [2018-09-08].

顾客满意度具有正向直接作用。在 ACSI 模型中，Fornell 等认为顾客期望是顾客基于以往消费体验，或其他媒体的宣传，对于产品或服务质量的预测，与产品或服务提供者以往的绩效有着正向关系，并对产品或服务质量的改进具有正向作用。顾客期望的理性程度反映了顾客从以往消费中学习的能力，以及预测水平。因此，顾客期望对感知质量、感知价值具有正向直接作用，同时顾客期望的预测性作用，表明其对顾客满意度具有正向直接作用。顾客抱怨将直接导致顾客满意度下降，进而选择退出或勉强接受。Fornell 等认为 ACSI 模型中顾客满意度与顾客抱怨间呈负向关系，而作为产品或服务提供者未来盈利水平的衡量指标，顾客忠诚决定着顾客对本产品或服务再次消费的良性循环。因此，顾客满意度对于顾客忠诚有正向直接作用。Fornell 等还根据 Hirschman（1970）的快速增长的顾客满意度可有效降低顾客抱怨，并增加顾客忠诚的离开-抱怨理论（exit-voice theory），在 ACSI 模型中，认为顾客抱怨对顾客忠诚具有正向直接作用，即顾客抱怨妥善处理后有利于增加顾客忠诚。

ACSI 模型已广泛应用于经济、公共服务领域，具有成熟的理论基础与应用实践，在具体测评中，ACSI 模型特点如下：①ACSI 模型可用于跨经济、公共服务等领域，以及跨时间的顾客满意度测评；②作为全面测评顾客满意度的模型，ACSI 模型不仅可解释当前顾客满意度的成因，还可通过评价顾客的购买态度，预见其未来消费行为及满意程度。[①]

四、欧洲顾客满意度指数模型

ECSI 模型是 1999 年由欧洲质量组织和欧洲质量管理基金会等机构资助构建的。该模型包含了企业形象、顾客期望、感知产品质量、感知服务质量、感知价值、顾客满意度、顾客忠诚 7 个结构变量，其中顾客满意度处于模型因果关系链的中心，前因变量为企业形象、顾客期望、感知产品质量、感知服务质量、感知价值，结果变量为顾客忠诚。与以往顾客满意度指数模型相比，ECSI 模型增加了企业形象变量，目的是利用与企业有关的顾客记忆，补充顾客期望对于感知质量衡量的不足。该模型认为企业形象影响顾客对于企业提供产品或服务的预期。形象好的企业，顾客的预期偏高，企业形象对顾客期望具有正向直接作用；同时企业形象包含了顾客对于企业前次产品或服务质量的记忆，企业形象的好坏，直接影响顾客再

---

① 美国顾客满意度指数模型[EB/OL]. http://baike.baidu.com/view/3125683.html. [2018-08-29].

次消费的满意累积程度。因此,企业形象对顾客满意度、顾客忠诚也具有正向直接作用。与 ACSI 模型中,顾客期望与感知质量、感知价值、顾客满意度等结构变量的内在关系相似,ECSI 模型中,顾客期望对上述三个变量也具有正向直接作用。ECSI 模型将 ACSI 模型中的感知质量细化为感知产品质量与感知服务质量,分别测评其与其他变量的关系。其中,感知产品质量对感知价值、感知服务质量具有正向直接作用,感知服务质量对感知价值、顾客满意度具有正向直接作用。顾客忠诚作为顾客满意度的结果变量,可用于衡量顾客对于企业产品或服务的累积满意程度。

ECSI 模型在保留 ACSI 模型原结构变量及其路径关系的基础上,作了进一步发展。①细化顾客满意度的前因变量。为补充顾客期望对顾客满意度解释的不足,ECSI 模型新增了企业形象结构变量;将感知质量细化为感知服务质量、感知产品质量,探讨异质质量与顾客满意度的关系,通过前因变量的细化,ECSI 模型的强健性与稳定性得到一定程度的提升。②删除了顾客抱怨变量。由于 ECSI 模型主要面向经济领域如企业、金融部门的顾客满意度开展测评,相关机构的顾客投诉机制较为完善,出于实际测评中高效、适用的需求,该模型删去顾客抱怨变量。③完善了变量间的路径关系,ECSI 模型在跟踪系列实证研究的基础上,不断完善各结构变量间的路径关系,形成了 ECSI 初始模型及饱和模型,如图 3-1 所示,其中实线箭头构成的模型为 ECSI 初始模型,虚线箭头与实线箭头共同构成的模型为 ECSI 饱和模型(Cassel & Eklöf,2001)。

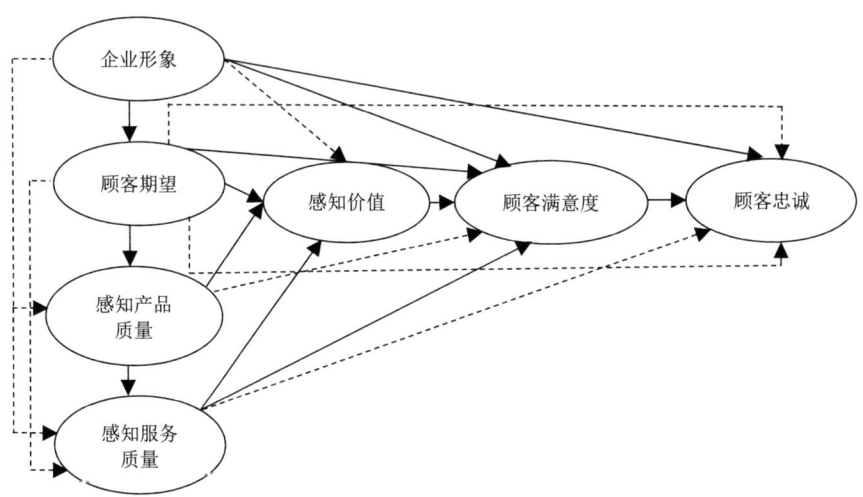

图 3-1　ECSI 初始模型及其饱和模型

五、中国顾客满意度指数模型

CCSI模型（图3-2）是由清华大学中国企业研究中心，在吸收、借鉴ACSI模型、ECSI模型的基础上，结合我国国情构建的与国际经典测评模型接轨的，应用于不同产业、行业、部门的产品或服务质量宏观测评模型（孙静芬，2004：4）。

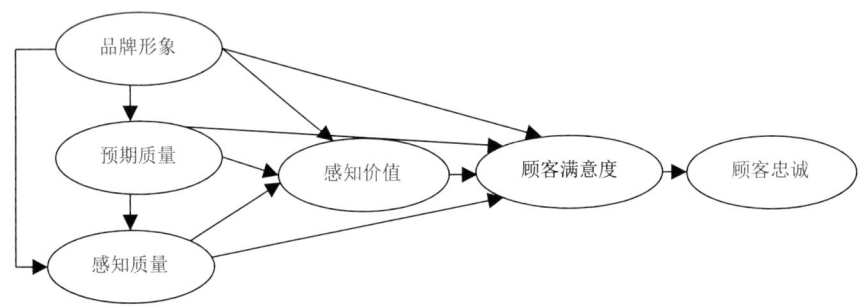

图3-2 CCSI模型

在结构变量的选取及其路径关系的设定上，CCSI模型吸收了ACSI模型、ECSI模型的优点，包含了预期质量、感知质量、品牌形象、感知价值、顾客满意度及顾客忠诚6个结构变量。其中，顾客满意度处于CCSI模型因果链的中心，预期质量、感知质量、感知价值、品牌形象是顾客满意度的前因变量，顾客忠诚是顾客满意度的结果变量。品牌形象作为CCSI模型的新增变量，其内涵不仅包含ECSI模型中的企业形象，还将品牌形象纳入测评范畴。顾客记忆中良好的品牌形象，有利于再次消费前顾客积极预期的产生；品牌形象的提升，有利于增加顾客对于产品或服务质量的感知，甚至直接形成顾客满意。因此，在CCSI模型中，品牌形象对预期质量、感知质量、感知价值、顾客满意度具有正向直接作用；预期质量是顾客关于产品或服务对自身需求满足，以及未来风险的预期，预期质量对于感知质量、感知价值、顾客满意度具有正向直接作用；感知质量是顾客满意度重要的影响变量，对顾客满意度、感知价值具有正向直接作用；感知价值是指顾客关于消费产品或服务所得利益与其投入成本对比后的总体评价，对顾客满意度有正向直接作用；顾客忠诚作为CCSI模型唯一的结果变量，包含了顾客对产品或服务重复购买意愿的强度。

六、顾客满意度指数模型对于 GWPSI 概念模型构建的启示

（一）模型的共性

现有顾客满意度指数模型均基于相似的顾客满意度理论设计，因而在结构变量的选择、结构变量路径关系的假设上，具有共性特征。例如，SCSB 模型、ACSI 模型、ECSI 模型、CCSI 模型都将顾客满意度置于模型因果关系链的中心，均以顾客期望、感知价值作为其前因变量，以顾客忠诚作为其结果变量。在变量路径关系的设定上，顾客期望对感知价值、顾客满意度均有正向直接作用；顾客满意度对顾客忠诚具有正向直接作用，即顾客满意度的增加，有助于提升顾客的忠诚。基于上述经典顾客满意度指数模型的共性特点，在 GWPSI 概念模型的构建中，应当结合政府门户网站公众满意度测评的任务、对象、环境，合理地保留顾客满意度指数模型中顾客满意度、顾客期望、感知价值、顾客忠诚等基础性结构变量，科学地参考上述结构变量间路径关系的共性假设。

（二）模型的适用性

顾客满意度指数模型发展是一个动态演进的过程，由于文化背景、顾客消费习惯及市场环境不同，各国顾客满意度形成的特点各异。体现在现有顾客满意度指数模型的构建中，各国均充分结合了本国的国情。例如，Fornell 等在实证研究瑞典、美国不同产业、企业发展特色，以及消费者满意度形成特点的基础上，分别设计了 SCSB 模型及 ACSI 模型；由于欧洲顾客投诉机制较为完善，在顾客满意度的实际测评中，出于高效、适用的需要，ECSI 模型删去了 ACSI 模型中顾客抱怨变量；而在中国，品牌形象不仅外延包括了企业形象，而且是影响顾客满意度的重要因素，因而，在 CCSI 模型设计中，用品牌形象取代了 ECSI 模型中的企业形象。由此可见，在 GWPSI 概念模型构建中，应根据政府门户网站特点及服务对象在年龄、文化背景、信息素养、任务需求等方面复杂性、差异化的特点，构建适用性较强的政府门户网站公众满意度概念模型。

（三）模型的融合性

模型的融合性主要表现为各国在顾客满意度指数模型设计中，不断融合了其他相关理论或模型的合理内核。例如，在 ACSI 模型中，感知质量

作为独立的结构变量存在。为深入探讨异质质量对顾客满意度的作用，在融合全面质量管理理论的基础上，ECSI 模型将感知质量细化为感知服务质量及感知产品质量；为探求顾客消费心理、行为对于顾客满意度的影响，在融合了技术接受理论（模型）的基础上，感知质量又被设定为感知有用性及感知易用性变量，分别从顾客有用、易用的感知层面，探讨顾客对于产品或服务的接受、使用行为及满意程度（Liao et al.，2007）。基于此，由于测评涉及人——不同人口特征的公众群体，信息系统——政府门户网站，以及人与信息系统的交互——面向公众的政府门户网站服务，GWPSI 概念模型在构建中，不仅要充分借鉴现有成熟顾客满意度指数模型的合理内核，还需融合、吸收技术接受等相关理论或模型的科学因素，通过考察政府门户网站的服务质量、公众的需求，以及两者的适配对顾客满意度的影响，综合选取模型的变量，设定各变量间的关系。

第二节　技术接受理论（模型）分析

近年来，在信息技术革命的影响下，社会各界越来越重视信息技术在组织应用中的问题，许多专家学者长期致力于用户为何，以及如何接受新的信息技术等问题的研究。现有的研究成果大致分为两个路径取向：个体层面的用户技术接受行为，以及组织层面的技术接受行为。其中，个体层面的用户技术接受行为，决定着组织能否真正应用信息技术，是当前研究的主流方向。

技术从广义上看，包含了所有与生产力发展相关的软硬件，但从狭义上看，技术指信息技术，即与计算机、通信等有关的硬件、软件。为了使研究在固定语义中开展，本书采用狭义技术的概念。接受原意为"出于快乐、满意或是职责愿意接纳他人提供之物"。而在信息系统领域内，接受是指用户愿意使用信息技术。技术接受与用户的行为、行为意图及态度有关，其实质是用户根据各种信息形成对信息系统使用的信念和态度，以及该信念和态度决定其使用意向、使用行为的心理决策过程，体现了用户的主观意愿（方针，2005：8-9）。现有的技术接受理论（模型）研究多从个体的心理、行为出发，形成了不少较为成熟的理论，如理性行为理论、计划行为理论、技术接受模型、创新扩散理论、社会认知理论、技术接受和使用统一理论模型等技术接受理论（模型）。其中，具有代表性的技术接受理论（模型）有理性行为理论、计划行为理论、技术接受模型、技术接受和使用统一理论模型、创新扩散理论。

一、理性行为理论

理性行为理论是 1975 年美国学者 Fishbein 与 Ajzen 提出的，用于预测和解释个人行为的理论，该理论模型基于个体在实施某项行为前，假设理性行为的结果，由态度（attitude，A）、主观规范（subjective norm，SN）、行为意图（behavior intention，BI）及行为（behavior，B）4 个变量组成。态度是指个人对执行某项行为的正面或负面的情感；主观规范是指个人对于是否采取某种行为所感受的外在影响，即对个人行为决策具有影响力的他人或团体，对于个人是否采取某种行为的影响；行为意图则是用于衡量个人实施特定行为意图强弱的变量。理性行为理论模型各变量之间的路径关系如图 3-3 所示。在理性行为理论模型中，态度与主观规范影响个人的行为意图，而行为意图则对个人的实际行为具有直接作用。理性行为理论模型初步探索并解释了行为产生的动因，即任何因素只能通过态度及主观规范，间接影响个人的使用行为。但是由于理性行为理论模型是基于人的理性行为假设，只是解释了理性行为产生的影响因素，对于在组织环境中个体意志无法控制的行为动因，理性行为理论模型是无法解释的（方针，2005：15-16）。

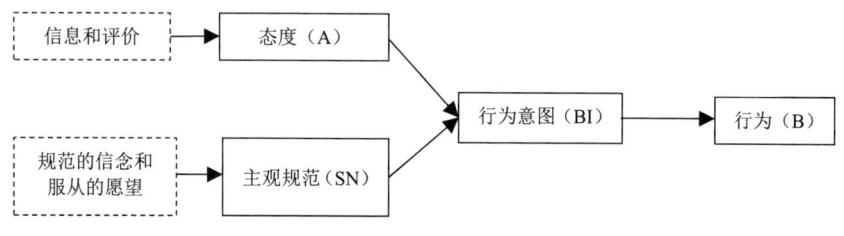

图 3-3　理性行为理论模型各变量之间的路径关系

资料来源：Fishbein & Ajzen（1975：16）。

二、计划行为理论

计划行为理论（图 3-4）源于并进一步发展了理性行为理论，该理论被证明可在多种环境下，成功地解释用户的接受行为。计划行为理论模型包括态度、主观规范、感知行为控制、行为意图、行为 5 个变量。在计划行为理论模型中，Fishbein 和 Ajzen 指出态度对于行为意图具有正向直接作用，并由对行为结果的主要信念（belief，b_i），以及对该结果重要程度的评估（evaluation，e_i）来衡量，态度的函数表达式为 $A = \sum b_i e_i$。主观规范是指个体感知的社会压力对其行为的影响，换言之，主观规范与其他人预期的规范性信念有关，尤其是对个体的行为决策具有影响力的个人或团体，对于个人实施某项行为具有较强的影响力。根据 Karahanna 等（1999）的观点，主观规范受规范性信念（normative belief，nb_j）及个体动机水平（motivation to comply with the nb_j，mc_j）的影响，主观规范函数表达式为 $SN = \sum nb_j \cdot mc_j$。关于主观规范与其他变量的关系，Mathieson（1991）、Taylor 和 Todd（1995）研究发现，主观规范对行为意图将产生规范性及信息性作用，通常计划行为理论模型中的主观规范仅指其规范性作用，而忽略了其信息性作用，该局限将可能导致行为意图与主观规范间的关系不显著；Venkatesh 与 Davis（2000）研究发现在强制环境下，行为意图对于主观规范有着积极的作用，但是在非强制环境下，该作用并不明显。感知行为控制是指个体感知实施某项行为难易程度，它与利于或者阻碍行为实施等控制因素外在的信念有关。当个体实施某项行为前，预知以往资源如经验、机会等越多，其实施行为的障碍就会越少，个体的感知行为控制就越强（鲁耀斌和徐红梅，2005）。感知行为控制变量由控制信念（control belief，cb_j），以及对资源、机会等控制因素的感知力（perceived power，p_j）来衡量。其中，控制信念是指隐藏在感知行为控制变量的内部，在对资源、机会的预知过程中形成。感知行为控制的函数表达式为 $PBC = \sum cb_j \cdot p_j$。控制因素可进一步分为内部控制因素及外部控制因素，其中，内部控制因素与个体的知识或自我效能有关（自我效能感是指个体面对环境中的挑战，能否采取适应性行为的知觉或信念）。外部控制因素则与外部环境相关。行为意图是指个人实施某项行为前的采行意愿。在计划行为理论模型中，行为意图处于因果关系链的中心，态度、主观规范及感知行为控制是行为意图的前因变量，对其具有直接作用。感知行为控制反映了实际控制条件的状况，可以直接预测行为实施的可能性。在实际控制条件充分的情况下，行为意图对行为具有正向直接作用。计划行为理论模型突破了理性行为理论中"个体行为产生是基于自我意志力控制"的假设，在对行为意图影响因素的预测中，除原有主观规范、态度等变量外，引入了感知行为控制变量，来解释那些非意志控制所产生的行为（鲁耀斌和徐红梅，2005）。

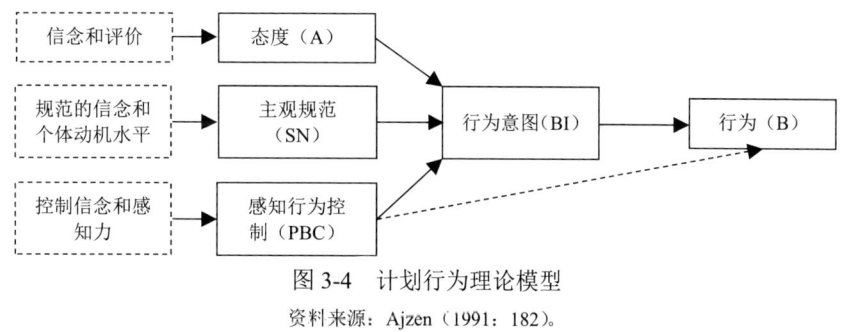

图 3-4 计划行为理论模型
资料来源：Ajzen（1991：182）。

三、技术接受模型

技术接受模型（图 1-11）是 1989 年 Davis 在理性行为理论实证研究中，提出的用于解释用户信息技术接受行为的模型，在该模型中，Davis 引入了决定使用态度的两个结构变量，即感知有用性及感知易用性，其中感知有用性是指个体对于使用特定的信息系统提高工作绩效程度的认知。感知易用性则是指个体对于使用特定信息系统难易程度的认知。技术接受模型的构建为探索个体内部信念、态度及使用意图相关的外部因素的作用，提供了模型基础。该模型包括外部变量、感知有用性、感知易用性、使用态度、行为意图、实际使用 6 个变量 8 个关系，其中，行为意图用于测量个体实施某种行为的意愿强度。行为意图直接影响个体的技术接受及系统实际使用行为，而使用态度则直接影响行为意图，其自身同时受感知有用性及感知易用性的直接影响。此外，感知有用性还直接影响个体使用的行为意图，但其本身又受感知易用性及外部变量的影响，感知易用性直接影响使用态度及感知有用性。Davis 与 Venkatesh 分别于 1989 年及 1999 年，对技术接受模型进一步拓展，构建了技术接受扩展模型——TAM2，该模型借鉴了计划行为理论，系统分析并构建了影响个体感知有用性的变量集合。该变量集合既包括个体认知因素，如主观规范（subjective norm，SN）、系统印象（image，I）、经验（experience，E）、自由意愿（voluntariness，V）；又包括了产品绩效因素，如职业相关性（job relevance，JR）、产品质量（output quality，OQ）、结果可行性（result demonstrability，RD）。技术接受扩展模型认为主观规范对系统印象具有正向作用，因为组织中重要个体实施的行为（如使用该系统），将会积极影响其他成员的使用行为，并按其所受影响的程度，评估个体在组织中所属位置。图 3-5 详细展示了技术接受扩展模型中各变量间的关系。

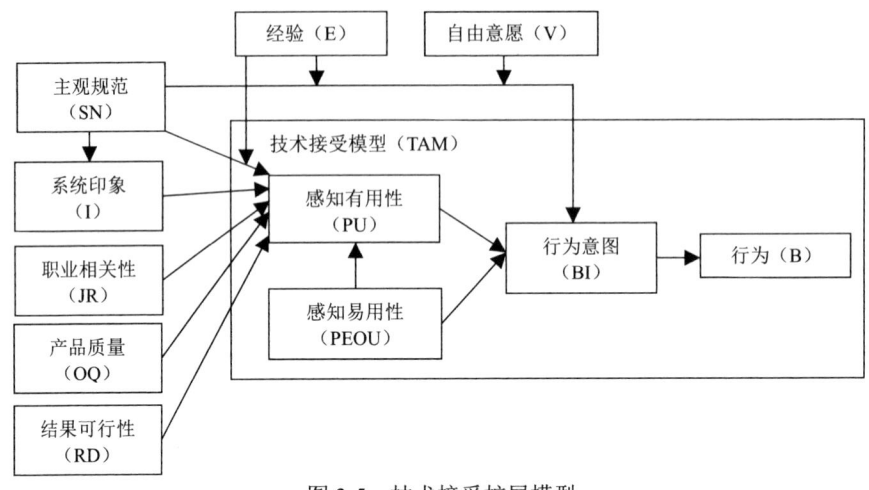

图 3-5 技术接受扩展模型

资料来源：Lean 等（2009）。

四、技术接受和使用统一理论模型

技术接受和使用统一理论模型（图 3-6）是 Venkatesh 等（2003）在技术接受模型的基础上提出的，用于研究基于个体层面的用户创新技术接受行为的主导模型。该模型包含绩效预期（performance expectancy）、困难预期（effort expectancy）、社会影响（social influence）及便利条件（facilitating conditions）等结构变量，并直接影响个体对于创新技术的接受与使用行为。其中，绩效预期、困难预期变量，类似于技术接受模型中的感知有用性、感知易用性变量。社会影响则类似于理性行为理论模型中的主观规范变量。便利条件变量则类似于计划行为理论模型中的感知行为控制变量。与技术接受模型不同的是，技术接受和使用统一理论模型中引入了年龄、性别、经验、使用自愿性 4 个控制变量，用于解释不同属性个体对于创新技术的接受行为。

五、创新扩散理论

创新扩散理论是 Rogers（2003）在实证研究的基础上，提出的一种新的技术接受理论。该理论模型将新技术的应用看作创新，而其传播或接受过程被看作扩散，主要包含创新性及传播渠道两个框架结构，其中，初期的创新性包含了相对优越性、兼容性、复杂性、可试性及可观察性 5 个衡

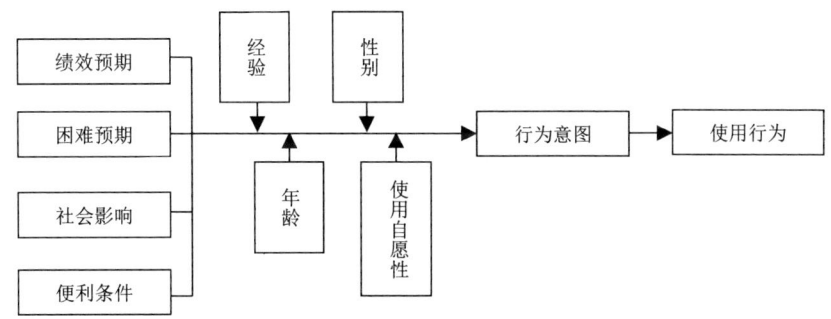

图 3-6 技术接受和使用统一理论模型

资料来源：Venkatesh 等（2003：447）。

量指标，各变量关系如图 3-7 所示。后来 Moore 和 Benbasat（1996）又在 Rogers 的基础上，增补了形象、结果可说明性、可见性 3 个变量。关于创新的传播或个体接受的过程，Rogers（1983）提出了知识、劝服、决策、确认等阶段。Agarwal 和 Prasad（1997）将创新扩散理论应用于信息技术领域，研究个人对于新技术的接受，他们认为创新技术特性在个人对创新技术接受中作用明显，创新技术传播速度随着采纳的增加而不断加快，个人对于创新技术的尝试意愿的强弱，关系到个人对创新技术的接受程度。

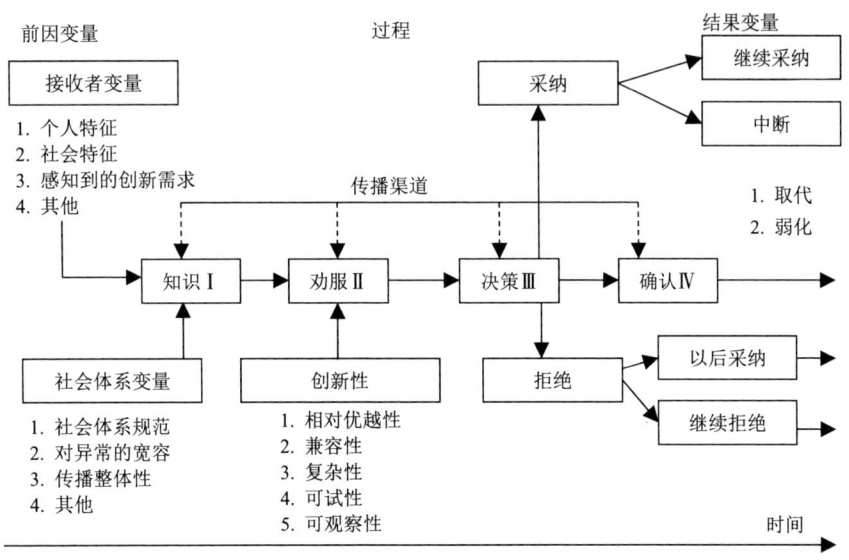

图 3-7 创新扩散理论模型[①]

---

① 维基百科. 创新扩散模型[EB/OL]. http://wiki.mbalib.com/wiki/%E7%BD%97%E6%9D%B0%E6%96%AF%E7%9A%84%E5%88%9B%E6%96%B0%E6%89%A9%E6%95%A3%E6%A8%A1%E5%9E%8B. [2018-07-15].

尽管上述理论框架在具体结构与假设上不同，但其基本的概念框架是相似的，即所有理论模型都涉及个体的行为意图、态度等结构变量，目的是通过探讨个人对使用技术的态度、使用意图、实际使用行为间的关系，为信息系统基于用户的需求及使用体验，组织信息内容，选择信息技术提供了依据，真正实现基于用户满意的信息系统的架构与服务预测个体或组织的使用行为。

六、技术接受理论（模型）对于GWPSI概念模型构建的启示

政府门户网站公众满意度不但受网站在线产品（服务）质量的影响，还与公众对网站提供的信息技术的接受程度密切相关，如公众对政府门户网站信息技术有用性、易用性的感知，将直接影响公众对于该网站在线产品（服务）的接受及满意程度，这也是技术接受理论（模型）对GWPSI概念模型构建的基本启示。同时技术接受理论（模型）的演进与完善对GWPSI概念模型的构建同样具有积极的启示。

（一）模型的演进性

在技术接受理论（模型）探索初期，Fishbein与Ajzen（1975）基于个体理性行为的假设创设的理性行为理论，从主观规范、规范信念及依从动机三个方面，探索个体技术接受行为的内在心理机制。1989年，Davis提出的技术接受模型，在继承理性行为理论的基础上，吸收了期望理论、自我效能理论等相关理论的合理内核，从个体感知有用性、感知易用性等外部感知的角度，探索其对于个人信息技术接受行为的态度、行为意图等内部变量的作用。2003年，Venkatesh等创设的技术接受和使用统一理论模型，在吸收技术接受理论、理性行为理论、计划行为理论等模型合理内核的基础上，又引入了年龄、性别、经验、使用自愿性4个控制变量，用于解释和预测不同属性个体，对于信息系统和信息技术的接受程度。由此可见，在对信息技术接受问题的深入探讨中，技术接受理论（模型）不断发展、演进。这就要求在GWPSI概念模型的构建中，需不断吸收技术接受理论（模型）的合理内核，根据公众的年龄、学识背景、使用行为的差异，不断探索、调整模型中影响公众接受、使用政府门户网站与信息技术接受有关变量及其与公众满意度之间的关系。例如，在ACSI模型的感知质量测评上，可根据政府门户网站公众实际使用体验，将其调整为感知有用性、

感知易用性两个结构变量，用于解释预测公众对于政府门户网站的导航架构、检索等功能的实际感知及接受程度，增加对政府门户网站公众接受及满意度的观测、解释维度。

（二）模型较好的解释性

基于不断发展的用户认知及行为理论，根据系列实证研究，不断筛选出的各结构变量及其内在关系的分析所形成的技术接受系列理论（模型）研究，涵盖了个体的认知与技术接受行为，任务-技术适配与技术接受行为两个方向，深入地研究不断增强模型对于用户技术接受行为的解释、预测力度。例如，Davis与Venkatesh在原有技术接受模型的基础上，创设了技术接受扩展模型，并为技术接受模型中感知有用性变量设定了主观规范、系统印象、职业相关性、产品质量、结果可行性等变量，在实际测评中增强了该模型对于测定信息系统感知有用性的解释。为解释用户需求、信息系统功能及两者的适配对于用户技术接受与满意度的影响，技术接受模型吸收了任务-技术适配模型中任务-技术适配变量。因此，在GWPSI概念模型构建中，各结构变量的选取及其内在关系的分析、设定也应尽量从公众的行为意图、接受行为及任务-技术适配等角度入手，增强模型在与政府门户网站交互过程中的对于网络感知有用和感知易用、行为意图、任务-技术适配、技术接受行为等与公众满意度变量间内在关系的解释性能。

（三）模型测评的应用性

技术接受理论（模型）的特点发展明显，模型的应用性不断增强。从最初的理性行为理论，对于用户使用行为意图相关心理变量的分析，到中期的技术接受模型，从外在感知变量对于用户使用行为的分析，再到后期技术接受和使用统一理论模型中关于年龄、性别等与用户人口特征相关变量的引入，技术接受理论（模型）经历了从浅层的用户心理分析，到深层的用户认知行为探索的发展历程，其在用户技术接受、满意程度测评中的应用性不断增强。因此，在GWPSI概念模型的设定中，应充分权衡模型构建的基础理论与实际应用之间的关系，在充分吸收相关理论或模型合理元素，保证构建模型科学性的同时，还应注重模型的应用性，即结合测评对象的实际，科学借鉴相关模型的合理内核，增减模型中的结构变量，并于综合性评价实践中不断完善模型。

第三节 任务-技术适配模型的分析

一、任务-技术适配模型

1995 年，Goodhue 和 Thompson 基于感知合适理论，提出了任务-技术适配模型。通过描述认知心理和认知行为，来揭示信息技术如何作用于个人的任务绩效。[①]该模型的核心理念为信息系统的使用绩效，根源于任务与技术的匹配，即某项技术所具有的特征和所提供的支持，是否适应于某项任务的要求。任务-技术适配初始模型包含了任务特征、技术特征、任务-技术适配、技术实际使用及利用效果 5 个结构变量。其中，任务-技术适配变量处于模型的中心，受任务特征与技术特征变量直接影响，而利用效果作为产出变量则受任务-技术适配与技术实际使用的直接影响（图3-8）。

图 3-8　任务-技术适配初始模型

资料来源：Goodhue 和 Thompson（1995：217）。

后期研究中，许多学者认为个体特征对于利用效果的影响显著，在任务-技术适配初始模型的基础上，增加了个体特征变量，用于弥补原模型忽略个体使用习惯等因素造成的实际测评的不足（图3-9）。在修正后的任务-技术适配初始模型中，Goodhue 认为任务特征与技术特征、技术特征与个体特征的共同作用，也同样影响任务-技术适配。在实际测评中，Goodhue 等又添加了用户评价（user evaluation）变量，作为任务-技术适配的替代变量，受任务-技术适配变量的直接影响，并直接影响利用效果。而任务特征、技术特征、个体特征变量对用户评价具有直接影响效应。

技术接受理论（模型）多从个体的心理、行为角度，分析个体接受、使用信息系统的行为。与技术接受理论（模型）不同的是，任务-技术适配模型更为关注信息系统提供的技术支持与个体具体任务间的适配，对该系统利用绩效的作用。因而，任务-技术适配模型可有效避免信息技术有用认知与特定任务下的信息技术有用认知的混淆，弥补技术接受理论（模型）

---

① 任务技术适配模型[EB/OL]. http://baike.baidu.com/view/3490302.html. [2018-08-29].

对于个体信息系统使用中任务关注不足的缺陷，从而进一步拓宽与补充了技术接受理论（模型）。

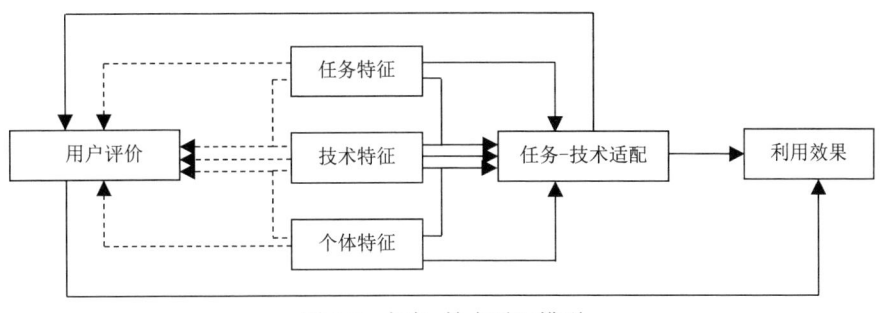

图 3-9　任务-技术适配模型

资料来源：Goodhue（1995：1830）。

二、任务-技术适配模型对于 GWPSI 概念模型构建的启示

政府门户网站作为网络环境下政府跨部门、综合业务应用的信息系统，其本质是公众借以完成任务的工具。在与政府门户网站的交互中，公众满意度的形成与测评离不开用户、任务、技术三个要素。其中，技术接受模型侧重于从用户的心理等内在因素，解释政府门户网站有用及易用的感知，进而预测其对公众满意度的影响；但是公众每次使用政府门户网站的行为，均是在特定任务支配下产生的。对于具体任务下网站信息系统功能有用及易用的感知，技术接受模型就无法解释了。任务-技术适配模型通过引入任务-技术适配变量，关注任务、技术、任务-技术适配对政府门户网站公众有用、易用感知的影响，弥补了技术接受模型的不足。在 GWPSI 概念模型构建中，应当从用户、任务、技术三个维度出发，探讨影响公众满意的各个因素，析出准确、稳定的结构及观测变量，并将其整合为更好地解释并测评政府门户网站公众满意度的基础理论模型。

第四节　GWPSI 概念模型结构变量的选择及其路径关系的假设

GWPSI 概念模型的构建，主要包括 GWPSI 结构模型构建与测量模型构建两部分。其中，GWPSI 结构模型也叫作 GWPSI 内部模型，用于描述影响政府门户网站公众满意度各结构变量之间的内在关系，通常由路径系

数来衡量。由于结构变量是潜在变量,不能直接测量,需要观测变量来间接测量,GWPSI 概念模型中各结构变量与其对应的观测变量,就形成了 GWPSI 测量模型。GWPSI 测量模型中结构变量与观测变量的关系,通过负载系数来衡量。GWPSI 概念模型的构建具体包括 GWPSI 结构变量的选择、结构变量关系的假设、观测变量的选择、观测变量及结构变量关系的建立四部分内容。

一、GWPSI 概念模型结构变量的选择

20 世纪 60 年代以来,学者多以比较差异作为衡量顾客满意度的比较标准,并在构建的顾客满意度模型中,大都选择了顾客期望、感知质量、比较差异、顾客满意、顾客忠诚及顾客抱怨等结构变量。这一范式已在 ACSI 模型、ECSI 模型、CCSI 模型等模型中广泛应用,上述模型中稳定的结构体系,以及其结构变量之间的路径关系,已被大量的实证研究证明。因此,本节构建的 GWPSI 概念模型,仍以上述结构变量及其结构关系为参考,结合顾客满意度模型、技术接受理论(模型)、任务-技术适配模型对于 GWPSI 概念模型构建的启示,从与政府门户网站交互中公众的认知、技术接受、任务-技术适配等因素入手,重点探讨 GWPSI 概念模型中各结构变量的选择及其内在关系的假设。

1. 预期质量

预期质量是指公众对政府门户网站服务质量的期望。它是公众根据此前使用政府门户网站的累积经验,在特定的时间内,对政府门户网站满足自身需求的一种心理预期。预期质量源自公众需求激发的期望,作为衡量顾客满意度的常规变量,常出现在现有顾客满意度模型中。由于受新闻媒体、人际交流等多种传播媒介宣传信息,以及此前使用政府门户网站心理体验的影响,预期质量是一种累积型变量。按照累积程度,在与政府门户网站交互中,预期质量又可分为理想服务预期质量、适当服务预期质量、应当服务预期质量。对于公众来说,其使用政府门户网站的内在需求通常用于解决个人日常生产、生活、教育等问题。公众使用政府门户网站的实质,就是通过政府门户网站探索所遇问题解决方案的过程。该过程中,公众通常会遇到两类问题:一类是规则且条件明确的结构良好问题,另一类是规则与条件不明确的结构不良问题。对于结构良好问题,公众往往能产生明确的预期,相反则预期模糊。由于公众对政府门户网站的预期质量受

个人、情境等多种条件限制，存在较多结构不良问题，因此公众对政府门户网站服务质量的预期具有不确定性。

2. 感知质量

感知质量是指公众对于政府门户网站提供的在线产品与服务质量的实际感受和总体评价。它包括公众对政府门户网站在线产品或服务的特色感知、在线服务功能感知及综合感知等。对政府门户网站服务质量的感知虽然是公众的主观性判断，但该判断是以公众使用前的预期质量为依据。

需要指出每次使用时，公众感知质量与政府门户网站实际服务质量是不完全对等的。公众感知质量是以公众的实际感知为基础，由于受到信息素养、使用习惯等因素的影响，往往偏离政府门户网站的实际服务质量。但从长期的趋势来看，公众对于政府门户网站总体服务质量的感知，总是围绕着政府门户网站实际服务质量上下波动，但总体上看，公众感知质量可以客观地反映政府门户网站的实际服务质量。

公众对政府门户网站的感知质量，受政府门户网站信息资源内容、信息系统功能等多种因素的影响。作为影响公众满意度的核心变量，许多学者从不同角度探讨了上述因素对公众感知质量的影响，但该类探讨多从政府视角出发，使其观测变量的设计缺乏公众实际感知的角度。本书将通过文献分析、用户调查等多种方法，重点探讨政府门户网站感知质量对应观测变量的选择。

3. 比较差异

比较差异是影响公众满意度的重要结构变量。在以往的顾客满意度研究中，很多学者直接用预期质量与感知质量的差值衡量顾客满意程度，未将比较差异作为测评顾客满意度的独立变量。Oliver 及 Seddon 等通过实证研究发现，由于预期质量存在不确定因素，比较差异可以作为衡量顾客满意度的独立结构变量，并进一步指出比较差异对顾客满意度具有正向作用，即当顾客感知质量大于预期质量时，比较差异为正，顾客表现为满意，反之则为不满意。

由于预期质量的不确定性，直接通过对比预期质量与感知质量的差值来解释比较差异变量，有可能导致评价结果的偏差。因此，在 GWPSI 概念模型的构建中，预期质量与感知质量间比较差异的形成所依据的比较标准的选择至关重要。在对企业顾客满意度的测评中，Oliver、Tse、Day 等认为，比较差异多形成于顾客消费后期，是顾客感知产品或服务的实际质量与预期质量的对比结果，其解释比较差异的比较标准应以产品或服务的实绩为基础；后期研究中，Parasuraman等进一步实证分析了产品或服务的实绩比较标准与顾客满意度间的关系，指出较之预期质量，产品或服务实绩信息的强度越大，感知质量对顾客满意度影响就越大，以产品或服务的实绩为比较标准，在顾客满意度的衡量中客观且易于把握。随后，Swan等认为，除了产品或服务质量的实绩外，顾客对消费过程中是否受公平对待的感知，也是衡量顾客满意度的重要比较标准。消费过程中，顾客常将某次消费投入的时间、经济成本，与自己此前或与其他顾客的消费过程作横向或纵向对比，当对比结果保持一定平衡时，顾客的满意感产生。因此过程公平的比较标准，也是解释比较差异的重要维度。对于政府门户网站的用户而言，公众由于受个体特征及外部主观规范的影响，对获取的政府门户网站的在线产品（信息）或服务实绩的评价，常具有较强的主观性，因此，Oliver等提出的期望-实绩比较标准，不适宜单独解释政府门户网站比较差异变量。过程公平标准强调了消费过程中顾客对过程公平的态度，公众在获取政府门户网站服务时，关于时间与精力投入的公平可以大致衡量，而在经济投入上的公平较难把握，因而过程公平标准，也不能单独反映政府网站比较差异变量。Woodruff、Wrestbrook等提出的将顾客需求在产品（服务）消费结束后满足的状态，作为解释比较差异的比较标准，已被学者广泛运用于信息用户满意度的研究中。因此，在预期质量不确定的情况下，将公众需求作为反映政府门户网站比较差异的比较标准是切实可行的。综上所述，我们认为反映、解释政府门户网站比较差异变量，可采用预期质量、过程公平、公众需求等综合性比较标准（徐蔡余，2007：18-20）。

4. 感知有用和感知易用

与企业、政府公共部门提供的实际服务不同，政府门户网站依托信息系统、信息技术提供的是虚拟在线产品或服务。公众对政府门户网站是否满意，首先取决于公众是否能接受，并使用政府门户网站提供的虚拟信息技术。因而政府门户网站环境下的公众满意度测评，必须考虑公众技术接受、信息技术、信息系统、在线产品或服务间的因果关系，反映在GWPSI概念模型的构建中，需充分借鉴与吸收技术接受理论（模型）中的合理变量。感知有用及感知易用变量，选自Davis创设的技术接受模型，其中，感知有用是指公众对政府门户网站提高其工作、生活及学习质量的感知，感知易用则指公众对政府门户网站易操控性的感知。感知有用及感知易用实质上是两个重要的激励因子，影响公众采用政府门户网站后的决策，公众将重新评估他们此前选择使用某政府门户网站的行为，并就是否继续使用做出判断。如果感知有用且易于使用，将直接增加公众预期质量与感知质量间的正向比较差异，从而间接增加公众的满意程度，甚至直接形成公众持续使用的意图。因此，在与政府门户网站交互中，公众从开始使用到满意形成及此后产生的持续使用意图，都可以用感知有用、感知易用变量解释。此外，感知有用、感知易用变量的引入，有利于公众减少对政府门户网站服务质量预期的不确定性，以此缓解因比较差异所带来的心理紧张状态。

5. 主观规范

公众对政府门户网站的满意程度及持续使用行为，还应受主观规范的影响。尽管此前基于比较差异范式的顾客满意度模型，较好地反映了政府门户网站公众满意度，但是该类实证研究尚未就与政府门户网站交互中影响公众满意的外在因素如主观规范的作用作明确的分析。因此，在建构的 GWPSI 概念模型中，引入了计划行为理论模型中的主观规范结构变量，用以探索其与公众感知有用、公众持续使用行为等变量的关系。主观规范是指个体感知到的规范性信念对其行为的影响，那些对公众的行为决策具有影响力的个人或团体，对公众是否使用政府门户网站及感知有用具有重要的影响，而其影响效力通常可由公众的规范性信念，以及实施某项行为的动机（motivation）来衡量。其中，规范性信念是指内化于个体的具有主要影响力的个人或团体的主流观念，当公众规范性信念与行为动机权重都较大时，主观规范对公众的持续使用行为意图的作用明显。需要指出的是，主观规范对个体的影响按照其影响主体的不同，还可以分为属性信息影响及规范性影响，本书在 GWPSI 概念模型构建中，仅限于探讨主观规范结构变量的规范性影响对于个体行为的作用。

6. 感知行为控制

在以往的顾客满意度的实证研究中，部分学者基于预期需求与感知质量比较差异范式模型，证明预期需求与顾客满意度的关系密切，即较高的顾客满意度表明产品或服务一定程度上满足了顾客的某种需求。但是部分学者却持不同观点，如 Fornell 等（1996）在应用 ACSI 模型测评美国顾客满意度时，认为较高的顾客满意度，并不意味产品或服务真正满足了顾客的实际需求，顾客的个体特征、经济收入差异，是导致该现象出现的主要原因。同理在与政府门户网站交互中，公众对政府门户网站满意与否，很可能受限于个体实际的技术水平或经济、时间、精力的支付现状。因此，本书在 GWPSI 概念模型的构建中，为弥补传统基于预期质量与感知质量比较差异范式模型对公众满意度解释的不足，观测自我效能、外在环境等因素对其满意程度、持续使用行为的作用，引入了计划行为理论中的感知行为控制结构变量，用以观测其与感知易用及持续使用意图结构变量间的关系。所谓感知行为控制，是指个体感知实施某项行为的难易程度，它与影响行为的控制因素有关。其中，控制因素可分为内部控制因素与外部控制因素。内部控制因素与个体的知识储备或自我效能（是指个体实施某项行为时，对其能力的信心参数）有关，外部控制因素则与具体的环境（是指个体认为外在环境对其实施某项行为的支持程度）有关。由于公众在与政府门户网站的交互中，缺乏足够的控制能力，感知行为控制将成为衡量公众是否愿意使用政府门户网站的重要结构变量。

7. 公众满意

公众满意是指在使用政府门户网站各种在线产品或服务的基础上，公众对政府门户网站的总体满意程度。在现有经典顾客满意度模型中，尽管名称不同，如顾客满意、用户满意等，但作为一个综合性评价指标，公众满意变量是包含了多层次、全方位的产品或服务对象微观感受的累积效应。公众满意产生于公众使用政府门户网站的过程之中或之后，它既是情感性函数，与公众的感觉、知觉、期望等心理因素有关，又是以累积满意为基础的函数，包含了公众多次使用政府门户网站之后产生的正向、积极的微观心理体验的累积；同时还是公平函数，即在与政府门户网站交互中，公众所能体验的过程及服务中的公平。本书将通过实证研究，进一步分析在与政府门户网站交互中，公众满意形成的因果过程，识别影响政府门户网站公众满意度的关键因素，并开展政府门户网站公众满意度的评价。

8. 持续行为意图

因为政府门户网站以政府投资为其运行资本，以政府组织与行政管理为其主要的运行方式，所以大部分政府门户网站的在线产品或服务，具有一定垄断性。政府通过政府门户网站提供给公众的在线产品或服务多为法律、法规限制的垄断性服务（如在线户籍办理服务、在线纳税服务），公众对政府门户网站忠诚的表现并不明显，因此本书选择了持续行为意图结构变量。所谓持续行为意图，是指公众再次选择使用政府门户网站的心理意向。作为公众满意的结果变量，公众持续使用政府门户网站在线产品及服务的行为意图，受公众满意、主观规范及感知行为控制的影响。此外，公众持续行为意图包含公众对政府门户网站的信任，该信任蕴含公众对政府门户网站在线产品或服务可靠性、不可抵赖性、保密性及数据完整性的认可；持续行为意图还受政府门户网站的外观、结构、兼容性及复杂性等因素影响。值得一提的是，一些特定的公众群体如老年群体，在与政府交互中，坚持使用传统的交流渠道，拒绝使用政府门户网站。这表明一些不确定因素，如年龄、文化因素也是影响特定的公众群体持续使用政府门户网站的不可忽视的变量。

9. 任务-技术适配

政府门户网站从公众使用的角度来看，其实质是公众借以完成工作、学习及生活中某项具体任务的工具。对政府门户网站有用及易用的感知，不能脱离公众具体的任务。公众满意的产生，不但受感知有用及感知易用的影响，还应在具体的任务中，考察公众的需求，政府门户网站信息系统功能，以及两者适配对政府门户网站公众满意度的影响。因此，除了借鉴技术接受模型中的感知有用性及感知易用性变量外，本书还引入了任务-技术适配模型中的任务-技术适配变量，以区别公众对政府门户网站的有用、易用的感知，以及具体任务中对于政府门户网站有用、易用的感知。弥补技术接受模型对具体任务中政府门户网站公众有用、易用感知关注的不足。

二、GWPSI 概念模型各结构变量路径关系的假设

在选取 GWPSI 概念模型的结构变量之后，本节主要依据现有的理论及研究成果，对 GWPSI 概念模型中各结构变量间的路径关系进行假设。

1. 预期质量与相关结构变量的路径关系

关于预期质量与相关结构变量的路径关系，以 Cardozo、Surprenant、Day 等为代表的学者都认为预期质量对感知质量、比较差异具有正向直接作用，期望差异理论是其主要理论依据，即公众满意的产生，由预期质量与感知质量的比较差异所决定。其中，预期质量的预测功能，对于公众的

感知质量及比较差异具有积极作用。因此，将预期质量作为感知质量与比较差异的正向直接影响变量。而针对预期质量与公众满意的关系，目前研究结果分为三种观点：①Churchill 和 Surprenant（1982）、Bearden 和 Teel（1983）等认为，顾客满意度是预期质量的函数，预期质量直接影响顾客满意度；②而 Carlsmith 和 Aronson（1963）等则认为预期质量与顾客满意度之间没有直接关系，直接从预期质量推导顾客满意度的假设，在逻辑上是错误的；③Alloy 和 Tabachnik（1984）等则对上述结论持折中的观点，他们认为预期质量与顾客满意度之间是否存在直接关系，取决于顾客预期时对消费产品或服务信息的了解程度。在与政府门户网站交互中，由于结构不良问题的存在，公众预期时所能依据的信息相对有限，政府门户网站的预期质量具有不确定性。此外，预期质量作为公众使用政府门户网站前的外因结构变量，其与公众满意的关系，已经体现在比较差异与公众满意的直接关系中，因此，未将预期质量作为公众满意的直接影响变量。基于上述研究分析，本书提出下述研究假设。

H_1：预期质量对感知质量有正向直接作用。

H_2：预期质量对比较差异有正向直接作用。

2. 感知质量与相关变量的路径关系

在现有顾客满意度模型中，感知质量与比较差异的路径关系几乎是稳定、一致的，即感知质量对比较差异具有正向直接作用。因此将感知质量作为比较差异的正向直接影响变量。而关于感知质量与公众满意的关系，目前研究结果分为两种观点，Oliver、Tse、Haistead 及 Schmidt 等认为，顾客满意度是顾客将感知产品质量与消费前期的标准对比的结果，感知质量直接影响顾客满意度，是顾客满意度的主要预测变量；而 Surprenant 等却对上述观点持保留态度，他们通过实证研究指出，耐用产品的感知质量直接决定了顾客满意度，而非耐用及其他虚拟产品的感知质量与顾客满意度之间是否存有直接关系，尚待证实。公众对于政府门户网站服务质量的感知明显弱于对实物产品的感知，即便具有较高的感知质量，由于公众的需求不同及能力差异，也很难对公众满意形成统一的解释。因此，本书未将感知质量作为公众满意的直接影响变量，而是通过比较差异间接衡量感知质量与公众满意之间的关系。

基于上述研究分析，本书提出下述研究假设。

H_3：感知质量对比较差异具有正向直接作用。

3. 比较差异与相关变量的路径关系

关于比较差异与公众满意间的路径关系，以期望差异理论为基础，Festinger 在其类化理论，Hovland、Cardozo 在其对比理论，Hovland、Harvey、Sherif 在其类比-对比理论中，都认为比较差异与顾客满意度间存在正向直接关系，即比较差异作为顾客满意度的前因变量，直接影响顾客满意度。因此，本书采纳上述设定，将比较差异作为影响公众满意的正向直接变量。而在使用政府门户网站过程中，公众具有共同点，即根据自身的需求获取相关信息或服务，公众使用前的预期质量及实际使用后的感知质量的对比结果，已包含在比较差异变量中。比较差异变量的正负方向，直接决定了公众对政府门户网站有用及易用的感知。因此，我们将比较差异作为对感知易用与感知有用有正向直接影响的变量。基于上述研究分析，本书提出下述研究假设。

H_4：比较差异对公众满意具有正向直接作用。

H_5：比较差异对感知有用具有正向直接作用。

H_6：比较差异对感知易用具有正向直接作用。

4. 感知有用、感知易用与相关变量的路径关系

关于感知有用与顾客满意度的路径关系，以技术接受模型为基础，许多学者在实证分析的基础上形成了趋于一致的观点：感知有用可直接影响顾客满意度。van Dyke、Kappelman、Prybutok、Klein 等认为传统的产品或服务消费，常以心理或情感体验作为顾客满意度的判断标准。但在网络虚拟服务中，顾客满意度测评常因较难设定相关的结构变量，限制了实证研究的开展。感知有用及感知易用变量则为网络虚拟环境下顾客满意度测评，提供了变量设定的参考依据。随后 Davis、Venkatesh 等通过实证研究证明了感知有用及感知易用对顾客满意度的正向直接作用。与 Davis、Venkatesh 等的观点相似，本书将感知有用及感知易用作为公众满意的前因变量，对后者具有正向直接作用。在现有技术接受模型的研究中，感知有用及感知易用同持续行为意图间的路径关系也较稳定，即感知有用及感知易用，对持续行为意图具有正向直接作用。由于公众使用政府门户网站的目的就是获取所需的在线产品或网络服务资源。在其驱动下，公众将首选最有助于其获取所需资源的政府门户网站，当感知该政府门户网站在满足其需求中的作用越大，公众对其持续使用的意图也就越强烈。尽管公众的信息素养不同，但在初次接触、使用复杂的信息系统时，同样具有畏难或抵触情绪，

在查找获取所需的政府门户网站在线产品或服务资源时，公众通常会选择那些他们认为简单易用的政府门户网站，并根据使用后易用的感知程度，产生不同强度的持续行为意图。基于上述分析，本书提出以下研究假设。

H_7：感知有用对公众满意具有正向直接作用。

H_8：感知易用对公众满意具有正向直接作用。

H_9：感知有用对持续行为意图具有正向直接作用。

H_{10}：感知易用对持续行为意图具有正向直接作用。

5. 主观规范与相关变量的路径关系

关于主观规范与持续行为意图之间的路径关系，现有研究存在以下观点：Mathieson（1991）、Taylor 及 Todd（1995）认为，主观规范对持续行为意图的影响局限在规范性影响的范围之内，而此种限制将不会导致主观规范与持续行为意图间具有较为显著的关系。Venkatesh 和 Davis（2000）等认为在强制的前提下，持续行为意图反而对主观规范具有显著的正向作用。Ajzen（1991）等则认为主观规范是影响持续行为意图的三个前因变量之一，可以有效预测用户的持续使用意图的强度。持同样观点的还有 Thompson、Bhattacherjee、Liao 等。其中，Liao 等（2007）在对电子服务系统用户满意度的实证研究中，发现较之 Bhattacherjee（2001）的研究结论，主观规范在推动用户持续使用意图中的影响动因提升了近 30%。在与政府门户网站交互中，根据 Bandura 的人类行为理论的观点，每个用户都是基于网络互相联系并共享对网站服务质量的认知、态度。关键人群对政府门户网站的评价越高、使用越频繁，将会对用户持续使用意图的形成产生积极影响。由于基于相似的虚拟环境，本书倾向于 Ajzen 等的观点，认为主观规范对持续行为意图具有正向直接作用。另外主观规范同样直接影响公众对政府门户网站有用的感知，当关键人群对政府门户网站评价越高或使用越多时，其他公众会将其作为反映某政府门户网站有用的外在信号，增加其对该政府门户网站有用的感知，从这个层面上看，将主观规范作为感知有用的影响变量是合理的。基于上述分析，本书提出下述研究假设。

H_{11}：主观规范对持续行为意图具有正向直接作用。

H_{12}：主观规范对感知有用具有正向直接作用。

6. 感知行为控制与相关变量的路径关系

关于感知行为控制与感知易用之间的路径关系，在已有的研究成果中，

Ajzen、Davis、Venkatesh 等均认为感知行为控制与感知易用之间存在密切的关系,其中 Venkatesh 与 Davis(2000)通过实证研究进一步证明了网络环境下,作为感知行为控制中的内部控制因素,信息技术的自我效能感是用户关于信息系统易用感知的动力因素。而在与政府门户网站的交互中,公众关于网站易用的感知,与公众的感知行为控制的内部控制因素及外部控制因素紧密相关。当公众自我效能感越强时,面对外在的压力就越能形成积极、主动的信念,对技术与资源等外在便利条件的感知也会越强,从而增强其在与政府门户网站交互中的控制能力,产生更为强烈的易用感知。因此,本书认为感知行为控制对感知易用具有正向直接作用。而就感知行为控制与持续行为意图的关系,Ajzen 等在计划行为理论中认为,除了受态度和主观规范直接影响外,持续行为意图还受感知行为控制的直接影响。与 Ajzen 等的观点相似,本书认为感知行为控制对持续行为意图具有正向直接作用,即在与政府门户网站交互中,公众的自我效能感及对可控的技术或资源等便利条件的感知程度越强,公众的持续行为意图也会越明显。基于上述分析,本书提出下述研究假设。

H_{13}:感知行为控制对感知易用具有正向直接作用。

H_{14}:感知行为控制对持续行为意图具有正向直接作用。

7. 任务-技术适配与相关变量的路径关系

关于任务-技术适配与感知有用及感知易用间的路径关系,现有的任务-技术适配中并未有明确的界定,在对任务-技术适配理论及模型的进一步研究中,学者实证分析了三个变量之间的关系。例如,Dishaw 和 Strong(1999)认为用户对于某一信息系统的有用及易用的感知,往往取决于该系统在其任务执行中的协助程度;Mathieson(1991)、Klopping 和 McKinney(2004)等则证明了任务-技术适配是感知有用及感知易用的前因变量;孙建军(2010)在其构建的基于技术接受与任务-技术适配整合的网络信息资源利用效率的理论模型中,也指出任务-技术适配对感知有用及感知易用具有直接影响。结合本书,公众关于政府门户网站的有用及易用的感知,也需结合具体任务中政府门户网站信息系统功能对于任务完成的实际支持程度进行考量,如当政府门户网站提供的信息或服务不能满足用户在具体信息查询中的需求,即便其服务功能再强大,该用户也不会认为其有用。此外政府门户网站复杂的功能,也易给公众的使用带来麻烦。因此,本书认同上述学者的观点,将任务-技术适配设定为感知有用及感知易用的直接影响变量。基于上述分析,本书提出以下研究假设。

H_{15}:任务-技术适配对感知有用具有正向直接作用。

H_{16}:任务-技术适配对感知易用具有正向直接作用。

8. 公众满意与相关变量的路径关系

关于公众满意与持续行为意图间的路径关系,Cronin 和 Taylor(1994)的研究证明了顾客满意度对持续行为意图具有正向直接作用。尤其是 Hu(2009)开展的电子服务中感知质量、顾客满意度及持续使用意图关系的实证研究中,进一步证明了顾客满意度对于持续使用意图具有正向直接作用。这为本书关于公众满意与持续行为意图路径关系的创设提供了参考,本书认为,在与政府门户网站交互中,公众满意程度直接影响公众持续行为意图,满意程度越高,公众持续行为意图则越强烈。基于上述分析,本书提出下述研究假设。

H_{17}:公众满意对持续行为意图具有正向直接作用。

根据上述分析,本书选择了 GWPSI 概念模型的结构变量,并依据相关理论假设了各结构变量之间的路径关系,最终构建了 GWPSI 概念模型的内部结构模型,如图 3-10 所示。该模型将公众满意置于因果关系链的中心,具有 10 个结构变量及 17 条路径关系。

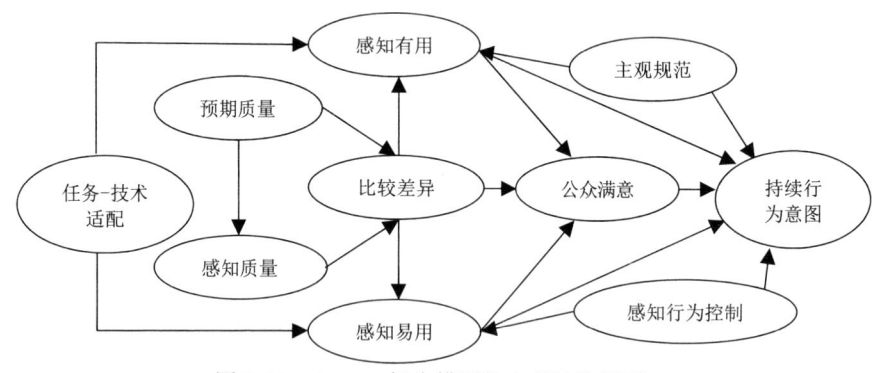

图 3-10 GWPSI 概念模型的内部结构模型

第五节 GWPSI 概念模型观测变量的选择

通常完整的结构方程模型包括内部结构模型及外部测量模型两部分,其中内部结构模型反映模型中各结构变量之间的路径关系,而外部测量模型则反映了模型中结构变量与其对应观测变量的关系。由于本书构建的 GWPSI 概念模型的内部结构模型中的结构变量，在实质上为潜在变量，无法直接测量，有必要在把握各结构变量的内涵的基础上，科学选择各结构变量的观测变量，为 GWPSI 概念模型应用于实际测评奠定基础。

观测变量也称显在变量，是衡量结构变量的依据，观测变量的选择过程就是围绕结构变量，选择建立一套与其有紧密关系的测量指标体系。目前关于结构变量对应观测变量构建方法的研究偏少，如传统的顾客满意度测量指标体系构建中常用的指标测量法，在权重设定上具有较强的主观性，且在观测变量的选择上很难全面把握。目前在管理信息系统（Management Information System，MIS）及图书情报（Library and Information Science，LIS）领域，许多研究已从用户的角度开展系统实施效果的测评，这为 GWPSI 概念模型观测变量的选择提供了有益的参考，以下我们将采用文献分析、用户调查及专家访谈等方法，构建 GWPSI 概念模型中各结构变量对应的观测变量。

一、感知质量的观测变量

在现有的顾客满意度模型中，除感知质量这一结构变量的观测变量，随着行业及产品的变化有所不同外，其他顾客满意度、预期质量、比较差异等结构变量在观测变量的设定上，基本趋于一致；且感知质量是预期质量与比较差异的中间变量，直接影响与预期质量对比后的比较差异，反映在观测变量的设定上，预期变量、感知质量与比较差异具有相似的特征。因此，如何设计观测变量来反映 GWPSI 概念模型中的关键结构变量——感知质量，是本节探讨的重点。

观测变量的选择，需要突出行业产品或行业服务的特征。而行业产品或行业服务的特征，正是通过公众的感知质量体现的。在与政府门户网站交互中，公众所能感知到的政府门户网站服务质量，主要表现为政府门户网站信息资源质量，以及政府门户网站信息系统质量。由于政府门户网站服务质量较之实体产品的质量难以评估，且可由政府门户网站信息资源及信息系统质量体现，如通过政府门户网站查询、传递、检索等功能质量，以及信息资源内容完整程度体现。因此，本书未将政府门户网站服务质量作为独立的观测维度，而是从政府门户网站信息资源质量及信息系统质量两个维度入手，综合设定感知质量结构变量对应的观测变量。

(一) 文献分析

现有关于信息系统用户满意度的测评研究，大都将信息系统的感知质量划分为感知信息资源质量与感知信息系统质量。国外学者如 Bharati 和 Chaudhury（2004）在对基于网络的决策支持系统用户决策满意度测量的研究中，指出信息系统质量、信息资源质量是影响用户满意度的主要因素，其中，信息资源质量包括信息资源的精确性、完整性、相关性等内容。而信息系统质量则包括信息系统的易用性、获取方便性、系统的可信性及灵活性等内容。Negash 等（2003）在基于网络的用户支持系统的质量与效率研究中，也认为信息资源质量、信息系统质量是直接影响用户满意度的重要因素，并指出信息资源质量包括信息资源的时效性、可信性、完整性、相关性及信息格式等内容；而信息系统质量的测评应从信息系统的灵活性、易用性、可用性及响应时间等维度开展。国内研究中，李莉等（2009）基于信息资源质量及信息系统质量两个维度，设定了科技文献数据库网站用户感知质量的观测变量，而就同一测评对象，马彪（2006）、徐蔡余（2007）等则从信息服务质量及信息资源质量展开研究。

在对信息系统用户感知质量的观测变量的探讨中，许多学者采用二阶因子法，对影响信息系统用户感知质量的相关因素进行分类。如 Doll 和 Torkzadeh（1988）构建了二阶因子指标体系，来衡量影响计算机终端用户感知质量的观测变量；而 Bollen、Joreskog、Sorbom、Lee、Strong、Kahn 及 Wang 等认为，除了采用二阶因子法，分层分析影响信息系统用户感知质量的观测变量外，还需采用验证性因子分析方法，通过计算各阶因子之间的相关系数，科学选择影响用户感知质量的观测变量。以上方法为本书构建政府门户网站感知质量的观测变量，提供了参考。本书采用二阶因子法，从政府门户网站的信息资源质量及信息系统质量入手，首先基于文献分析、用户调查、专家访谈等方法，尽可能多地提取影响政府门户网站感知质量的相关因素；其次通过探索性因子分析方法，探索分析影响政府门户网站感知质量相关因素的关系，选择关键因素，形成其观测变量；最后根据相关理论修正、形成政府门户网站感知质量的测量模型。

以下分别从政府门户网站的信息资源质量与信息系统质量两个维度展开文献分析。

1. 信息资源质量

公众使用政府门户网站最为关注的是其信息资源质量。许多学者就网站信息资源质量与用户满意度的关系，以及网站信息资源质量的测评维度展开了研究。Huang 等（1999）在对电子商务网站使用的实证研究中发现，信息资源质量可直接决定用户的满意程度。Yang 等（2005）通过实证研究发现，影响公众对网站服务满意度的 7 个关键因素中，信息内容、网站设计等 4 个关键因素，均与网站信息资源质量有关。李莉等（2009）学者认为影响科技文献数据库网站用户感知信息资源质量的因素，应包含信息资源的范围、时效性、可靠性、感知有用性等内容。马彪（2006）、徐蔡余（2007）等也认为应从信息资源的新颖性、准确性、相关性及详尽度等维度，测评科技文献数据库网站的信息资源质量。根据文献分析，表 3-1 列举了从信息资源质量方面提取的影响政府门户网站感知质量的关键因素。

表3-1 基于文献分析的政府门户网站感知信息资源质量的关键因素

一阶因子	解释	研究文献	二阶因子	解释	研究文献
信息资源广泛性	信息内容完整、信息类型齐全、信息时间跨度及内容覆盖面广	Lee 等（2002）；Kahn 等（2002）；马彪（2006）；李莉等（2009）	信息数量	信息数量满足公众处理事务的需求	Lee 等（2002）
			信息类型	信息类型广泛，方便公众选择	Huang 等（1999）
			信息跨度	信息时效、服务对象跨度广	Lee 等（2002）
			信息完整	信息充裕、完整	Lee 等（2002）
信息资源可靠性	信息可靠且值得信赖	Huang 等（1999）；Kahn 等（2002）；马彪（2006）；李莉等（2009）	可信性	信息描述准确、规范可信	Huang 等（1999）
			权威性	信息来源权威、可靠	Huang 等（1999）
			关联性	信息内容与其主题、服务对象关系密切	Lee 等（2002）
信息资源时效性	信息更新频率高、速度快	Kahn 等（2002）；马彪（2006）；李莉等（2009）	即时更新	信息内容始终是最新的	Lee 等（2002）
			持续更新	信息内容更新频率快	Katerattanakul 和 Siau（1999）
信息资源有效性	信息准确、可用、易用	Wang 和 Strong（1996）；马彪（2006）；李莉等（2009）	准确性	信息内容语义清晰、准确	Strong 等（1997）
			可用性	信息内容有用	Wang 和 Strong（1996）
			易用性	信息易用	Wang 和 Strong（1996）

2. 信息系统质量

作为网站服务能力的重要测评指标,许多学者就网站信息系统质量的测评维度,展开了大量实证研究:Bañegil 和 Miranda(2002)在对西班牙几家大型公司网站在线投资用户满意度的实证研究中,指出可存取性、响应速度及导航性,是测评信息系统质量的关键维度。其中,信息系统质量的可存取性侧重于测评系统的感知有用性,而信息系统的响应速度、导航性则侧重于评测系统的感知易用性。徐蔡余(2007)等指出可从查找信息方便、响应速度快、界面友好、信息有用、判断容易等维度,测评科技文献数据库网站信息系统质量;李莉等(2009)则认为信息系统质量维度应包括系统响应性、搜索功能科学性、系统易用性、系统交互性等多种因素。根据文献分析,表 3-2 列举了从信息系统质量方面提取的影响政府门户网站感知质量的关键因素。

表 3-2 基于文献分析的政府门户网站感知信息系统质量的关键因素

一阶因子	解释	研究文献	二阶因子	解释	研究文献
信息系统响应性	应请求反馈及时、准确、可存取	DeLone 和 McLean(1992);Lin 和 Lu(2000);Mckinney 等(2002);徐蔡余(2007);李莉等(2009)	反应时间	网页显示速度及服务响应时间	Mckinney 等(2002);Lin 和 Lu(2000)
			系统正确性	应请求提供正确的链接及服务内容	DeLone 和 McLean(1992)
			系统可存取性	随时随地提供访问	Lin 和 Lu(2000);Wolfinbarger 和 Gilly(2001)
信息系统互动性	网站互动功能齐全、互动性强	DeLone 和 McLean(1992);Lin 和 Lu(2000);徐蔡余(2007);李莉等(2009)	检索功能	提供多种检索方式、检索方法	韩正彪等(2009)
			导航功能	使用户清楚所在网站位置及网络资源的分布	Mckinney 等(2002)
			在线办事	提供在线互动功能,及时满足公众需求	Mckinney 等(2002)
信息系统可用性	网站界面友好,功能易于学习、使用	Saeed 等(2003);Lin 和 Lu(2000);DeLone 和 McLean(1992);徐蔡余(2007);李莉等(2009)	易于学习	网站功能易于学习	DeLone 和 McLean(1992);Lin 和 Lu(2000)
			易于使用	网站功能方便使用	Wolfinbarger 和 Gilly(2001);Lin 和 Lu(2000)
			界面友好	网站页面、结构、颜色设计清晰、友好	Saeed 等(2003);Lin 和 Lu(2000)
			个性化服务功能	应用户需求提供个性化服务	李莉等(2009)

续表

一阶因子	解释	研究文献	二阶因子	解释	研究文献
信息系统可靠性	网站运行稳定、安全	DeLone 和 McLean（1992）；Wang 和 Strong（1996）；Lin 和 Lu（2000）；徐蔡余（2007）；李莉等（2009）	稳定性	网站服务持续、稳定，服务成功比例高	DeLone 和 McLean（1992）
			安全性	网站运行安全，具有较强的容错功能	DeLone 和 McLean（1992）；Wang 和 Strong（1996）
			可信性	网站服务可信	Lin 和 Lu（2000）；Wang 和 Strong（1996）

（二）用户调查及专家访谈

上一小点从文献分析的角度，探讨了影响政府门户网站感知质量的关键因素，本部分将从用户使用体验出发，采用开放式问卷的方式，获取影响政府门户网站感知质量的相关因素，并结合专家访谈的方法，对获取的相关因素进行取舍。

1. 用户调查

为探索政府门户网站感知质量的相关因素，本书采取调查中开放式问卷的方式，尽可能多地了解有关影响政府门户网站感知质量的相关因素（具体问卷见附录1）。对于调查结果，采用频次分析的方法，就回收的 79 份问卷中公众反馈的影响政府门户网站感知质量的相关因素，按照调查对象选择频次高低的顺序排列，结果见表 3-3。

表 3-3 政府门户网站感知质量影响因素公众关注频次表

影响因子		用户选择频次	用户选择排序
一阶因子	二阶因子		
信息资源质量	信息内容是否丰富	13	2
	信息类型是否广泛	8	4
	信息更新是否及时	14	1
	信息内容与主题是否相关	12	3
	信息来源是否可信	6	6
	信息内容是否容易理解	6	6
	信息内容的时间、范畴跨度是否较大	5	7
	信息内容是否完整	7	5
信息系统质量	系统是否方便访问	6	3
	系统是否运行稳定	3	6

影响因子		用户选择频次	用户选择排序
一阶因子	二阶因子		
信息系统质量	系统页面布局、信息分类、导航是否清晰	5	4
	检索方式是否多样	4	5
	检索结果排序是否合理	5	4
	检索功能是否方便、实用	6	3
	在线信息是否方便理解、识别及编辑	5	4
	是否具有个性化服务功能	4	5
	在线办事功能是否实用	11	1
	在线帮助、培训服务是否方便、实用	8	2

2. 专家访谈

参与访谈的人员大多来自高校中专门从事网站绩效评价研究的专家学者。访谈围绕政府门户网站感知质量的影响因素的层次划分、内涵界定及语义表达等方面展开，以期为进一步提取影响政府门户网站感知质量的关键因素提供依据。根据专家访谈的整理结果，本书修正了用户调查、文献分析法提取的影响政府门户网站感知质量的相关因素的内容，初步构建了政府门户网站感知质量的影响因素集，见表3-4。

表3-4 政府门户网站感知质量的影响因素集

变量	一阶因子	因子解释	二阶因子	因子解释
信息资源质量	信息资源丰富性	信息资源数量丰富、内容完整且能满足公众不同的信息需求	数量	数量丰富
			质量	内容完整
			实用性	满足公众的不同信息需求
	信息资源包容性	信息资源的类型、时间跨度、服务主题是广泛的	信息类型	信息资源的类型丰富
			时间广度	信息资源时间范围广
			服务主题	信息资源涵盖主题广
	信息资源时效性	信息资源更新速度快	新颖性	提供最新的信息
			更新速度	信息更新频率高
	信息资源权威性	信息资源来源权威、可信	权威性	信息资源来自权威部门
			可信性	信息资源真实可信
信息系统质量	信息系统可访问性	网站响应速度快、可访问性强、检索方式多样化、检索结果准确、全面	响应速度	网站链接、浏览的响应速度
			访问便捷性	网站支持随时随地访问服务
			分类导航功能	网站提供清晰明确的分类导航服务
	信息系统友好性	网站界面设计友好、主题清晰且便于存取	界面设计	网站界面设计结构清晰，具有良好的美感，便于公众理解及识别

续表

变量	一阶因子	因子解释	二阶因子	因子解释
信息系统质量	信息系统友好性	网站界面设计友好、主题清晰且便于存取	用户友好性	面向公众提供多语言支持、个性化服务
			可获得性	检索方式多样,检索结果准确、全面、可得
			可存取性	存取方式多样,服务可得
	信息系统服务共享性	不同权利主体均可共享网站服务资源	共享服务范围	服务面向不同的公众群体
			共享服务质量	不同公众群体可获取同等、高质的服务
	信息系统可靠性	网站运行安全、稳定	安全性	公众在与网站交互中感知安全
			稳定性	面向公众,服务持续、稳定
	信息系统交互性	处理在线办事、在线咨询、培训时的互动性能	在线办事互动性	支持在线办事服务功能
			在线咨询、培训互动性	支持在线咨询、培训服务功能

(三) 影响政府门户网站感知质量的相关因素的探索性因子分析

根据上述分析,本书较为系统地获取了影响政府门户网站感知质量的相关因素。本节将基于上述因素,从政府门户网站感知信息资源质量及感知信息系统质量着手,采用探索性因子分析的方法,筛选影响政府门户网站感知质量的相关因素(附录 2),并最终确定政府门户网站感知质量的观测变量。

1. 政府门户网站感知信息资源质量探索性因子分析的结果

通常以 KMO(Kaiser-Meyer-Olkin)值及巴特利特(Bartlett)球形检验值,作为判断样本检验数据是否适合做探索性因子分析的主要指标。当 KMO≥0.7 且 Bartlett 球形检验的相伴概率小于显著性水平时,则可进行探索性因子分析,本书利用 SPSS14.0 软件所做的分析结果见表 3-5。KMO 值＞0.7 且 Bartlett 球形检验的相伴概率为 0.000,小于显著性水平。因此,政府门户网站感知信息资源质量所采集的样本数据适合进行探索性因子分析。

表 3-5 KMO 及 Bartlett 球形检验的检验结果

KMO	0.790
Bartlett 球形检验(Sig.)	0.000

接着,利用 SPSS14.0 软件中的数据降维菜单下的因子分析功能,对政府门户网站感知信息资源质量的影响因素进行分析,结果见表 3-6。

表 3-6 政府门户网站感知信息资源质量的探索性因子分析结果

二阶因子	均值（mean）	标准差（Std. deviation）	因子1：信息资源广泛性	因子2：信息资源完整性	因子3：信息资源可信性	因子4：信息资源时效性	变量取舍
数量	4.48	1.466	<u>0.467</u>	0.433	0.292	0.154	舍
质量	3.80	1.441	0.140	<u>0.790</u>	0.013	-0.119	取
实用性	3.73	1.335	-0.021	<u>0.797</u>	0.093	0.152	取
时间广度	3.93	1.435	0.338	<u>0.621</u>	-0.241	-0.023	取
信息类型	4.25	1.495	<u>0.654</u>	0.316	-0.249	0.055	取
服务主题	4.41	1.526	<u>0.843</u>	0.106	0.031	-0.021	取
新颖性	4.74	1.113	<u>0.798</u>	-0.024	0.014	0.100	舍
更新速度	4.63	1.272	0.060	0.027	0.011	<u>0.974</u>	取
权威性	4.27	1.647	0.599	0.204	<u>0.366</u>	-0.096	取
可信性	4.48	1.429	0.024	-0.030	<u>0.883</u>	0.018	取
方差贡献率/%			24.904	19.883	11.301	10.331	
方差累积贡献率/%			24.904	44.787	56.088	66.419	

探索性因子分析法是一种多变量化简技术，目的是分解原始变量，将其中相关性较强的变量归纳为潜在类别，而该类别则代表新生的共同因子。通常共同因子名称根据相关性较强的二阶因子共性特征命名。表 3-6 显示了不同测评维度与二阶因子之间的相关系数，相关系数越大，则表明相关性越强。表中加下划线的数字表示某一共同因子变量中二阶因子载荷数较大（>0.35）且关系较为紧密的相关因子。

根据探索性因子分析的结果，在原有 10 个二阶因子的基础上，经过转轴后得到了特征值均大于 1 的 4 个共同因子。根据共同特征，分别将其命名为信息资源广泛性、信息资源完整性、信息资源可信性及信息资源时效性。结合表 3-4 的分析结果来看，数量及新颖性本与信息资源丰富性及信息资源时效性两个一阶因子具有较强联系，但探索性因子分析结果表明，其与信息资源广泛性最为相关。这从侧面反映了数量及新颖性因素的选择有待修正。结合专家访谈的意见，从政府门户网站实际使用情况来看，这两个测评因素的选择也不太适当，原因如下：由于大多数政府门户网站用户作为使用个体，很难从宏观的角度客观地评判政府门户网站信息资源数量是否丰富，同时对政府门户网站信息资源的内容是否新颖，不同的用户的评价标准也不相同。因此，本书舍去了数量与新颖性这两个信息资源测评维度。经过修正后，抽取的 4 个新因子方差累积贡献率为 66.419%，对于感知信息资源质量具有较好的解释。

2. 政府门户网站感知信息系统质量探索性因子分析的结果

采用同样的方法对政府门户网站感知信息系统质量进行探索性因子分析。由于 KMO 值为 0.806，Bartlett 球形检验的结果为 0.000，均符合上述探索性因子分析的适用条件，可以进行政府门户网站感知信息系统质量样本数据的探索性因子分析，结果见表 3-7。

表 3-7　政府门户网站感知信息系统质量的探索性因子分析结果

二阶因子	均值（mean）	标准差（Std. deviation）	因子1：信息系统互动性	因子2：信息系统功能性	因子3：信息系统共享性	因子4：信息系统响应性	变量取舍
响应速度	3.33	1.358	0.078	0.047	−0.277	0.729	取
访问便捷性	3.22	1.360	−0.068	0.003	0.248	0.749	取
分类导航功能	4.65	1.454	0.039	0.848	−0.014	0.063	取
界面设计	4.52	1.533	−0.030	0.858	0.022	−0.084	取
用户友好性	4.38	1.519	0.055	0.837	0.041	−0.034	取
可获得性	4.49	1.505	−0.036	0.842	0.063	0.052	取
可存取性	4.49	1.563	0.023	0.771	0.114	0.073	取
共享服务范围	4.54	1.550	0.204	0.106	0.859	−0.056	取
共享服务质量	4.61	1.535	0.309	0.074	0.846	0.055	取
安全性	4.67	1.457	0.896	−0.021	0.233	0.024	舍
稳定性	4.74	1.395	0.939	−0.005	0.117	−0.022	舍
在线办事互动性	4.64	1.466	0.948	0.019	0.126	0.000	取
在线咨询、培训互动性	4.52	1.568	0.926	0.050	0.134	0.010	取
方差贡献率/%			27.650	26.767	13.181	8.623	
方差累积贡献率/%			27.650	54.417	67.598	76.221	

根据探索性因子分析的结果，在原 13 个二阶因子的基础上，经过转轴后得到了特征值均大于 1 的 4 个共同因子。本书根据其呈现的共同特征，将其命名为信息系统互动性、信息系统功能性、信息系统共享性及信息系统响应性。结合表 3-4 的分析结果来看，安全性与稳定性原应与信息系统可靠性最为相关，但是探索性因子分析的结果表明，这两个因素与信息系统互动性最为相关。这表明安全性与稳定性的测量维度的选择需要修正。结合专家访谈的意见，从政府门户网站实际使用情况来看，这两个测评因素的选择是不太恰当的，具体原因如下：首先，对于每个用户而言，政府门户网站作为政府建设、管理的电子政务信息系统，其所提供的各种信息

资源、服务功能本身已具有较高权威性,且政府职能部门的支持、维护、合作,在一定程度上确保了政府门户网站提供的服务资源及功能的安全性、稳定性;其次,对于公众个体而言,只有对政府门户网站在线互动或在线帮助、培训的实际使用中,才能感知政府门户网站信息系统是否具有畅通和快捷的互动性、安全性、稳定性。从这个角度来看,安全性、稳定性已经包含于在线办事或在线咨询、培训互动性中。因此,为了测评的高效开展,本书舍去了安全性及稳定性的测评维度。经过修正,新抽取的 4 个因子方差累积贡献率为 76.221%,对于政府门户网站感知信息系统质量具有较好的解释。

(四)政府门户网站感知质量结构变量的测量模型

根据上文定性、定量分析的结果,本书确定 GWPSI 概念模型中关键结构变量——感知质量的测量模型,见表 3-8。

表 3-8 政府门户网站感知质量的测量模型

结构变量	观测变量	设定依据
感知质量	信息资源广泛性	探索性因子分析及专家访谈
	信息资源完整性	
	信息资源可信性	
	信息资源时效性	
	信息系统互动性	
	信息系统功能性	
	信息系统共享性	
	信息系统响应性	

针对 GWPSI 概念模型中的其余结构变量对应观测变量的设定,均可采用感知质量观测变量设定的方法。结合政府门户网站公众满意度的特点,本书对其余各结构变量对应观测变量的简述如本节第二点至本节第九点所示。

二、预期质量的观测变量

在经典顾客满意度模型中,预期质量的观测变量均包含两个层次:宏观上的总体预期质量的观测变量,微观上与具体测评对象属性相关的预期质量观测变量。后期许多学者在预期质量观测变量设定上多遵循此例。例如,李莉等(2009)在科技数据库用户满意度指数模型(ICSI-D)中用宏观上的"总体结果"及微观上的"信息资源表现""信息系统表现"三个观测变量解释预期质量；邹凯（2008）在社区服务公众满意度模型构建中，也采用宏观上"总体预期"及微观上"顾客化预期""可靠性预期"等观测变量，解释预期质量。因此借鉴经典顾客满意度指数模型及现有实证研究成果，本小点在政府门户网站预期质量的观测变量设定上，也采用宏观-微观的模式。其中，宏观上设定了"总体预期质量"观测变量，而微观上，结合政府门户网站服务质量特征分析如下。对于政府门户网站而言，无论哪种类型的用户，在与政府门户网站交互中，他们接触最多是政府门户网站的信息资源质量及信息系统质量。而对政府门户网站服务质量的体验，往往与网站信息系统质量密切相关。政府门户网站通过信息系统提供如文件下载、在线办事、在线咨询、信息检索等服务，保障了网站的服务质量。因此，本书未设立政府门户网站"服务预期质量"观测变量。最终针对预期质量设定了"总体预期质量""信息资源预期质量""信息系统预期质量"三个观测变量。

三、比较差异的观测变量

结合本章第 4 节关于比较差异结构变量的分析，由于比较标准选择不同，比较差异的观测变量也需要结合政府门户网站预期质量、公众需求及公平理论三个比较标准综合设定。其中，参照预期质量对应的观测变量设定方式，本书选择了"与预期质量比较差异""与公众需求比较差异""公平理论"，作为比较差异的观测变量。其中，将"与信息资源预期质量的差异""与信息系统预期质量的差异"，作为以预期质量为比较标准的"与预期质量比较差异"的解释变量；将"政府门户网站服务成熟广度""政府门户网站服务成熟深度"，作为以公众需求为比较标准的"与公众需求比较差异"的解释变量（其中，"政府门户网站服务成熟广度"是指政府门户网站服务从信息资源内容、类型覆盖范围，与公众实际需求的比较差异；"政府门户网站服务成熟深度"则指政府门户网站某项服务功能与公众实际需求的比较差异）；将"横向公平""纵向公平"，作为以公平理论为比较标准的"公平理论"的解释变量（其中，"横向公平"是指在与政府门户网站交互中，不同个体之间付出与获取的比较差异；"纵向公平"则是指政府门户网站交互中，不同时期同一个体付出与获取的比较差异）。

四、公众满意的观测变量

在 ACSI 模型、ECSI 模型等经典顾客满意度模型中，公众满意的观测变量的设定，通常采取与预期质量观测变量设定相同的宏观-微观模式，即宏观上的"总体满意"及微观上与具体测评对象属性相关的公众满意的观测变量。由于公众满意作为综合结构变量，既包含了公众多次使用政府门户网站后，对服务结果形成的正向、积极的累积性心理体验；同时还包含在与政府门户网站交互中，关于服务过程是否公平的体验。因此，参照上述分析，本书以"总体满意""过程满意""结果满意"三个观测变量来解释公众满意结构变量。

五、感知有用及感知易用的观测变量

感知有用及感知易用结构变量，均选自 Davis 创设的技术接受模型。在技术接受模型中，感知有用的观测变量，多与信息系统在提升个人绩效上的公众感知的内容有关。而感知易用的观测变量，也多涉及公众与信息系统交互中的易用感知的内容。在具体观测变量的设定中，许多学者结合测评对象的属性特征，吸收融合了技术接受模型关于感知有用及感知易用观测变量的设定维度。如 Liao 等（2007），在电子服务系统用户满意度模型构建中，采用"使用系统可提高学习绩效""学习中使用系统是有效的"等观测变量，解释感知有用结构变量，采用"与系统交互清晰""与系统交互过程轻松""系统容易使用"等观测变量，解释感知易用结构变量。刘燕（2006）则在电子政务公众满意模型的构建中，采用"网站服务满足其个性化需求程度""网站提高其效率程度"等观测变量，解释感知有用结构变量，采用"网站版块命名的易懂程度""网站操作流程易掌握程度"等观测变量，解释感知易用结构变量。Gefen 和 Straub（2000）在电子商务网站用户接受的实证研究中，使用"提高绩效""便于查找及购买"等 5 个观测变量，解释感知有用结构变量，用"易于使用""易于学习""交流互动灵活""易于理解"等观测变量，解释感知易用结构变量。结合上述分析，本书采用"易理解性""易操作性""易学习性"3 个观测变量，解释政府门户网站感知易用结构变量。其中，"易理解性"是指网站主题与内容表述清晰，容易理解；"易操作性"是指网站各系统功能模块易于操作；"易学习性"则是指网站系统提供的帮助及引导类服务易于学习。采用"办事效率提升程度""个性化需求满足程度"两个观测变量,解释政府门户网站感知有用结构变量。

六、主观规范的观测变量

主观规范是计划行为理论中用以反映信息系统使用中,社会压力对个体持续使用意图影响的结构变量。根据主观规范数学表达公式分析可知,规范性信念及行为动机决定着主观规范。不少学者在实证研究中对主观规范观测变量的设定,做了有益尝试。例如,Yaghoubi 和 Bahmani(2010)在对用户网上银行接受影响因素的分析中,引入了主观规范结构变量,并用"感知组织压力"及"感知社会压力"作为其观测变量。Liao 等(2007)则在电子服务系统用户持续使用模型的构建中,使用"对个体来说重要人物支持的影响""对个体行为有重要作用人物的影响""对个体观点具有重要作用人物的影响"观测变量解释主观规范结构变量。借鉴计划行为理论模型及上述主观规范观测变量的设定,本书以"规范性信念影响""社会信息影响"观测变量,解释政府门户网站主观规范结构变量。其中,"规范性信念影响"是指内化于公众意识中,具有主要影响的个人或团体的主流观念的影响;而"社会信息影响"则是指对个体的意识、行为具有影响作用的一般团体或个人的影响。

七、感知行为控制的观测变量

感知行为控制结构变量,选自计划行为理论,用于反映用户对于实施某项行为难易程度的感知的变量。关于该结构变量,许多学者从内部控制与外部控制维度展开研究,其中,Bandura(1982)认为感知行为控制的内部控制因素,是个体实施某项行为时,与其控制能力的信心相关的参数,而 Crano 和 Prislin(2008)则对感知行为控制的外部控制因素进行研究,其是与个体认为外在环境对其实施某项行为支持程度有关的参数。结合计划行为理论中关于感知行为控制的观测变量的设定,以及与政府门户网站交互中公众感知行为控制的特点,本书使用"自我效能"及"便利条件"观测变量,解释感知行为控制结构变量。其中,"自我效能"是指在与政府门户网站交互中,公众对于个人电脑操作、软件应用、信息理解接受等自我能力的控制;而"便利条件"则是指公众在与政府门户网站交互中,对于外部条件如网络资源的感知情况。

八、持续行为意图的观测变量

持续行为意图是指公众再次选择使用某种产品或服务的心理意向。作为顾客满意度的结果变量,其包含顾客对于产品或服务的信任及忠诚,表现为形成再次选择或推荐他人使用的意图。现有研究中,学者分别从持续使用的选择频次、替代选择及总体持续行为意图等角度,设定持续行为意图的观测变量,如 Liao 等(2007)分别用"持续使用""在可选择的前提下坚持使用""尽可能多地使用"观测变量,解释持续行为意图;Zeithaml 等(1990)则使用"再次使用意图""他人推荐""忠诚""抱怨行为""价值敏感性"等观测变量,解释持续行为意图结构变量;Zhang 和 Prybutok(2005)使用"计划下次仍用""计划经常使用""将来需要时继续使用"观测变量,解释与电子服务系统交互中用户的持续行为意图。借鉴现有的研究成果,结合政府门户网站公众持续行为意图的特征,本书使用"再次使用意图""经常使用意图""推荐他人使用意图"观测变量,解释持续行为意图结构变量。

九、任务-技术适配的观测变量

由于任务-技术适配是直接影响公众感知有用及感知易用的重要结构变量,其观测变量的设定必然涉及技术、任务及任务-技术适配维度。现有研究中,Lee 等(2007)从技术层面入手,认为应将"技术实际应用对于效率的影响"作为任务-技术适配的观测变量,并在电子商务技术接受及任务-技术适配的实证研究中,证明了该观测变量对于任务-技术适配结构变量解释有效。而在任务层面,Goodhue 和 Thompson(1995)使用"不明确的业务问题"(non-routineness)、"互相关联的业务活动"(job interdependence),作为任务-技术适配的观测变量。Dishaw 和 Strong(1999)则用"任务复杂性"作为任务-技术适配的观测变量。根据上文分析结合政府门户网站任务-技术适配的特点,本书使用"任务复杂性""技术对实绩的影响"作为任务-技术适配的观测变量。

第六节 GWPSI 测评模型的结构变量及测量模型

结合上文相关定性及定量分析,本书设定了 GWPSI 测评模型的结构变量及测量模型,见表 3-9。

表 3-9　GWPSI 测评模型的结构变量及测量模型

结构变量	观测变量		来源依据及参考文献
预期质量(ξ)	信息资源预期质量(x_1)		SCSB 模型、ACSI 模型等经典顾客满意度模型中预期质量的设定；李莉等（2009）；邹凯（2008）
	信息系统预期质量(x_2)		
	总体预期质量(x_3)		
感知质量(η_1)	信息资源质量	信息资源广泛性(y_1)	参考专家访谈及探索性因子分析的结果
		信息资源完整性(y_2)	
		信息资源可信性(y_3)	
		信息资源时效性(y_4)	
	信息系统质量	信息系统互动性(y_5)	
		信息系统功能性(y_6)	
		信息系统共享性(y_7)	
		信息系统响应性(y_8)	
比较差异(η_2)	与预期质量比较差异(y_9)	与信息资源预期质量的差异	经典顾客满意度模型对该变量的设定；徐蔡余（2007）；Liao 等（2007）
		与信息系统预期质量的差异	
	与公众需求比较差异(y_{10})	政府门户网站服务成熟广度	
		政府门户网站服务成熟深度	
	公平理论(y_{11})	横向公平	
		纵向公平	
感知有用(η_3)	办事效率提升程度(y_{12})		技术接受模型中相关观测变量的设定；Gefen 和 Straub（2000）；刘燕（2006）
	个性化需求满足程度(y_{13})		
感知易用(η_4)	易理解性(y_{14})		
	易操作性(y_{15})		
	易学习性(y_{16})		
公众满意(η_5)	总体满意(y_{17})		ACSI 模型、ECSI 模型等经典顾客满意度模型中顾客满意观测变量的设定
	过程满意(y_{18})		
	结果满意(y_{19})		
持续行为意图(η_6)	再次使用意图(y_{20})		Zhang 和 Prybutok（2005）；Zeithaml 等（1990）；Liao 等（2007）
	经常使用意图(y_{21})		
	推荐他人使用意图(y_{22})		
主观规范(η_7)	规范性信念影响(y_{23})		计划行为理论中主观规范相关观测变量设定；Yaghoubı 和 Bahmani（2010）；Liao 等（2007）
	社会信息影响(y_{24})		
感知行为控制(η_8)	自我效能(y_{25})		计划行为理论中感知行为控制相关观测变量的设定；Crano 和 Prislin（2008）
	便利条件(y_{26})		

结构变量	观测变量	来源依据及参考文献
任务-技术适配(η_3)	任务复杂性(y_{27})	任务-技术适配模型中任务-技术适配观测变量的设定；Goodhue 和 Thompson（1995）；Dishaw 和 Strong（1999）
	技术对实绩的影响(y_{28})	

第七节 GWPSI 概念模型及其特征说明

一、GWPSI 概念模型

根据上述研究结果，GWPSI 概念模型如图 3-11 所示，图 3-11 中方框表示结构变量的观测变量，又可称为显在变量或指标；椭圆表示结构变量，又可称为潜在变量。结构变量之间及结构变量与观测变量之间的单箭头符号，表示变量之间具有直接关系。

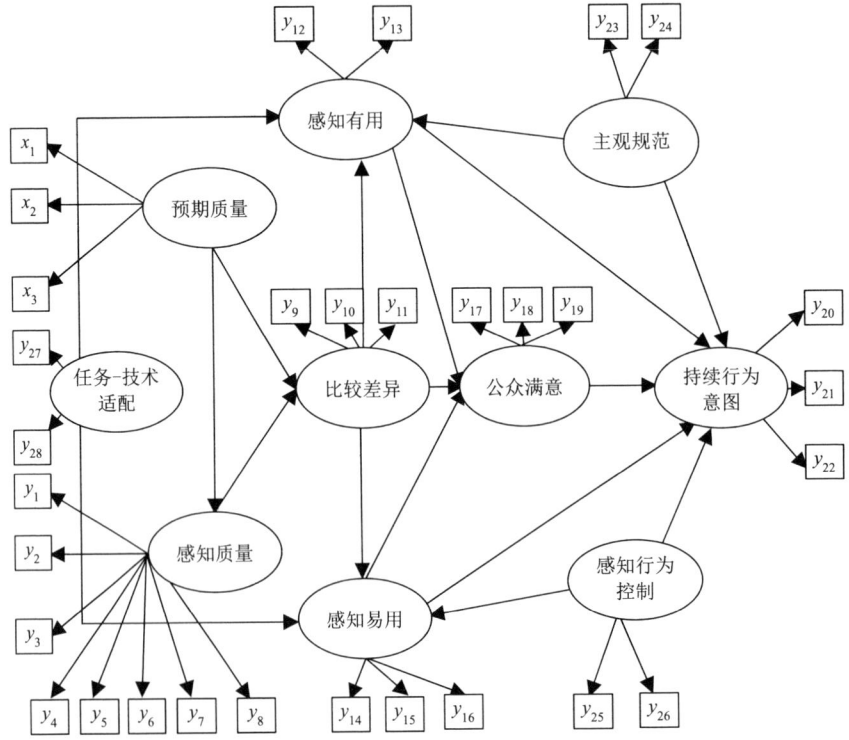

图 3-11　GWPSI 概念模型

二、GWPSI 概念模型的特点

1. 与传统的顾客满意度指数模型比较

与传统企业的顾客满意度指数模型比较，本书构建的 GWPSI 概念模型具有以下特点。

1）应用于企业的顾客满意度指数模型常用于测评经济、金融组织的产品或服务的顾客满意度，未将公共部门的产品或服务的顾客满意度纳入测评范围。本书构建的 GWPSI 概念模型，不但将公共部门的产品或服务质量纳入测评范围，而且其感知质量的观测变量涵盖了政府门户网站提供的公共产品或服务中的信息资源广泛、完整、可信、时效特性，以及信息系统互动、功能、共享、响应等特性。

2）在公众满意的前因变量中，GWPSI 概念模型以比较差异取代感知价值结构变量。由于价值是价格的货币表现，在企业顾客满意度指数模型中，产品或服务质量与预期质量的比较差异，可以通过消费者投入与回收的货币进行衡量，消费者通过价格的反差，可以衡量感知价值的大小。而政府门户网站的在线产品或服务，具有虚拟、公益的特性，不可能用于市场交换，也难以用货币衡量，因而也就无法客观反映政府门户网站的感知价值。而比较差异则能较好地反映政府门户网站感知质量与预期质量的对比反差。此外，在与政府门户网站交互中，为降低个体特征、主观规范及预期质量等不确定等因素的影响，GWPSI 概念模型中引入了预期质量、公众需求及公平理论比较标准，用于全面解释比较差异结构变量。

2. 与经典的 ACSI 模型比较

与 ACSI 模型比较，GWPSI 概念模型具有以下特点。

1）本书构建的 GWPSI 概念模型，删除了 ACSI 模型中顾客满意度的结果变量——顾客抱怨与顾客忠诚。其原因如下：首先，顾客抱怨是顾客满意度偏低的外在表现，有研究者发现有效的顾客抱怨处理机制，可提升顾客满意度。实际处理中通过抱怨管理与改进服务，可将顾客抱怨成功转变为顾客满意。因此，顾客抱怨可成为顾客满意的前因，而非单一的结果变量。其次，删除顾客抱怨是出于公众使用政府门户网站的实际反映考虑，即在实际使用中，大部分公众即便不满意，一般很少通过正式渠道投诉或者抱怨。同时由于政府门户网站的在线产品及服务具有垄断性特征，公众对于政府门户网站的忠诚表现也不明显，故而顾客忠诚结构变量也被删除。本书构建的 GWPSI 概念模型仅使用持续行为意图，作为公众满意的结果变量，其原因主要如下：①令公众满意的政府门户网站在线产品或服务，将会直接导致公众产生再次选择使用的心理倾向；②持续行为意图包含了公众对政府门户网站可靠、有用的信任变量；③当持续行为意图产生后，公众会通过非正式传播途径如人际传播等，告知朋友和亲戚，反映政府在其心中的印象，从该层上看，持续行为意图包含了政府形象变量。

2）考虑公众对于政府门户网站满意程度，首先取决于公众是否接受该网站提供的在线产品或服务。因而政府门户网站公众满意度的测评，必须考虑在与政府门户网站交互中，公众对于政府门户网站提供的信息技术、系统功能的接受情况。因此在 GWPSI 概念模型的构建中，充分借鉴技术接受模型的合理内核，增加了感知有用、感知易用结构变量，作为公众满意的前因变量，为有效解释它们，使用"办事效率提升程度""个性化需求满足程度"作为感知有用的观测变量，使用"易理解性""易操作性""易学习性"作为感知易用的观测变量。

3）由于公众对政府门户网站满意及持续行为意图的产生，不仅受个人心理认知，而且还受社会群体意识等外在因素的影响。为分清是个人的心理状态，还是规范性信念，影响公众对于政府门户网站感知信息系统质量及公众满意程度，本书引入了计划行为理论中的主观规范结构变量，用以反映其对感知有用结构变量，以及持续行为意图结构变量的影响。

4）Kim、Chun、Song、Kuisma、Laukkanen、Hiltunen 及 Fordetal 等认为，与传统的政府公共事务服务获取方式不同，电子政务背景下公众必须具备一定的信息技术知识及信息技能，才能有效地获取政府门户网站的在线产品及服务，并指出增进公众的信息素养，加强公众在政府门户网站使用中的感知行为控制，是开展政府门网站公众满意度的测评的关键，应以此为导向完善政府门户网站的服务。考虑在与政府门户网站交互中，用户的信息素养不同，公众满意及持续行为意图除受比较差异、感知有用、感知易用影响外，还受个体感知行为控制的影响，如一个计算机自我效能感较强的个体，可有效克服与政府门户网站交互中的各种挑战，对于网站服务质量的评价及满意程度也会偏高。本书在构建的 GWPSI 概念模型中，引入了计划行为理论中的感知行为控制结构变量。为有效解释该结构变量，还使用了"自我效能"及"便利条件"作为其观测变量。

5）不同用户使用政府门户网站的目的不同，但其与政府门户网站交互的实质却相同,即以政府门户网站为工具,解决不同用户的任务(需求)。因此对于政府门户网站有用、易用的评价,不能脱离用户具体的任务(需求),本书引入任务-技术适配模型中的任务-技术适配变量,作为 GWPSI 概念模型中感知有用、感知易用的前因变量,并通过考察感知有用、感知易用结构变量与公众满意之间的直接效应,分析任务-技术适配对公众满意的间接效应。为解释任务-技术适配结构变量,在构建的 GWPSI 概念模型中增加"任务复杂性"与"技术对实绩的影响"作为其观测变量。

三、GWPSI 概念模型的应用说明

1)GWPSI 概念模型是一个统一、综合的测量工具,它不仅可以对过去、现在的政府门户网站运行绩效进行"质"的评价,还具有对未来政府门户网站运行绩效预测的能力。GWPSI 概念模型测评,是公众对政府门户网站总体、累积的满意度,而并非每次具体使用后产生的满意体验。换言之,公众每次使用政府门户网站所产生满意度,并不一定等于 GWPSI 概念模型测评的政府门户网站公众满意度。

2)GWPSI 概念模型是一个可对政府门户网站公众满意度横向测评及纵向测评的工具,支持跨时间、跨部门、跨地域的政府门户网站公众满意度测评。其中,横向测评是将 GWPSI 概念模型用于政府门户网站不同服务内容之间的公众满意度测评,而纵向测评则是将 GWPSI 概念模型用于不同层级政府门户网站间的公众满意度的测评。

3)利用 GWPSI 概念模型开展政府门户网站公众满意度的测评,应由第三方评估机构执行。这里的第三方评估机构是指非政府组织的权威测评机构或咨询公司。为保证测评结果的科学、公正,利用 GWPSI 测评模型开展政府门户网站公众满意度的测评过程,应避免政府参与,并积极借鉴国外经验。例如,由美国质量控制协会及密歇根大学商学院"国家质量研究中心"共同研发的 ACSI 模型,在美国公共部门顾客满意度的测评中,就排除了政府参与,完全交由密歇根大学商学院、美国质量控制协会及科罗思咨询集团(Claes Fornell International Group)执行,并由密歇根大学商学院"国家质量研究中心"完成对测评结果的研究、分析。

4)GWPSI 概念模型可根据不同部门的服务内容,选择特定的测评对象。由于政府门户网站的用户群体具有多样、分层的特点,且政府门户网站各系统功能支持的服务内容不同,分清政府门户网站各系统功能与其主

要服务对象的构成,是利用 GWPSI 概念模型开展政府门户网站公众满意度测评的前提。在具体应用中,应根据政府门户网站各系统功能支持的服务内容,选择具有代表性的样本,分别开展不同公众群体的满意度测评。

5）GWPSI 概念模型的推广、应用是个循序渐进的过程。政府门户网站建设处在不断的发展中,且不同地域政府门户网站建设水平存有差异,因此利用 GWPSI 概念模型开展测评,必须充分考虑当前政府门户网站的实际发展水平,分阶段、有规律地进行推广。例如,可以选择一些电子政务完备度指数与电子政务参与度指数较高的地区开展区域性测评,并在理论与经验不断提升的基础上,逐步向其他区域或城市推广,最后实现对整个国家政府门户网站公众满意度的测评（邹凯,2008：62-63）。

第四章 政府门户网站公众满意度数据的采集及处理

政府门户网站公众满意度数据的采集及处理，是科学开展政府门户网站公众满意度测评的前提与基础，本章结合政府门户网站公众满意度数据采集的特点，通过对比传统数据采集方法在政府门户网站公众满意度数据采集应用中的优劣，构建了政府门户网站公众满意度数据采集系统，为保证问卷量表的质量，本书对问卷量表进行了信度与效度分析。最后在对政府门户网站公众满意度数据采集中缺失数据原因分析的基础上，提出了基于 NORM 软件的政府门户网站公众满意度数据采集中，缺失数据多重插补处理法。

第一节 政府门户网站公众满意度数据采集方法

政府门户网站公众满意度数据采集方法通常包括邮寄问卷调查法、网络问卷调查法、面访调查法等。根据调查问卷是否由调查对象独立完成，政府门户网站公众满意度数据采集方法又可分为：自助式数据采集法和非自助式数据采集法。

一、自助式数据采集法

自助式数据采集法，是指调查对象在没有研究者辅助的情况下，独立作答并将结果反馈给研究者的一种数据采集方法。政府门户网站公众满意度自助式数据采集法按照采集中所依据的媒介，又可分为传统自助式数据采集法如邮寄问卷调查法、设置举报和投诉服务等，和网络自助式数据采集法如电子邮件调查法、电子问卷调查法等。

1. 邮寄问卷调查法

邮寄问卷调查法又称邮寄调查法，是指将事先编写好的调查问卷，通过邮寄系统寄送给调查对象，并由调查对象填写后寄回至问卷发放者的一种调查方法。该法在企业的市场调查或产品用户使用反馈调查中广泛使用。与其他调查法相比，邮寄调查法具有成本低、调查空间范围大、匿名性好等特点。在政府门户网站公众满意度数据采集中，由于留给调查对象较为充分的作答时间，该法可从调查对象认真思考中，获得较为真实、客观的反馈信息，并可有效避免调查人员的某些倾向性意见的干扰。但由于缺乏调查人员的有效控制，存在反馈时效性差、问卷回收时间偏长、回收率低等缺点，该法一定程度上影响了政府门户网站公众满意度数据的采集效率。

2. 设置举报和投诉服务

为方便获取公众对政府门户网站的意见或建议等相关信息，而采用的一种数据采集方法。可以通过公布邮箱地址，接收寄送信件的方式，也可通过广播、电视、报纸等大众传媒公布投诉、举报电话等方式，直接获取公众对于政府门户网站意见或建议等信息。但利用该法采集到的政府门户网站公众满意度的相关信息具有时间跨度大、内容片面、及时性差的缺点。

3. 电子邮件调查法

电子邮件调查法是指通过电子邮件将调查问卷发送至调查对象，并由其填写后再通过电子邮件回复给调查人员的一种网络直接调查法。由于借助了网络信息传输流动、互联性强、成本低的优势，电子邮件调查法较之于传统的邮寄问卷调查法，扩大了问卷的发送范围，提高了政府门户网站公众满意度数据的采集效率，但在调查中由于缺乏调查人员的控制，问卷反馈率具有一定的不确定性。

4. 电子问卷调查法

电子问卷调查法是指将问卷以 HTTP（hyper text transfer protocol，超文本传输协议）形式置于互联网上，通过调查对象登录网站或链接到具体调查网页参与调查的一种方式。按照电子问卷调查实现的方式，该法又可分为站点调查法、动态链接网页调查法、问卷系统调查法。随着信息技术的发展及互联网的普及，电子问卷调查法作为自助式调查法的主要方式，广泛地应用于各种调查实践。同其他调查方法比较，该法在政府门户网站公众满意度数据采集中具有传播速度快、覆盖面广、跨越时空限制、实时性强等优点。但电子问卷调查法受限于调查问卷的设计，如果能科学合理地设置问卷，并选择合适的调查对象，该法将会大大提高政府门户网站公众满意度数据的采集效率，获取更为客观、真实的反馈数据。

根据以上关于政府门户网站公众满意度自助式数据采集方法的描述，表 4-1 从成本、时效性、返回率、准确性、适用范围、主要影响因素 6 个维度就上述各种方法的优缺点进行综合对比。

表 4-1　政府门户网站公众满意度自助式数据采集法

维度	邮寄问卷调查法	设置举报和投诉服务	电子邮件调查法	电子问卷调查法
成本	成本较高	节省人力、财力	节省人力、时间、财力	节省人力、时间、财力
时效性	时效性差	时效性差	时效性较强	时效性强
返回率	较低	较低	较低	较低
准确性	较高	较高	较高	较高
适用范围	范围广	范围受限	范围广	范围广
主要影响因素	问卷设计	调查对象素质	问卷设计	问卷设计

根据表 4-1 结果可知，在政府门户网站公众满意度自助式数据采集法中，由于缺少对采集过程的有效控制，上述 4 种方法在问卷的返回率上都呈现偏低的特点。但综合对比可知，在保证数据采集中调查人员参与控制的前提下，电子问卷调查法更适用于政府门户网站公众满意度数据的采集。

二、非自助式数据采集法

非自助式数据采集法是指调查对象在研究者的帮助下完成调查的一种数据采集方法。政府门户网站公众满意度非自助式数据采集法按照数据采集中依据的媒介，可分为传统非自助式数据采集法如电话调查法、面访调查法、深度访谈法及焦点小组法等，和网络非自助式数据采集法如 QQ 访谈法等。

1. 电话调查法

电话调查法是指调查人员以电话为媒介向调查对象了解相关问题的一种非自助式数据采集法。作为一种间接访谈法，电话调查法具有时效性强、反馈及时等优点。由于消除了面谈交流时调查者的情绪、行为等因素给调查对象造成的影响，电话调查法在政府门户网站公众满意度调查中集中获取的反馈信息，能较准确地反映调查对象的真实观点，并可能容易地获得调查对象的合作。通常电话调查法较适用于不便直接面访的调查对象，但由于受调查媒介——电话的影响，该法只能在有电话的调查对象中开展，所以在政府门户网站公众满意度数据采集中利用该法，调查样本的全面性将会受到一定限制。

2. 面访调查法

面访调查法是指调查人员采用面对面访谈的方式，向调查对象直接了解所需信息的一种非自助式数据采集法。面访调查法已广泛应用于政府的舆情调查及企业的市场调查之中。根据调查提纲准备的详略程度，以及调查中参与调查双方交谈的自由、规范程度，面访调查法又可分为标准化面访调查法，以及非标准化面访调查法。无论何种类型的面访调查法，面访调查的完成都需经过访谈前的充分准备、访谈控制及访谈后信息整理、确认。在政府门户网站公众满意度数据采集中，面访调查法是在调查人员充分准备后，并在双方面对面的交流中获取反馈信息，所以具有回复率高、过程可控的特点。调查人员可以通过观察调查对象的态度、心理及肢体动作，判断其继续配合调查的意愿强度，灵活地缩小或扩大调查范围。此外，调查背景及环境，也有助于调查人员判断获得反馈信息的可信程度。但该法的实施需要调查人员广泛参与，在调查信息的收集、获取及分析中，调查人员自身素质的作用也较为明显，如何有效控制、调动调查人员，是利用面访调查法采集政府门户网站公众满意度数据的关键。

3. 深度访谈法

深度访谈法是面访调查法的一种深入调查方式，调查人员通过与调查对象面对面的交流获取反馈信息。在调查对象的选择上，深度访谈法更强调选择符合条件的单个目标调查对象。在提问方式上，深度访谈法多使用无结构的、直接访问的形式。因为深度访谈是在具有专业技巧的调查人员与精确目标指向的调查对象间展开，所以在政府门户网站公众满意度数据采集过程中，该法能使调查人员揭示隐藏在调查对象态度、语言、情绪下的潜在信息，消除外来因素给调查对象造成的压力，探索其反馈的外在信息与潜在信息间的内在关系。但由于受调查对象素养及调查进程缓慢的影响，该法很难在较大范围内采集数据，抽样数量有限。

4. 焦点小组法

作为一种定性的研究方法，焦点小组法是采用小型座谈会的形式，由主持人以一种无结构、自然的形式，与小组中具有代表性的调查对象交流，获取反馈信息的深入调查法。焦点小组法常用于企业产品的市场调研，特别在产品或系统可用性用户评价的调查上具有独特作用。实施中，调查对象在主持人的引导下,将话题始终聚焦于某一调查主题,自由交流。在政府门户网站公众满意度数据采集过程中,焦点小组法能否成功实施的关键受主持人的引导、组织能力及调查对象数量和素养的影响。具体采集中,焦点小组法采用开放式问题提问,允许调查对象自由表达;利用小组动力,激发小组成员思考,促进信息交流并揭示深层问题。但该法获取的反馈信息多为定性结论,不适于概括与推广(石庆馨等,2005)。

5. QQ 访谈法

QQ 访谈法是指利用 QQ 即时交流工具,在线获取调查对象反馈信息的一种非自助式数据采集法。作为访谈原理与网络技术有机结合的产物,QQ 访谈法具有成本低、灵活性强、选择性大且反馈信息较为客观的优点。此外,QQ 软件中纯文本聊天及语音聊天功能,可将访谈的内容以文本或语音的方式记录下来,便于访谈结束后对采集数据质化分析、处理,可有效补充面访调查法的不足。我国 2017 年已有 7.83 亿[①]QQ 软件月活跃账户,随着即时通信技术发展及互联网的普及,这个数字还将不断增长。因此,在政府门户网站公众满意度调查的抽样广度上,QQ 访谈法具有其他数据采集方法不可比拟的优势。但 QQ 注册用户以年轻公众群体为主,在中年尤其是老年人群样本数据采集上具有一定局限性。

根据上述内容,表 4-2 从成本、时效性、返回率、准确性、适用范围、主要影响因素 6 个维度就政府门户网站公众满意度各种非自助式数据采集方法的优缺点作了综合对比。

表 4-2 政府门户网站公众满意度非自助式数据采集法

维度	电话调查法	面访调查法	深度访谈法	焦点小组法	QQ 访谈法
成本	节省时间	成本不定	成本偏高	成本偏高	节省人力、时间、财力
时效性	时效性强	时效性适中	时效性适中	时效性适中	时效性强
返回率	较高	较高	较高	较高	较高
准确性	较高	较高	较高	较高	较高
适用范围	范围受限	范围受限	范围受限	范围受限	范围广
主要影响因素	传播媒介	调查人员素质	调查人员素质	调查人员素质	传播媒介

根据以上分析,由于数据采集过程均有调查人员参与并有效控制,上述 5 种方法,在问卷的返回率及准确性上均具有较高的特点。但调查人员的素

---

① 腾讯. 公司信息[EB/OL]. http://www.tencent.com/zh-cn/at/abouttencent.shtml. [2017-10-25].

质在数据采集、获取、分析中的影响作用明显。如何有效控制并调动调查人员是政府门户网站公众满意度非自助式数据采集法成功实施的关键。综合对比上述5种方法可以发现，在突破传播媒介的局限及保证调查人员可控的前提下，QQ访谈法较适用于政府门户网站公众满意度数据的采集。

三、政府门户网站公众满意度数据采集系统

从数据采集的成本、时效性、返回率、准确性、适用范围及主要影响因素角度的综合分析对比结果来看，自助式及非自助式数据采集法在政府门户网站公众满意度数据采集中，具有良好的互补性：自助式数据采集法的数据采集过程可控性差的缺点，可由非自助式数据采集法弥补，而非自助式数据采集法中的数据采集受限于传播媒介及调查人员素质的劣势，也可由自助式数据采集法来改善。通过自助式及非自助式数据采集法优缺点的横向综合对比，发现依靠网络媒介开展调查，是最有效的政府门户网站公众满意度数据采集的方法，特别是自助式数据采集法中的电子问卷调查法，与非自助式数据采集法中的QQ访谈法，均可优先应用于政府门户网站公众满意度数据的采集。

与传统政府公共服务不同，电子政务背景下的政府常以政府门户网站为服务平台，利用信息、互联网及数字整合技术，将政府职能部门的业务应用、组织内容及信息整合、链接，通过统一入口为公众提供在线产品和服务。因此，作为与公众交流互动的门户，政府完全可以将政府门户网站，作为其获取公众反馈信息的便捷、高效的途径。近年来，由于互联网数据采集技术的发展，大量基于互联网的数据采集方法，广泛地应用于企业门户网站、数字图书馆用户反馈数据的采集中。其中，日志分析法与日志挖掘方法最具代表性。Bishop、Redalen、Miller、张学宏、岳修志、Harley、Henk等国内外学者于20世纪90年代中后期，开始利用WebTrends、AWstars等日志分析工具，定期将数字图书馆网站的日志文件转移至独立的服务器上脱机分析。王熠和王锁柱（2007）在构建电子政务网站评价指标体系的客观指标中，也通过Web日志分析，有效地收集到关键影响因素。随着对网络数据丰富内涵信息深入了解的需求增强，Web日志挖掘技术近年来也广泛应用于网站评价的数据信息采集中。在日志文件分析的基础上，Web日志挖掘进一步发现并迅速收集用户访问及使用某网站的心理、习惯、需求信息，推动了网站建设，提高了企业或法人组织的竞争力。

基于上述分析,本书建立了政府门户网站公众满意度数据采集系统,具体如图 4-1 所示,该系统主要包括网上问卷调查系统、网络即时通信工具、网络日志挖掘工具、网上公众投诉与咨询信息搜索 4 个子系统。其中,调查对象反馈的主观数据,可通过网上问卷调查与网络即时通信工具子系统采集。具体实施中,一方面通过网上问卷调查系统,如问卷星专业调查网站发布电子问卷,另一方面通过 QQ 等网络即时通信工具,发布、回收 Word 文本的电子问卷;调查对象反馈的客观数据则可通过网络日志挖掘工具子系统与网上公众投诉与咨询信息搜索子系统采集,具体表现为通过网络日志挖掘工具挖掘、聚类、分析政府门户网站日志中反映公众的使用兴趣、习惯及需求等的相关数据,或通过搜索政府门户网站相关栏目、交流论坛等获取与公众投诉、咨询相关的数据。

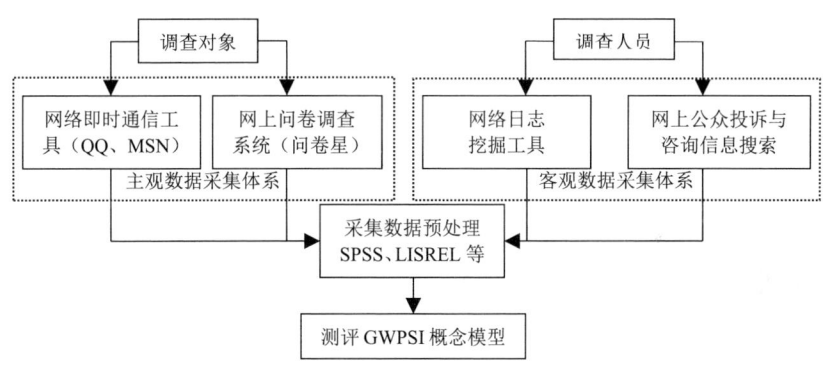

图 4-1 政府门户网站公众满意度数据采集系统

(一)电子问卷调查

本书的调查对象是政府门户网站公众满意度,相关数据采集可通过创设电子问卷并通过网络发送,具体步骤如下。

1. 电子问卷设计

(1)注意事项

电子问卷调查是政府门户网站公众满意度数据采集的关键途径之一,而电子问卷设计的质量直接关系到网上调查采集数据的优劣。因此政府门户网站公众满意度数据采集电子问卷在设计中应做到:①必须遵循科学、完整的原则,突出调查重点,问卷内容表述应通俗、易懂且题量适中；②问卷题项应包含 GWPSI 概念模型中的所有变量、样本人口统计特征等内容，问卷题项的设定应有理论基础，各题项对于调查内容的诠释，应由浅入深且各题项间保持一定的逻辑关系；③问卷量表应科学、准确地反映调查对象的心理刻度。根据徐云杰（2009）的观点，问卷理论构件概念空间的测度项的刻度，即问卷每个题项测量量表均需超过 4 级，且常用的测量量表为 5 级、7 级、11 级，由于调查对象无法选择一个"中立"的刻度，因此偶数级量表不应采用。

（2）具体设计构思

遵循以上原则，本书创设了《湖北省人民政府门户网站公众满意度调查问卷》，问卷内容分为三部分，其中，第一部分为甄别问卷，主要目的是通过系列甄别问题，筛选目标调查对象，提高问卷调查效率；第二部分为核心部分，主要围绕调查对象的使用体验开展政府门户网站公众满意度数据采集，问题设计主要围绕第三章设计的 GWPSI 概念模型中相关的变量展开；第三部分为调查对象个人特征的信息采集，主要通过对调查对象的年龄、职业、教育背景、电脑水平等方面的调查，选择具有代表性的样本，便于实际测评中实施有效的样本控制。

为了方便统计调查对象的反馈信息，问卷在题型设计上主要以客观题为主，语言表达上避免使用专业术语，尽力保证问题的完整性、逻辑性，避免出现复合性问题。

问卷量表上，根据徐云杰的问卷理论构件概念空间测度项的刻度推荐，采用 7 级量表的方式，反映 GWPSI 概念模型中各观测变量在调查对象心理变化上的刻度。其理由如下：一是 7 级等距量表介于 5 级等距量表与 11 级等距量表之间，可以有效解释均值高于 90%的区域内的绩效水平；二是 GWPSI 概念模型是基于变量间的协方差（covariance）建立起来的，而一般高于 5 级的等距量表，较易确定两个与其中间值差异性较大变量的协方差；三是从调查后期反馈信息统计的难易程度来看，10 级以上等距量表，不利于反馈信息统计的高效开展，5 级以下的等距量表则很难形成理想的协方差，因此综合上述分析，本书选择了 7 级等距量表。

2. 电子问卷发放方式

（1）问卷星专业调查网站

电子问卷部分是通过问卷星专业调查网站发送的。选择该网站是因为问卷星专业调查网站具有强大的数据统计和分析功能，能够支持 20 多种题型、跳题逻辑和引用逻辑，并支持任何一种测评模型。同时该网站具有高度自定义的问卷外观、人性化的操作界面，特别在用户满意度调查方面具有专业的问卷参考模板，可应调查人员的需求，配合一定参与奖励机制，抽样选取目标对象发送调查问卷，并可保证问卷有效的返回率。在利用问卷星专业调查网站编辑电子问卷时，首先，解释了本次调查的目的，并承诺保护调查对象的隐私，邀请公众参与调查；在问题表述上确保简洁、清晰且易答。其次，将系统自动生成的电子问卷地址，利用该调查网站提供的发送问卷向导、问卷链接转发、申请推荐、互填问卷、邀请邮件等功能发送。调查对象只需通过点击转发问卷的链接地址，即可进入问卷首页，参与调查。

（2）网络即时通信工具

主要将问卷星专业调查网站生成的问卷地址，粘贴至 QQ、MSN 等网络即时通信工具的发送窗口，以在线或离线方式发送给调查对象，调查对象登录后直接点击链接地址，即可登录问卷星专业调查网站参与调查，完成后在线提交即可。利用网络即时通信工具采集数据时，为消除调查对象的疑虑，在添加网络调查链接地址的同时，我们还附以说明文字，解释本次调查性质及具体要求。同时通过网络即时通信工具的群体聚类功能，群发电子问卷的链接地址，以提高调查问卷的投放数量。

与传统调查问卷发送方式相比，利用问卷星专业调查网站发送电子问卷具有以下优势。

首先是成本低，只需要电脑及互联网，政府及相关调研机构就可通过问卷星专业调查网站发布电子问卷，从而免去了印制大量纸质问卷，组织专门的人力、资源开展调查的费用，公众只要愿意均可参与调查。基于问卷星专业调查网站成熟的公众满意度调查问卷模板设计的电子问卷可采用科学的量表，反馈数据还可由专业的统计软件自动处理，从而降低了调查反馈数据的处理成本。

其次是时效性强，由于问卷星专业调查网站提供了实时的问卷质量控制功能，方便调查人员根据事先设置的无效答卷筛选规则（如问卷填写最低时间限制规则、地区限制规则、职业类别限制规则、年龄限制规则等）、问卷发布地区配额控制、甄别页等功能，保证了回收问卷的质量，大大节省了传统调查中数据筛选、整理和输入的时间。通过问卷星专业调查网站的分析统计、交叉分析等功能初步整理的反馈信息，还可初步形成阶段性调查结果。此外问卷星专业调查网站的时效性强,还体现其探索性调查及实时编辑功能,根据部分采样结果的数据分析,调查人员可以随时中止当前问卷的发放,并在重新编辑后再次发布问卷,此前收集的数据可根据调查人员的需要删除或保留。

再次是返回率高,为提高调查问卷的返回率,问卷星专业调查网站提供了申请推荐、互填问卷、发送问卷向导等多项点对点的问卷发送服务。由于问卷星专业调查网站具有 270 万固定的样本成员,只需申请推荐,该网站将通过发送问卷向导等方式邀约自定义调查对象参与调查。如果不申请推荐,也可通过该网站提供的不同调查人员之间的互填问卷机制,保证问卷的返回率。此外,该网站创设的"嵌入到其他网站"功能,可将系统自动生成的电子问卷以弹出式(pop-up)调查的形式嵌入到调查人员需要嵌入的网站,在扩大问卷投放范围的同时增加了返回率。

最后是准确性强,因为通过问卷星专业调查网站发送的电子问卷,采用点对点的调查方式,所以调查对象基本为目标对象,他们的回答较为认真,反馈数据具有较强的准确性与客观性。同时,该调查方式可有效排除调查人员的主观影响,最大程度保证反馈信息的客观性。

(二)网络日志挖掘工具

网上电子问卷调查法采集到的数据,代表了公众对政府门户网站满意度的主观观点,而网络日志挖掘、网上公众投诉与咨询信息搜索法则可充分利用公众访问政府门户网站留下的行为、路径的"痕迹"获取与政府门户网站公众满意度相关的客观数据。

政府门户网站的 Web 服务器及数据管理系统根据公众的访问,不断产生大量的 Web 服务器日志、注册信息、Cookie 数据记录等网络日志,而网络日志分析方法主要是从对 Web 服务器日志、注册信息、Cookie 数据记录等网络日志文件的分析中,挖掘出政府门户网站用户的行为及潜在用户信息的发现。例如,借助网络日志分析工具,在对政府门户网站的 Web 服务器日志分析的基础上,可以获得访问用户的 IP(internet protocol,网络之间互连的协议)地址、访问时间及方式;在对政府门户网站注册信息结合访问网络日志分析的基础上,可以获得访问用户的姓名、性别等用户信息及访问限制信息;在对政府门户网站 Cookie 数据记录分析的基础上,可以追踪用户与政府门户网站交互中的具体活动信息,便于进一步了解公众的需求、检索字段、浏览路径、浏览下载题名等相关记录。借助网络日志挖掘工具，可以在网络日志分析的基础上，通过对网络日志文件的数据进行净化处理、路径分析、关联分析、分类规则分析、聚类分析，深入探索隐藏在公众使用行为之后的政府门户网站用户共同的爱好、兴趣、行为方式及其内在规律与发展趋势，从而为调查人员提供清晰、实用的客观数据并帮助其优化政府门户网站站点、获取和分析公众需求信息、改进服务系统功能（邱均平和宋艳辉，2010）。如何将采集到的客观数据与政府门户网站公众满意度各测量指标对应匹配是利用网络日志分析、挖掘方法，开展政府门户网站公众满意度客观数据采集的关键，其中对采集到客观数据的定量处理是其重要环节，处理中应体现"公众为本"的原则，如在对网络日志文件分析、挖掘时发现大量公众在政府门户网站使用中退出检索，这可能表明该网站的检索功能影响到政府门户网站的信息系统性能，应在7级量表中将"信息系统功能性"变量对应的"可获得性"指标的刻度值设为"4"以下。

（三）网上公众投诉与咨询信息搜索

除了分析、挖掘网络日志文件与政府门户网站公众满意度相关的客观数据外，通过搜索网上公众投诉、咨询栏目及相关论坛信息等方式，也能较好地采集与政府门户网站公众满意度相关的客观信息。与网络日志分析、挖掘方法相同的是，如何将调查人员搜索到的网上公众投诉、咨询栏目及相关论坛信息与政府门户网站公众满意度各测评指标联系起来，也是通过网上公众投诉与咨询信息搜索开展公众满意度测评的关键。例如，大量公众对政府门户网站更新速度提出投诉，或对其资源下载过慢等问题提出咨询，这可能表明信息更新速度影响该政府门户网站信息资源时效性或响应链接浏览速度，进而影响该政府门户网站的可访问性，应在7级量表中将"信息资源时效性"变量对应的"更新速度"指标的刻度值或"信息系统响应性"变量对应的"响应链接浏览速度"指标的刻度值设为"4"以下。

第二节 政府门户网站公众满意度调查问卷的信度及效度分析

使用调查问卷（无论纸质或电子的）对政府门户网站公众满意度数据采集时，为保证问卷造成的测量误差在可接受的范围之内，需要检验调查问卷的信度及效度，以保证问卷具有较高的可信性及有效性。而对政府门户网站公众满意度调查问卷的信度与效度分析需考虑以下问题：首先是该问卷是否"问了该问的问题",即问卷题项是否包含所有调查对象的理论空间构件,是否有效地反映调查对象的特质;其次是该调查问卷在不同时间,对相同的调查对象的测评结果是否一致;最后是该问卷题项之间是否有明确的语义区别,题项之间的相关程度是否密切等。本节将对政府门户网站公众满意度调查问卷的信度及效度分析展开具体讨论。

一、政府门户网站公众满意度调查问卷的信度分析

使用政府门户网站公众满意度调查问卷采集数据的过程,就像使用尺子测量某一物体。如果在不同的时间分次测量的结果,在一定范围内保持一致,则可以认为该尺子具有一定可信性,同理,如果政府门户网站公众满意度调查问卷重复采集不同公众获得的数据在标准误差允许的范围之内,则可以认为该问卷具有较高的可信性。所以信度就是用于评价某一测评工具重复测量某项特征时,所具备的一定误差范围内的结果相似程度的指标。

(一)政府门户网站公众满意度调查问卷的信度决定因素

政府门户网站公众满意度调查问卷在设计上,包含了 GWPSI 概念模型中的变量,这些变量在问卷中又可称为概念空间,由 3 个或 3 个以上测度项测量,其中测度项则是选自概念空间,以恰当表达方式形成的问卷题项。政府门户网站公众满意度调查问卷的信度取决于问卷设计的包容性及有效性,其中问卷的包容性是指测度项是否包含了 GWPSI 测量模型中的所有变量;而问卷的有效性则是指当调查对象更新后,问卷对更新前与更新后调查对象的评估结果之间是否具有较强的相关性。

(二)政府门户网站公众满意度调查问卷信度分析的方法选择

通常调查问卷信度分析的方法主要包括:再次测量法、替换形式测量法及内部累加测量法,哪种方法更适合政府门户网站公众满意度调查问卷的信度分析,本书将结合各信度分析方法及政府门户网站公众满意度数据采集的特点做出选择。

1. 再次测量法

再次测量法是指采用同样的问卷,在不同的时间对同一组测量对象进行测量,并对两次测量结果进行相关分析的信度分析方法。当结果相关性较高时,表明问卷具有较强的信度。在政府门户网站公众满意度调查问卷

的信度分析中，再次测量法存在以下问题：首先，受再次测量间隔时间的影响，问卷的有效性会随着时间间隔的增加而降低，从而降低问卷的信度；其次，可能在再次测量的时间间隔内，公众对政府门户网站满意度发生变化，从而导致重复测量的可能性降低；最后，两次测量之间的相互影响，可能会导致公众重复前一次测量得到的相似答案，降低了再次测量的效果。由此可知再次测量法不适于政府门户网站公众满意度调查问卷的信度分析。

2. 替换形式测量法

替换形式测量法是指使用两种形式不同但性质相似的问卷，对同一调查对象在不同时间进行测量，并通过两次测量结果相关系数的显著程度，判断问卷的可靠程度的问卷信度分析方法。替换形式测量法在政府门户网站公众满意度调查问卷的信度测量中，最大的问题是较难构建形式不同但性质相似的问卷，即构建以两个问卷测度项在均值、方差及相关性相同为前提的等价问卷。即便构建上满足上述条件，问卷内容上的等价在实践中也较难把握。此外，从调查成本上看，等价问卷的构建需要大量时间与经济的投入，不利于政府门户网站公众满意度数据的动态性、周期化的采集。综上分析可知，替换形式测量法也不适于政府门户网站公众满意度调查问卷的信度分析。

3. 内部累加测量法

内部累加测量法常用于累加量表（summative scale）的信度测量。累加量表又称为李克特量表（Likert scale），是指将量表的各测度项作为被测对象的一个具体方面，而各个测度项的得分经累加后得到总值，量表的信度与各测度项之间的相关系数有关。通过测评各测度项之间的相关系数，以及剔除某测度项后剩余测度项之间的相关系数，可以综合评测就其各自特征而言的问卷各测度项一致性程度。换言之，内部累加测量法以通过累加各测度项李克特刻度得分为基础，通过计算各测度项之间的相关系数，综合衡量量表各测度项内部一致性的方法。由于内部累加测量法广泛应用于心理反应量表的信度分析，具有广泛的实践基础，因而本书选择该法分析政府门户网站公众满意度调查问卷的信度。[1]

（三）政府门户网站公众满意度调查问卷信度分析

根据以上分析，选择内部累加测量法测量结果——内部一致性信度来衡

---

[1] 信度[EB/OL]. http://wiki.mbalib.com/wiki/%E4%BF%A1%E5%BA%A6. [2018-08-25].

量政府门户网站公众满意度调查问卷的内部一致、稳定及可靠程度。通常按照不同的计算方法，内部一致性信度又可分为折半信度与 Cronbach's α 系数。

1. 折半信度

折半信度又称为半分信度，是测量问卷内部一致性及外在信度的关键指标。在测量问卷内部一致性时，其主要思路是先将问卷的测度项拆分为两部分，然后通过计算两部分问卷间相关系数的显著程度，判断问卷内部一致性程度。使用折半信度衡量问卷的内部一致性时，由于不同的拆分方法将直接影响测量的结果，该指标不适合单独用于反映政府门户网站公众满意度调查问卷的内部信度。折半信度主要用于分析政府门户网站公众满意度调查问卷的外在信度，外在信度分析是指分析问卷在不同时间对于同一调查对象再次测量时的前后测量结果一致性程度。如果前后测量结果的相关系数具有较强的显著性，表明问卷测度项的内容及概念的语义表述清晰、明确，问卷是可靠的。通常问卷外在信度分析使用折半信度系数表示。政府门户网站公众满意度调查问卷的外在信度测量步骤如下：首先按照随机或按照奇、偶数顺序，将该调查问卷拆分为两部分；其次分别计算拆分后两部分测评项的累积总分；最后计算上述两部分累积总分的相关系数，记作 r_{xx}。r_{xx} 从方差的角度其计算公式如下所示（刘燕，2006：50）：

$$r_{xx} = 2\left(1 - \frac{S_1^2 + S_2^2}{S^2}\right) \qquad (4-1)$$

式中，S_1^2 为问卷拆分后的一部分累积总分的方差；S_2^2 为问卷拆分后的另一部分累积总分的方差；S^2 为问卷总方差。问卷拆分两部分的累积总分的相关系数与测度项的数量有一定关系，当两部分测度项数量较少或正好相同时，计算出的两部分累积总分的相关系数会出现一定程度的偏差，采用 Spearman-Brown 修正的方法，可矫正两部分测度项相等情况下的偏差。其计算公式如下：

$$r_{xx}\Delta = \frac{2r_{xx}}{1+r_{xx}} \qquad (4-2)$$

式中，$r_{xx}\Delta$ 为偏差的相关系数值（刘燕，2006：50）。

2. Cronbach's α 系数

Cronbach's α 系数常用于测量一组同义或平行问卷总和的信度。当测度项之间的相关系数呈显著性特征时，则表明测度项间的内部一致性较强，即该测度项组成的问卷具有较高的内在信度，而当某一测度项与其他测度项之间的相关系数无显著特征时，则表明该测度项与问卷中其他测度项之间内部一致性较弱，应予以删除。内部一致性信度强调的是组成问卷测度项之间的内部一致性。运用 Cronbach's α 系数分析政府门户网站公众满意度调查问卷时，其思路如下：首先对该问卷测度项的均值、方差及相关性作描述性统计，其次计算各测度项之间的相关系数及删去某测度项之后的剩余测度项间的相关系数，最后运用 Cronbach's α 系数判断政府门户网站公众满意度调查问卷内部一致性信度。

Cronbach's α 系数，又称克隆巴赫 α 系数，是判断内部一致性的关键系数。作为问卷所有可能拆分方法所得折半信度系数的平均值，Cronbach's α 系数与测度项数量及测度项之间的相关系数的均值有关，Cronbach's α 系数的值域介于 0 和 1 之间，当测度项数量一定时，测度项相关系数均值越大，Cronbach's α 系数值则越接近于 1，这表明问卷具有较好的内部一致性信度；反之当测度项相关系数均值越小时，Cronbach's α 系数值则无限接近于零，这表明问卷内部一致性信度较低。用 k 表示测度项的数量，$\sum S_i^2$ 表示每题调查对象得分的方差，其中 i 从属于（1，k）的范围，$\sum S_t^2$ 则表示所有调查对象所得总分的方差，Cronbach's α 系数的数学定义表示如下：

$$\alpha = \frac{k}{(k-1)}\left(1 - \sum \frac{S_i^2}{S_t^2}\right) \quad (4\text{-}3)$$

Cronbach's α 系数值与问卷内部一致性信度之间的对应关系见表 4-3。

表 4-3 Cronbach's α 系数值与问卷内部一致性信度

Cronbach's α	内部一致性信度	Cronbach's α	内部一致性信度
Cronbach's α<0.35	不可信	0.5≤Cronbach's α<0.7	可信
0.35≤Cronbach's α<0.4	勉强可信	0.7≤Cronbach's α<0.9	很可信
0.4≤Cronbach's α<0.5	较可信	0.9≤Cronbach's α	非常可信

Cronbach's α 系数不仅反映政府门户网站公众满意度调查问卷的内部一致性，还可以通过考量其系数值的大小，修正政府门户网站公众满意度调查问卷各测度项。当某测度项与分问卷总分的相关系数无显著特征时，可考虑删除；当删除某测度项，问卷的 Cronbach's α 系数值显著增加，表明被删除测度项影响了问卷的总体信度应予以删除。需要指出的是，Cronbach's α 系

数是在利用折半信度测量政府门户网站公众满意度调查问卷内部一致性信度时，为降低拆分方法对测量结果的影响，可通过计算拆分后分问卷的 Cronbach's α 系数，来比较分问卷的信度。此外，根据 Cronbach's α 系数的数学表达式分析可知，当相关系数的均值一定时，k 数量足够多，Cronbach's α 系数值也会增大。因此，当在测度项足够多，而 Cronbach's α 系数值偏小时，表明问卷必然有部分测度项不同质，应当根据各测度项得分与总分相关系数的大小，删除相关系数较小的测度项，增加问卷内部一致性信度。①

二、政府门户网站公众满意度调查问卷效度分析

（一）政府门户网站公众满意度调查问卷效度的内涵

效度即有效性，它是测量工具能够准确测出调查对象的程度。在调查中，由于调查对象的差异，政府门户网站公众满意度调查问卷效度，是指政府门户网站公众满意度调查问卷是否真正反映了调查对象的特征，并实施了准确测量。政府门户网站公众满意度调查问卷的效度包括内容效度、准则效度及结构效度三种类型。其中，政府门户网站公众满意度调查问卷的内容效度，又称逻辑效度或表面效度，是指该套问卷测度项是否测试了政府门户网站公众满意度的内容。政府门户网站公众满意度调查问卷的准则效度，是指该套问卷测度项对编制该问卷所依据政府门户网站公众满意度等相关理论具体层面的反映程度。政府门户网站公众满意度调查问卷的结构效度则是指测量结果体现的某种结构与测量值之间的对应程度。三种类型效度之间构成了一种累进的关系，对调查对象等相关信息的需要，从内容效度到结构效度，呈现递增的趋势。

（二）政府门户网站公众满意度调查问卷效度分析方法

政府门户网站公众满意度调查问卷的效度分析,即分析问卷能够测出政府门户网站公众满意度的这个问题特征的程度。当效度越高时，表明该调查问卷的测量结果与考察的内容越吻合。从这个意义上看，政府门户网站公众满意度调查问卷的效度分析实质是分析该问卷在测评政府门户公众满意度中的可解释性及有效性。因此，政府门户网站公众满意度调查问卷效度分析是该问卷发放前量表科学修正的必要步骤。政府门户网站公众满意度调查问

---

① 信度分析[EB/OL]. http://www.docin.com/p-23739238.html. [2018-08-18].

卷的效度分析有多种方法,不同方法的测量结果反映了该调查问卷效度的不同方面。

1. 单项与总和相关效度分析法

该法主要用于分析政府门户网站公众满意度调查问卷的内容效度,在判断问卷测度项是否代表或覆盖政府门户网站公众满意度主题时,可采用专家法结合单项与总和相关效度分析法。其中,专家法是通过专家访谈或专家调查,由专家评价问卷测度项是否符合所测政府门户网站公众满意度主题;单项与总和相关效度分析法,主要根据各测度项得分与总分间相关系数的显著性,判断政府门户网站公众满意度调查问卷是否有效。对于问卷中的反意题项,应将其逆向处理后再计算总分。

2. 准则效度分析法

准则效度分析法通常步骤如下:首先,效标选择,以某种理论指标或测量工具为准则;其次,对问卷测度项与准则做相关分析,通过分析两者的相关系数的显著程度,判断该测度项反映测评对象的有效程度。在政府门户网站公众满意度调查问卷的效度分析中,如果选定了恰当的准则,准则效度分析法则能对问卷各测度项的效度展开详细的分析,但具体实践中,由于选择适当的准则比较困难,该法不适用于政府门户网站公众满意度调查问卷的效度分析。①

3. 结构效度分析法

结构效度分析法是指采用探索性因子分析的方法,考察问卷的假设结构与测量值之间的对应程度,利用该法分析政府门户网站公众满意度调查问卷效度的步骤如下:首先利用 SPSS 软件提供的探索性因子分析功能,从政府门户网站公众满意度调查问卷的所有测度项中提取共同因子;其次根据累积贡献率、共同度及因子载荷等指标的结果,判断共同因子与问卷基本结构间的对应程度。其中,通过累积贡献率,可以获知共同因子对于问卷的累积有效度,通过共同度可以获知共同因子对原测度项解释的有效程度,通过因子载荷可以获知某共同因子与某些测度项间的相关程度(刘燕,2006:51)。

---

① 什么是效度分析[EB/OL]. http://www.360doc.com/content/10/1015/16/3952780_61246245.shtml#. [2018-08-18].

三、政府门户网站公众满意度调查问卷的信度与效度的关系

问卷信度是指问卷在测评中稳定、一致、可靠的程度,而问卷效度则是指问卷测评中反映调查对象特征的程度。问卷的信度高,只能说明为问卷调查提供了一个稳定、可靠的研究工具,但不能说明该问卷充分反映了调查对象的特征;但问卷的效度高,则说明该问卷具有较高的信度。政府门户网站公众满意度调查问卷的信度与效度的关系,也基本符合上述描述,但在具体测评中,还应根据调查对象或内容的变化,具体分析问卷的信度及效度。

第三节 政府门户网站公众满意度调查问卷缺失数据的处理

缺失数据是指在调查研究中因调查对象故意、疏忽、传输媒体故障、人为输入失误等原因,导致抽样样本中部分数据的缺失。缺失数据的现象在问卷调查中是非常普遍的,当缺失数据占总体样本数据很小比例时,可舍弃该部分数据,直接对完整数据进行处理。但结合政府门户网站公众满意度调查的实际来看,缺失数据在回收数据中占有相当大的比例,如果仍采取以往删除缺失数据的方法,将可能导致大量有用反馈信息的丢失,并造成完全观测数据与不完全观测数据间的系统差异,增加了 GWPSI 概念模型系统构建中的不确定性成分,降低了 GWPSI 概念模型中变量间关系反映的科学性。因此,本节主要在分析政府门户网站公众满意度调查问卷缺失数据产生的原因、类型的基础上,探讨政府门户网站公众满意度调查问卷缺失数据处理的有效方法。

一、政府门户网站公众满意度调查问卷缺失数据原因分析

结合实际调查,发现造成政府门户网站调查问卷缺失数据的原因是多方面的,有政府门户网站的原因、调查方式的原因及人为原因。

(一)政府门户网站的原因

政府门户网站作为集中了各应用系统、数据资源及网络资源的统一信息系统平台,在支撑其正常运转、服务的后台数据库中,各种类型数据的

属性值缺失现象经常发生且无法避免,这将直接导致政府门户网站信息系统的部分功能欠缺的客观状态。调查对象因无法获知或体验政府门户网站的相关性能或功能,将导致调查问卷中部分反馈数据的缺失。

(二)调查方式的原因

政府门户网站公众满意度数据采集可采用网络电子问卷调查、网络信息分析等多种网络数据采集方式,通过专业调查网站、网络即时通信工具、网络日志挖掘工具等媒介实现。尽管在采集成本、时效性及准确性上,基于网络的数据采集方式优于传统的数据采集方式,但从整个调查过程来看,基于网络的数据采集方式也易造成政府门户网站公众满意度调查问卷中部分数据的缺失,具体原因如下。

1. 网络安全的原因

调查对象对网络安全的谨慎态度,增大了基于网络的数据采集中数据缺失的可能性。根据中国互联网络信息中心(China Internet Network Information Center,CNNIC)发布的第40次《中国互联网络发展状况统计报告》的结果显示,我国现有96.3%的网民通过手机上网。[①]手机上网的调查对象出于网络安全的考虑,可能较少通过点击网络即时通信工具(如QQ)发送的专业调查网站链接地址参与调查,而在公共场所上网的调查对象,出于个人信息安全的考虑,对问卷中涉及个人隐私等敏感性问题数据的提供也较为谨慎,从而直接导致问卷中部分数据的缺失。

2. 网络技术保障的原因

网络技术保障不到位也是造成基于网络的数据采集中数据缺失的主要原因。网络技术保障是指保证调查顺利开展的网络技术的支持。网上调查问卷系统的数据采集、传输功能,直接影响数据交流与回收的效率和质量。由于缺乏兼容的系统平台及稳定的网络传输速度,调查对象的答题过程可能中断,或者调查对象反馈数据部分甚至全部无法上载。

3. 网络答题障碍的原因

部分网络调查问卷系统可能设定了答题时间的限制,这要求调查对象在有限的时间内,对问卷问题做出判断及选择,从而可能造成部分调查对

---

① 中国记协网. 第40次《中国互联网络发展状况统计报告》发布[EB/OL]. http://news.xinhuanet.com/zgjx/2017-08/07/c_136506155.htm. [2018-08-25].

象在限定的时间内无法有效地完成问卷，导致部分数据缺失；同时部分网络调查问卷系统因为缺乏跳题功能，调查对象常因无法跳过属性不匹配的问题，无法进行随后问题的作答，从而导致问卷中部分数据的缺失。此外，问题与调查对象的不匹配也是造成数据缺失的原因。

（三）人为原因

人为原因是指调查过程中，调查人员或调查对象的疏漏及信息素养的差异导致问卷数据缺失，具体如下。

1. 调查人员的原因

调查人员在采集数据的录入阶段，对于部分数据重要程度的认知偏差、对于数据内涵错误理解及数据录入遗漏等，都可能造成部分数据缺失。

2. 调查对象的原因

调查对象对于问题理解的偏差、个人疏忽导致部分问题忘记回答等，也是造成数据缺失的主要原因。

二、政府门户网站公众满意度调查问卷缺失数据机制分析

分析调查问卷缺失数据的机制，是对政府门户网站公众满意度调查问卷缺失数据处理的重要前提。一般来说，问卷数据集中无缺失数据的变量被称为完全变量，而包含缺失数据的变量则称为不完全变量。根据 Little 与 Rubin（1986）关于数据缺失机制的定义，政府门户网站公众满意度调查问卷缺失数据包含以下三种机制。

（一）完全随机缺失

完全随机缺失（missing completely at random，MCAR）是指调查问卷中的数据缺失的现象完全是随机发生的，数据缺失不依赖于不完全变量及完全变量，即某一变量的缺失数据与非缺失数据之间，或与该变量有关的其他变量在与其缺失数据与非缺失数据之间，不存在任何差异。完全随机缺失是调查问卷数据缺失较易处理的问题，往往通过删除缺失记录就可解决，并不会导致估计结果的偏差。但在政府门户网站公众满意度调查问卷数据处理中，完全随机缺失的情况是很少见的（刘燕，2006：53）。

(二) 非随机缺失

作为数据缺失问题中最为复杂的一种机制，非随机缺失（missing not at random，MNAR）是指问卷数据的缺失仅仅依赖于不完全变量自身。因此，政府门户网站公众满意度调查问卷数据如果出现非随机缺失时，需要考虑缺失数据的原因，并应用非忽略模型（non-ignorable model）推估缺失值。

(三) 随机缺失

随机缺失（missing at random，MAR）是指调查问卷数据的缺失仅仅依赖于其他完全变量的问卷缺失数据机制。假定 X 为整体数据集，其完整被观测的部分记作 x_{obs}，而其缺失部分记作 x_{mis}，若一个观测值的缺失概率仅仅依赖于 x_{obs}，且其与 x_{mis} 的关系仅由 x_{obs} 体现，则称该缺失数据为随机缺失数据。按照上述假定，政府门户网站公众满意度调查问卷的数据随机缺失机制可用下例说明：选取问卷中三个变量 x_1、x_2、x_3，其中，x_1、x_2 为完全变量，而 x_3 为不完全变量，则 x_3 出现缺失的概率与 x_1、x_2 有关，与 x_3 中的其他值无关（刘燕，2006：53）。

研究表明，问卷数据属于完全随机缺失或非随机缺失的情况并非常态，问卷缺失数据大多属于随机缺失。因此，本书对政府门户网站公众满意度调查问卷缺失数据的分析，都是基于问卷缺失数据为随机缺失的假定。据此假定，政府门户网站公众满意度缺失数据表现为单变量缺失、任意缺失及单调缺失三种形式。

1. 单变量缺失

数据集中反应变量为不完全变量，而其他解释变量为完全变量。见表 4-4（刘燕，2006：54）。

表 4-4　单变量缺失

G	x_1	x_2	x_3	y_1
1	*	*	*	*
2	*	*	*	*
3	*	*	*	*
4	*	*	*	*
5	*	*	*	.

2. 任意缺失

数据集不满足单调缺失方式的叫作任意缺失（刘燕，2006：54）。见表 4-5。

表 4-5 任意缺失

G	x_1	x_2	x_3	y_1
1	*	*	·	*
2	·	*	*	*
3	*	*	*	*
4	·	*	*	·
5	*	·	*	*

3. 单调缺失

利用参数表示，假定数据集以 $n \times p$ 矩阵表示，经过行列对换后矩阵中 y_{ij} 为缺失时，对于 $k \geqslant i$，$l \geqslant j$ 的 y_{kl} 也是缺失的（刘燕，2006：54）。此外，对于时间序列类的数据，可能存在随着时间变化的缺失，这种缺失也称为单调缺失。见表 4-6。

表 4-6 单调缺失

G	x_1	x_2	x_3	y_1
1	*	*	*	*
2	*	*	*	*
3	*	*	*	*
4	*	*	*	·
5	*	*	·	·

注：表 4-4、表 4-5、表 4-6 中 * 表示完整值，· 表示缺失值，x_1、x_2、x_3 表示数据集中的解释变量，y_1 表示反应变量。

三、政府门户网站公众满意度调查问卷缺失数据处理方法

（一）现有问卷缺失数据处理方法及其适用性分析

总体来看，处理问卷缺失数据的方法可以分为删除法与插补法，其中删除法又包括简单删除法与权重法。

1. 删除法

（1）简单删除法

简单删除法是指问卷任何变量如果存在缺失数据的话，那么该变量下含有缺失数据的个案将被删除。作为最为常见且简单的缺失数据处理方法，简单删除法是 SPSS、SAS 等社会统计软件默认的问卷缺失数据的处理方法。简单删除法简单易行，在缺失数据所占比例较小的情况下，对于完整数据集的推估是非常有效的。但是在政府门户网站公众满意度缺失数据处理中，简单删除法是不适用的。首先，对于缺失数据比例的把握缺乏固定的标准。由于简单删除法适用于缺失比例较小的数据集，对于何谓"小"比例的缺失数据，专家仍有争议。其次，不加选择的以删除样本量来获取完整的采集数据，将会造成不少有用数据的流失，尤其在样本量偏小或缺失数据为非完全随机缺失且缺失比例较大时，简单删除法将严重影响推估结果的准确性。

（2）权重法

权重法是在缺失数据的类型为非完全随机缺失时，通过对完整数据加权来减小偏差的一种方法。该法的具体步骤是：首先标记缺失数据的个案；其次利用 logistic 或 probit 回归分析，将完整的数据个案赋予不同权重；最后通过观测解释变量与权重的相关系数，判断该方法对于减小偏差的有效性。但政府门户网站公众满意度缺失数据很可能存在多个属性缺失的情况，如果采用权重法对缺失数据推估，就需要对不同属性的缺失组合赋予不同的权重；这将增大计算难度，降低推估结果的准确性。[1]因此，权重法也不适合处理政府门户网站公众满意度缺失数据。

2. 插补法

插补法是为了弥补全部删除不完全样本数据会导致大量样本信息丢失的可能，而提出的一种缺失数据处理方法，其主导思想是以可能值代替缺失值，增加缺失数据推估的有效性。20 世纪 80 年代以后，学者已经提出 30 多种插补方法，主要的几种介绍如下。

（1）均值插补法

均值插补法（mean imputation）又称均值替换法，是指用整个样本中所有观测数据的均值来替代所有缺失值的方法。具体应用中，可将缺失数

---

[1] 缺失值[EB/OL]. http://baike.baidu.com/view/1578358.htm. [2018-08-20].

据按照属性划分为数值型、非数值型数据。对于数值型缺失数据,可用该变量其他所有观测数据的均值替代,对于非数值型缺失数据,可用该变量在其他所有观测数据的取值次数最多的值来替代。均值插补法只能在缺失数据是完全随机缺失时为总体均值或总量提供无偏差估计,并在此前提下可作为简单删除法的有效替代,在处理问卷中重要变量包含较多缺失数据时使用。但该法使用均值替代缺失数据,易造成数据分布扭曲,导致有偏估计,因此不适用于政府门户网站公众满意度缺失数据的处理。

(2) 热卡填充法

热卡填充法(hotdecking)又称热平台插补法,是指利用数据集中与缺失数据变量最为相似的变量值,填充该缺失数据变量的缺失数据插补方法。该法实施的主要步骤包括:首先获取与缺失数据变量最为相似的其他变量,而最为相似的判断通常以两变量之间的相关系数的显著程度为标准;其次,将所有个案按此前获取最为相似变量的取值大小排序;最后缺失值可用排在其前的最为相似变量的个案数据进行插补。热卡填充法不能覆盖政府门户网站公众满意度调查问卷中回答数据没有反映的信息,应用中易增大回归方程的误差,从而造成参数估计不稳定,此外热卡填充法在具体操作上时效性不强,因此也不适用于政府门户网站公众满意度缺失数据的处理。[①]

(3) 回归插补法

回归插补法(regression imputation)又称回归替换法,是利用与缺失数据的变量与辅助变量之间的线性关系,建立回归模型,充分利用辅助变量的信息,推估缺失数据的变量的缺失值(金勇进,2001)。

(4) 极大似然估计法

极大似然估计法(maximum likelihood estimate,MLE)又称忽略缺失值的极大似然估计法,该法以假设模型对于完整样本正确为前提,通过观测数据的边际分布,对未知参数进行极大似然估计。其中,期望值最大化(expectation maximization,EM)算法是在不完全数据情况下计算极大似然估计的主要方法。在政府门户网站公众满意度缺失数据的处理中,利用极大似然估计法进行缺失数据的有效推估是以充足的调查样本数量为前提的,这就限制了该法在政府门户网站公众满意度缺失数据处理中的应用,

---

① 几种常见的缺失数据插补方法[EB/OL]. http://spss-market.r.blog.163.com/blog/static/731422682 0093270247872/. [2018-08-20].

此外，该法计算复杂，收敛速度较慢并可能会陷入局部极值，因此也不适用于政府门户网站公众满意度缺失数据的处理。[①]

（5）多重插补法

为改善单一插补法易造成低估计量方差的弊端，20世纪80年代后期，Rubin提出了多重插补法（multiple imputation，MI）。经Rubin、Meng及Schafer等学者的不断完善，多重插补法已经较广泛地应用于问卷缺失数据的处理中。多重插补法对每个缺失数据产生M（$M>1$）个合理的估计值，形成M个完整数据集，经相同方法处理后得到M个处理结果，最后在综合M个处理结果的基础上，形成对目标变量的估计。除了保持单一插补法中的应用完全数据分析方法和融合数据调查人员知识能力的两大优势外，在政府门户网站公众满意度缺失数据的处理中，多重插补法还具有以下优点：首先，为表现数据分布，该法可随机抽取系列可能值进行插补，增加了估计的有效性；其次，当多重插补是在某个模型下的随机抽样时，按一种直接方式简单融合完全数据推断得出有效推断，即它反映了在该模型下由缺失数据而导致的附加变异；最后，在多个模型下，通过随机抽取进行插补，简单地应用完全数据方法，可以对无回答的不同模型下推断的敏感性进行直接研究（邹凯，2008：75）。

多重插补法不是用单一的插补值来替换缺失数据，而是通过产生缺失数据的一个随机样本，体现了数据缺失而导致的不确定性，因此该法能够产生更加有效的统计推断。基于上述分析，本书采用多重插补法，可较容易地在不舍弃任何缺失数据样本的情况下对政府门户网站公众满意度缺失数据进行处理。

（二）基于NORM软件的政府门户网站公众满意度缺失数据多重插补法

运用多重插补法处理政府门户网站公众满意度缺失数据主要步骤如下：首先，创建多重插补数据集，为每个缺失数据产生一套可能的反映无响应模型的不确定性的补充值，每个值都被用来填补数据集中的缺失数据，产生若干个完整数据集合；其次，使用针对完整数据集的统计方法对每个填补数据集统计分析；最后，对来自各个填补数据集的结果进行综合，产生最后的推估结果。[②]上述三个步骤，基于NORM软件可以较为简单地实现。

[①] 极大似然法[EB/OL]. http://baike.baidu.com/ item/极大似然法. [2010-11-20].
[②] 缺失值[EB/OL]. http://baike.baidu.com/view/1578358.htm. [2018-08-22].

1. NORM 软件简述

NORM 软件是美国宾夕法尼亚州立大学统计与方法中心（Department of Statistics & the Methodology Center，Pennsylvania State University）Schafer 等研制的用于处理缺失数据的应用软件。该软件适用于多变量正态分布资料缺失数据的推估，其推估模型是建立在系统模拟回归模型的基础上，当有缺失数据的变量为一个时，可以个体其他变量为自变量建立回归方程，用其预测值外加残差项作为缺失估计值；当有缺失数据的变量为两个或更多时，缺失数据的估计则应在多变量回归模型下进行，包括其残差等（刘桂芬和冯志兰，2005）。

2. 基于 NORM 软件的政府门户网站公众满意度缺失数据多重插补步骤

基于 NORM 软件的政府门户网站公众满意度缺失数据多重插补步骤主要包括：①面向 NORM 软件的政府门户网站公众满意度缺失数据的准备；②基本统计描述与转换；③创建面向 NORM 软件的政府门户网站公众满意度多重插补数据集（政府门户网站公众满意度缺失数据的参数估计、数据扩充）；④分析 NORM 软件推估数据集；⑤合并数据集。具体如下。

（1）面向 NORM 软件的政府门户网站公众满意度缺失数据的准备

根据 NORM 软件对处理数据类型及格式的要求，将政府门户网站公众满意度缺失数据进行相应处理，以便 NORM 软件识别及读取。准备内容包括：首先对样本数据一致性处理，以-9 或-99 替代样本中的缺失数据；其次将样本中字符型数据数量化；最后将全部样本数据以纯文本文件的格式保存，并将样本数据对应变量的名称单独以纯文本文件的格式保存，与上述样本数据文件置于同一文件夹中，方便 NORM 软件运行中将样本数据与变量名称有效匹配。

（2）基本统计描述与转换

NORM 软件对于录入后的政府门户网站公众满意度全部数据初步处理后，可统计描述推估前样本数据的基本类型、精度、各变量缺失数据的比例等基本信息，并根据需要转换数据类型。如通过右键点选"Variables"下的某变量名称，可以获得该变量的数据分布态势图；通过点选"Transformation"，可将现有数据转换为相应的指数、对数类型数据；通过点选"In model"，可以选择推估模型中的变量；通过点选"Summary"可以得到推估前政府门户网站公众满意度数据集中各变量缺失数据的数量、缺失数据比例及样本中缺失数据的矩阵形式。

（3）创建政府门户网站公众满意度多重插补数据集

NORM 软件在政府门户网站公众满意度多重插补数据集的创建中采用了马尔可夫链蒙特卡罗（Markov Chain Monte Carlo，MCMC）方法，该法是马尔可夫链与蒙特卡罗模拟两种方法的合称，其中，马尔可夫链是指与时间有关的系列随机变量的随机过程，其主要用于研究插补各数据集状态初始分布和各状态间的转移概率，并在描述状态变化趋势的基础上，预测未来（查秀芳，2003）。而蒙特卡罗模拟方法则在上述马尔可夫链的基础上，以概率和统计理论方法随机模拟，以获得数据序列的分布。在应用MCMC 方法建立多组插补数据值时，NORM 软件采用了 EM 算法及 DA（data augmentation）算法。其中，EM 算法的基本思想是首先给出缺失数据初值的条件下估计出参数值；其次，根据参数值估计出缺失数据的值；最后，根据估计出的缺失数据值对参数值进行更新，反复迭代直至收敛（李昌利和沈玉利，2008）。EM 算法是一种从非完整数据集中对参数进行极大似然估计的学习算法，其运算过程包括两个步骤。

E 步（expectation step）：计算完整数据的对数似然函数的期望，记为

$$Q(\Theta|\Theta(t)) = E\{Lc(\Theta;Z)|X;\Theta(t)\} \quad (4\text{-}4)$$

式中，Z 为政府门户网站公众满意度数据集合；X 为完整数据；Θ 为被估计的参数；$\Theta(t)$ 为算法第 t 次迭代后的参数。

M 步（maximization step）：通过最大化 $Q[\Theta|\Theta(t)]$ 来获得新的 Θ。[①]

EM 算法通过交替进行上述两个步骤，多次迭代，循环直至达到收敛条件为止，获得数据扩充过程的初始值。利用 NORM 软件中的"EM algorithm 算法"选项，可以实现上述操作，并通过输出的 em.out 文件，获得缺失数据的参数估计值，为 DA 算法提供迭代次数与迭代的初始值。

DA 算法又称数据扩充算法，其实质与 EM 算法相似，都是以潜在数据适当值的推估为基础，并应用这些推估解决简单化问题。只不过 EM 算法侧重于获取极大似然估计值，而 DA 算法的核心思想是确定参数估计值 Θ 的后验分布，从稳定的插补数据的分布中抽取需要估算数据的随机样本进行模拟推断。数据扩充算法包含两个迭代步骤。

---

① EM 算法[EB/OL]. http://baike.baidu.com/view/1541707.htm. [2018-08-23].

I 步（imputation step）抽取：根据观测数据 Y_{obs} 和给定的 θ 值抽取缺失数据 Y_{mis}，

$$Y_{mis}^{(t+1)} \sim P(Y_{mis} | Y_{obs}, \theta^{(t)}) \tag{4-5}$$

P 步（posterior step）抽取：根据观测数据 Y_{obs} 和缺失数据插补值 $Y_{mis}^{(t+1)}$ 给出 θ 值，

$$\theta^{(t+1)} \sim P(\theta | Y_{obs}, Y_{mis}^{(t+1)}) \tag{4-6}$$

给定一个 θ 初始值 $\theta^{(0)}$，反复迭代得到一个分布收敛的马尔可夫链：$Y_{mis}^{(1)}, \theta^{(1)}, Y_{mis}^{(2)}, \theta^{(2)}, \cdots$ 为生成正确的多重插补，可从一个成熟的数据扩充链 $Y_{mis}^{(t)}, Y_{mis}^{(2t)}, \cdots, Y_{mis}^{(nt)}, \cdots$ 中收集多个 $Y_{mis}^{(t)}$，在其老练后从每条链中分别抽取一组插补值（董艳，2010：24），选择足够大的 t，目的是使连续插补统计独立。判断其统计独立有两种方法，一种是观察 θ 的时间序列图，另一种是计算 θ 的自相关函数。最后，将观测值与 Y_{obs} 与 m 个 Y_{mis} 结合，构造出 m 个完全数据集（刘燕，2006：56-57）。NORM 软件将原数据集的简单统计量以 da.out 的文件输出，而将参数估计结果以 da.prm 的文件输出。da.prm 文件包括推估的各变量的均值、标准差、协方差及相关矩阵等参数。

（4）分析 NORM 软件推估数据集

对于 NORM 软件推估的数据集，利用 SPSS、SAS 等标准统计软件分析，由于 NORM 软件推估出不同的数据集，在分析方法的选择上，应根据分析目的来决定数据集采用相同的方法分析或不同方法分析。

（5）合并数据集

在对不同的数据集分析后，合并数据集实质上是在获取多个插补值之后，综合往上推估的每个插补值对总体估计量 θ 的估计值的过程。NORM 软件中的"Analyze"菜单提供了数据集合并功能。具体合并步骤如下：首先将所要合并的参数按照 NORM 软件的要求格式整理为纯文本文件，其次利用 NORM 软件的"MI inference Scalar"将反映缺失值不确定性的数据集与集内方差合并为总方差估计值，利用 NORM 软件的"MI inference Multiparameter"合并协方差矩阵，合并结果以 mi.out 文件输出（刘桂芬和冯志兰，2005）。最后，将 m 个经插补的数据集合并，Θ 最终估计值可由式：$\bar{\theta} = \frac{1}{m}\sum_{i=1}^{m}\bar{\theta}_i$ 获得。

第五章 基于结构方程模型的政府门户网站公众满意度测评研究

政府门户网站公众满意度测评研究是指从公众满意度的角度对政府门户网站绩效进行测评。本书第三章已对影响政府门户网站公众满意度的关键因素做了梳理，但用什么方法来量化分析各因素在政府门户网站公众满意度的作用及其间的关系，仍需要结合测评对象、测评影响因素间关系的特点具体探讨。传统的计量统计方法，包含路径分析法及因子分析法。其中，路径分析法常用于计量经济学中处理具有许多内因变量的联立方程；因子分析法虽然在心理计量学、社会计量学中广泛应用，但由于受测评项之间关系无法处理，以及测评项之间误差不相关假设的限制，该法只能用于探讨影响政府门户网站公众满意度各因素间初步结构，无法检验它们之间的结构关系。基于此，结合结构方程模型的特点，本书提出了政府门户网站公众满意度测评的结构方程模型建模方法。本章结构如下：首先在对结构方程模型原理阐述的基础上，结合政府门户网站公众满意度测评的特点，阐述基于结构方程模型构建 GWPSI 概念模型的目的及过程；其次根据结构方程模型建模原理构建 GWPSI 概念模型，包括 GWPSI 结构模型的构建及 GWPSI 测量模型的构建；最后通过仿真试验，对比分析 LISREL 与 PLS 路径分析方法在 GWPSI 概念模型参数估计性能的基础上，提出 GWPSI 概念模型参数估计的 PLS 路径分析方法及具体推估流程。

第一节 政府门户网站公众满意度测评的结构方程模型方法

一、结构方程模型原理

结构方程模型是一种广泛应用于社会及行为科学领域内的统计技术。作为一种呈现客观状态的数学模式，结构方程模型是融合了路径分析技术及因子分析技术，并用于检验观测变量与结构变量之间假设关系的全包式统计技术。较之于路径分析技术，结构方程模型可以处理变量的测量误差，并可尽力更正测量误差导致的偏误；较之于因子分析技术，结构方程模型可以精确估计具体项目，并将项目分析概念融合于因子结构的检验中，检验测量项目的测量误差，并将测量误差从项目的变异量中抽出，使因子负荷量具有较高的精确度，还可对整体因子模型做统计评估，分析理论模型与采集资料间的拟合程度（黄芳铭，2005：3）。作为一种应用范围广泛的统计技术，结构方程模型被Fornell等学者称为第二代数据分析技术。

作为一个结构方程式的体系，结构方程模型包含了观测变量、结构变量及误差变量。其中，结构变量又称潜在变量，是由理论或假设建构的无法直接测量的变量；观测变量又称显在变量，是指可以直接测量的变量，通常结构变量可由观测变量解释；误差变量是指观测变量与实际对象之间的残差。各变量之间的联结关系是通过结构参数表示的。按照各变量组成的模型分类，结构方程模型包括结构模型（measurement model）与测量模型（structural model）两个子体系。

（一）结构模型

结构模型因建立在潜在变量之间的关系上，又称潜在变量模型。该模型主要由内因结构变量、外因结构变量及变量间的路径关系组成。其中，内因结构变量用 η 表示，外因结构变量用 ξ 表示，误差变量则用 ζ 表示。结构模型矩阵、矩阵元素及对应变量见表5-1。

表5-1 结构模型矩阵、矩阵元素及对应变量

矩阵名称	矩阵解释	矩阵元素	对应变量
B	内因结构变量间的影响	β	$\eta \to \eta$
Γ	外因结构变量对内因结构变量的影响	γ	$\xi \to \eta$
Φ	外因结构变量方差——协方差	ϕ	$\xi \leftrightarrow \xi$
Ψ	内因结构变量的误差方差——协方差	ψ	$\zeta \leftrightarrow \zeta$

资料来源：黄芳铭（2005：11）。

结构方程模型的结构模型对模型中外因结构变量与内因结构变量之间的因果关系可用以下公式表示：

$$\eta = B\eta + \Gamma\xi + \zeta \quad (5\text{-}1)$$

根据结构变量之间的关系不同，常见的结构模型包括如下几种形式。

1）一个外因结构变量只反映一个内因结构变量，或两个外因结构变量相关联地反映同一个内因结构变量，其矩阵形式的方程式表示如下：

$$\eta = \boldsymbol{\Gamma}\xi + \zeta \tag{5-2}$$

2）内因结构变量之间的互惠影响关系，其矩阵形式的方程式表示如下：

$$\eta = \boldsymbol{B}\eta + \zeta \tag{5-3}$$

3）一个外因结构变量反映一个内因结构变量，且该内因结构变量同时反映另一个内因结构变量，或一个外因结构变量反映两个内因结构变量，且内因结构变量其中之一同时反映另一个内因结构变量，其矩阵形式的方程式表示如下：

$$\eta = \boldsymbol{B}\eta + \boldsymbol{\Gamma}\xi + \zeta \tag{5-4}$$

（二）测量模型

测量模型是指使用观测变量反映结构变量的模型。其中，观测变量又称为反映指标。由于结构变量分为内、外因两种类型，其所对应的观测变量，可分为内因观测变量与外因观测变量。其中，内因观测变量用 Y 表示，外因观测变量用 X 表示，内因观测变量的测量误差变量用 ε 表示，外因观测变量的测量误差变量用 δ 表示。测量模型的矩阵、矩阵元素及对应变量见表 5-2。

表 5-2　测量模型的矩阵、矩阵元素及对应变量

矩阵名称	矩阵解释	矩阵元素	对应变量
$\boldsymbol{\Lambda}_x$	外因结构变量的因子载荷	λ_x	$\xi \to x$
$\boldsymbol{\Lambda}_y$	内因结构变量的因子载荷	λ_y	$\eta \to y$
$\boldsymbol{\Theta}_\delta$	外因观测变量（X）的测量误差	θ_δ	$\delta \to x$
$\boldsymbol{\Theta}_\varepsilon$	内因观测变量（Y）的测量误差	θ_ε	$\varepsilon \to y$

根据观测变量与结构变量之间的关系不同，常见的测量模型包括如下几种形式。

1）以外因观测变量为定义的测量模型，其矩阵形式的方程式表示如下：

$$X = \boldsymbol{\Lambda}_x \xi + \delta \tag{5-5}$$

2）以内因观测变量为定义的测量模型，其矩阵形式的方程式表示如下：

$$Y = \boldsymbol{\Lambda}_y \eta + \varepsilon \tag{5-6}$$

以上观测变量反映的皆为单一的结构变量的测量模型，单一结构变量还可通过两个以上的观测变量反映，此时，外因观测变量与内因观测变量的矩阵形式的方程式，分别等同于式（5-5）及式（5-6）。在结构方程模型

中,一般单一结构变量需要两个及其以上的观测变量反映,当 m 个结构变量还可以建构 n 个更高层次的结构变量时（$2 \leqslant m < n$, m, $n \in \mathbf{N}$),就构成了二阶（或高阶）验证性因子分析测量模型（黄芳铭,2005:11)。

二、基于结构方程模型构建 GWPSI 概念模型的目的

利用结构方程模型建模技术构建 GWPSI 概念模型,主要是利用结构方程模型建模技术精确推估影响政府门户网站公众满意度的关键因素,在对影响政府门户网站公众满意度各因素关系的检测中,融入项目分析观念;依据顾客满意度理论,设定影响政府门户网站公众满意度各结构变量间的反映或路径关系,并通过计算各变量间的关系系数,获得建构模型与采集样本间的拟合数据。因此,基于结构方程模型构建 GWPSI 概念模型的目的主要如下：首先通过结构方程模型建模技术,获取影响政府门户网站公众满意度的关键结构变量,以及它们之间的路径关系,增强对政府门户网站公众满意度的解释性能;其次通过结构方程模型建模技术,获取结构变量与观测变量之间的负载系数,梳理影响政府门户网站公众满意度的各关键因素,为从公众满意的角度指导政府门户网站建设提供数据支持,增强对政府门户网站公众满意度的预测性能。

三、基于结构方程模型构建 GWPSI 概念模型的过程

为了实现上述目的,基于结构方程模型构建 GWPSI 概念模型,在遵循结构方程模型建模的一般流程外,还需结合政府门户网站公众满意度测评的特点,具体问题具体分析。

1. 基于理论构建 GWPSI 概念模型

GWPSI 概念模型是指基于理论推导,假设的政府门户网站公众满意度模型。构建 GWPSI 概念模型需要借鉴与政府门户网站公众满意度相关的理论（如顾客满意度理论）及现有成熟的模型（如 ACSI 模型)。结合面向公众的政府门户网站服务特征及政府门户网站公众满意的形成机制,从理论上选取影响政府门户网站公众满意的各关键因素,并依据理论假设这些关键因素之间的内在关系,通过文献采集等方法,为上述关键因素设定测量指标。最后将上述关键因素及其测量指标以假定的关系整合。GWPSI 概念模型的构建为 GWPSI 测评模型的形成提供了理论基础。本书第三章就

GWPSI 概念模型的构建过程做了详细阐述。

2. GWPSI 概念模型的界定

本节主要是将构建的 GWPSI 概念模型以结构方程模型的形式表示。GWPSI 概念模型的界定包括两个环节：首先以结构方程模型中特定的如变量、变量间关系、误差、残差等路径符号界定 GWPSI 概念模型；其次，用结构方程式表示 GWPSI 概念模型。

3. GWPSI 概念模型观测变量的选择与数据采集

由于在 GWPSI 概念模型中各结构变量是潜在变量，无法直接用于政府门户网站公众满意度的测评，选择充分反映结构变量的观测变量，是利用 GWPSI 概念模型开展政府门户网站公众满意度测评的关键。本书已在第三章第五节中利用文献分析、专家访谈、探索性因子分析等方法，就感知质量、预期质量等 GWPSI 概念模型中结构变量的观测变量作了科学的设定。数据采集是检验 GWPSI 概念模型在政府门户网站公众满意度实际测评效果的数据基础，本书第四章构建的政府门户网站公众满意度数据采集体系及数据处理方法，已为政府门户网站公众满意度数据的采集及处理提供了方法支持。数据的采集中仍需要注意下列问题：①由于受信息基础建设、公众信息素养及政府宣传等多种因素的影响，公众对政府门户网站的认知与使用程度还不是太高，这有可能影响 GWPSI 概念模型参数估计的有效数据量；②不同的调查对象如政府工作人员、社区退休工人对政府门户网站使用的频率、依赖程度不同，可能导致采集数据呈现偏态分布；③我国政府门户网站仍处在不断发展阶段，公众在使用中可能会因多种技术、制度等障碍导致需求无法满足，从而产生偏激或抵触情绪，反映在问卷部分测评项的结果中可能会有部分数据缺失或出现部分数据极值。

4. GWPSI 概念模型的参数估计

主要利用结构方程模型的参数估计方法，对 GWPSI 概念模型中各变量间的关系系数进行估计。结构方程模型参数估计方法与结构模型中各结构变量关系的拟合程度，以及与结构模型的推估结果的解释程度，有着直接的关系。结构方程模型常用的参数估计方法包括极大似然估计法，以及一般化最小平方（generalized least square，GLS）法等。在 GWPSI 概念模型参数估计方法的选择上，应根据政府门户网站公众满意度各变量的分布、变量间关系及采集数据的特点具体分析、选择的原则。本书将在本章第三节进一步探讨 GWPSI 概念模型参数估计方法的选择。

5. GWPSI 概念模型的修正

GWPSI 概念模型的修正主要包括两个环节：首先，根据参数估计的结果，分析 GWPSI 概念模型与采集数据间适配程度，这包含 GWPSI 概念模型适配度检验、GWPSI 结构模型适配度检验及 GWPSI 测量模型适配度检验三部分内容；在检验程序上，先对 GWPSI 概念模型适配度进行检验。其次，当上述检验结果未达标时，可依据参数估计方法的关键指标如 LISREL 参数估计方法中的多重插补值，重复调整 GWPSI 概念模型中相关变量间的关系，反复推估直到 GWPSI 概念模型参数估计结果达到接受标准为止。

6. GWPSI 概念模型的解释

主要参照 GWPSI 概念模型的非标准化参数（unstandardized parameters）估计与标准化参数（standardized parameters）估计结果，分析模型中结构变量之间的直接效应（direct effect）、间接效应（indirect effect）及总体效应（total effect）。判断 GWPSI 概念模型中各结构变量之间的因果关系，提取具有较大影响的结构变量，为完善政府门户网站公众满意度提供数据支持。综上，基于结构方程模型构建 GWPSI 概念模型的过程如图 5-1 所示。

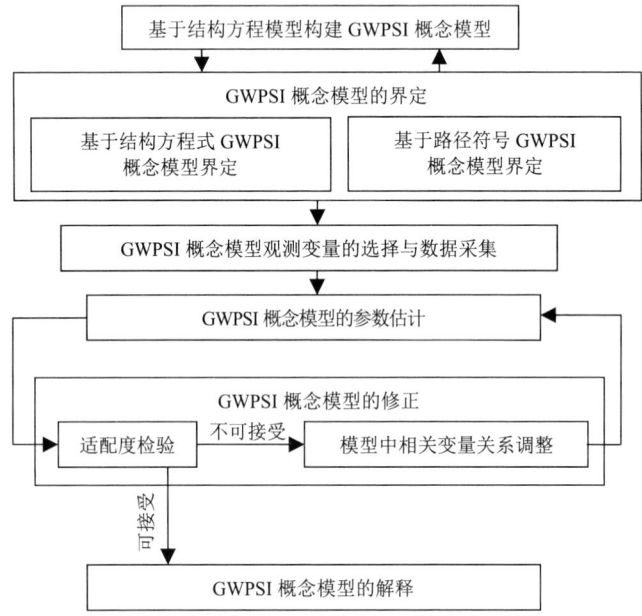

图 5-1　基于结构方程模型构建 GWPSI 概念模型的过程

第二节 政府门户网站公众满意度
测评的结构方程模型

本节利用结构方程模型建模方法，对 GWPSI 概念模型中结构变量之间、结构变量与观测变量的关系进行数学描述，并以结构参数的方式呈现，从而建立起政府门户网站公众满意度测评的结构方程模型。构建的政府门户网站公众满意度结构方程模型包含两个子体系——政府门户网站公众满意度测量模型与政府门户网站公众满意度结构模型。

一、政府门户网站公众满意度测量模型

GWPSI 测量模型由影响政府门户网站公众满意度的结构变量及其对应的观测变量组成，它们之间呈反映关系，即观测变量反映结构变量。测量模型在结构方程模型体系中被称为验证性因子分析模型，即通过验证观测变量与结构变量之间的因子载荷，判断观测变量对结构变量的反映程度。因此，从该角度看，测量模型又可以界定为内因结构变量与其观测变量，以及外因结构变量与其观测变量两部分。GWPSI 测量模型的外因结构变量及其观测变量的回归方程式表示如下：

$$x_1 = \lambda_1 \xi + \delta_1 \quad (5\text{-}7)$$

$$x_2 = \lambda_2 \xi + \delta_2 \quad (5\text{-}8)$$

$$x_3 = \lambda_3 \xi + \delta_3 \quad (5\text{-}9)$$

式（5-7）至式（5-9）的矩阵形式的方程式表示如下：

$$x = \Lambda_x \xi + \delta \quad (5\text{-}10)$$

式（5-10）还可以用向量形式表示如下：

$$\begin{matrix} x & \Lambda_x & \xi & \delta \end{matrix}$$

$$\begin{bmatrix} x_1 \\ x_2 \\ x_3 \end{bmatrix} = \begin{bmatrix} \lambda_1^x \\ \lambda_2^x \\ \lambda_3^x \end{bmatrix} [\xi] + \begin{bmatrix} \delta_1 \\ \delta_2 \\ \delta_3 \end{bmatrix} \quad (5\text{-}11)$$

式中，x 为预期质量结构变量。x_1 为信息资源预期质量观测变量；x_2 为信息系统预期质量观测变量；x_3 为总体预期质量观测变量。

GWPSI 测量模型的内因结构变量及其观测变量的回归方程式表示如下：

$$y_1 = \lambda_{11}\eta_1 + \varepsilon_1 \quad y_2 = \lambda_{21}\eta_1 + \varepsilon_2 \quad y_3 = \lambda_{31}\eta_1 + \varepsilon_3 \quad y_4 = \lambda_{41}\eta_1 + \varepsilon_4 \quad y_5 = \lambda_{51}\eta_1 + \varepsilon_5$$

$$y_6 = \lambda_{61}\eta_1 + \varepsilon_6 \quad y_7 = \lambda_{71}\eta_1 + \varepsilon_7 \quad y_8 = \lambda_{81}\eta_1 + \varepsilon_8 \quad y_9 = \lambda_{92}\eta_2 + \varepsilon_9 \quad y_{10} = \lambda_{102}\eta_2 + \varepsilon_{10}$$

$$y_{11} = \lambda_{112}\eta_2 + \varepsilon_{11} \quad y_{12} = \lambda_{123}\eta_3 + \varepsilon_{12} \quad y_{13} = \lambda_{133}\eta_3 + \varepsilon_{13} \quad y_{14} = \lambda_{144}\eta_{14} + \varepsilon_{14}$$

$$y_{15} = \lambda_{154}\eta_4 + \varepsilon_{15} \quad y_{16} = \lambda_{164}\eta_4 + \varepsilon_{16} \quad y_{17} = \lambda_{175}\eta_5 + \varepsilon_{17} \quad y_{18} = \lambda_{185}\eta_5 + \varepsilon_{18}$$

$$y_{19} = \lambda_{195}\eta_5 + \varepsilon_{19} \quad y_{20} = \lambda_{206}\eta_6 + \varepsilon_{20} \quad y_{21} = \lambda_{216}\eta_6 + \varepsilon_{21} \quad y_{22} = \lambda_{226}\eta_6 + \varepsilon_{22}$$

$$y_{23} = \lambda_{237}\eta_7 + \varepsilon_{23} \quad y_{24} = \lambda_{247}\eta_7 + \varepsilon_{24} \quad y_{25} = \lambda_{258}\eta_8 + \varepsilon_{25} \quad y_{26} = \lambda_{268}\eta_8 + \varepsilon_{26}$$

$$y_{27} = \lambda_{279}\eta_9 + \varepsilon_{27} \quad y_{28} = \lambda_{289}\eta_9 + \varepsilon_{28}$$

内因结构变量及其观测变量的回归方程式的向量形式见式（5-12）。

式中，y_1 为信息资源广泛性；y_2 为信息资源完整性；y_3 为信息资源可信性；y_4 为信息资源时效性；y_5 为信息系统互动性；y_6 为信息系统功能性；y_7 为信息系统共享性；y_8 为信息系统响应性；y_9 为与预期质量比较差异；y_{10} 为与公众需求比较差异；y_{11} 为公平理论；y_{12} 为办事效率提升程度；y_{13} 为个性化需求满足程度；y_{14} 为易理解性；y_{15} 为易操作性；y_{16} 为易学习性；y_{17} 为总体满意；y_{18} 为过程满意；y_{19} 为结果满意；y_{20} 为再次使用意图；y_{21} 为经常使用意图；y_{22} 为推荐他人使用意图；y_{23} 为规范性信念影响；y_{24} 为社会信息影响；y_{25} 为自我效能；y_{26} 为便利条件；y_{27} 为任务复杂性；y_{28} 为技术对实绩的影响。

$$\begin{bmatrix} y_1 \\ y_2 \\ y_3 \\ y_4 \\ y_5 \\ y_6 \\ y_7 \\ y_8 \\ y_9 \\ y_{10} \\ y_{11} \\ y_{12} \\ y_{13} \\ y_{14} \\ y_{15} \\ y_{16} \\ y_{17} \\ y_{18} \\ y_{19} \\ y_{20} \\ y_{21} \\ y_{22} \\ y_{23} \\ y_{24} \\ y_{25} \\ y_{26} \\ y_{27} \\ y_{28} \end{bmatrix} = \begin{bmatrix} \lambda_1^y & & & & & & & & \\ \lambda_2^y & & & & & & & & \\ \lambda_3^y & & & & & & & & \\ \lambda_4^y & & & & & & & & \\ \lambda_5^y & & & & & & & & \\ \lambda_6^y & & & & & & & & \\ \lambda_7^y & & & & & & & & \\ \lambda_8^y & & & & & & & & \\ & \lambda_9^y & & & & & & & \\ & \lambda_{10}^y & & & & & & & \\ & \lambda_{11}^y & & & & & & & \\ & & \lambda_{12}^y & & & & & & \\ & & \lambda_{13}^y & & & & & & \\ & & & \lambda_{14}^y & & & & & \\ & & & \lambda_{15}^y & & & & & \\ & & & \lambda_{16}^y & & & & & \\ & & & & \lambda_{17}^y & & & & \\ & & & & \lambda_{18}^y & & & & \\ & & & & \lambda_{19}^y & & & & \\ & & & & & \lambda_{20}^y & & & \\ & & & & & \lambda_{21}^y & & & \\ & & & & & \lambda_{22}^y & & & \\ & & & & & & \lambda_{23}^y & & \\ & & & & & & \lambda_{24}^y & & \\ & & & & & & & \lambda_{25}^y & \\ & & & & & & & \lambda_{26}^y & \\ & & & & & & & & \lambda_{27}^y \\ & & & & & & & & \lambda_{28}^y \end{bmatrix} \begin{bmatrix} \eta_1 \\ \eta_2 \\ \eta_3 \\ \eta_4 \\ \eta_5 \\ \eta_6 \\ \eta_7 \\ \eta_8 \\ \eta_9 \end{bmatrix} + \begin{bmatrix} \varepsilon_1 \\ \varepsilon_2 \\ \varepsilon_3 \\ \varepsilon_4 \\ \varepsilon_5 \\ \varepsilon_6 \\ \varepsilon_7 \\ \varepsilon_8 \\ \varepsilon_9 \\ \varepsilon_{10} \\ \varepsilon_{11} \\ \varepsilon_{12} \\ \varepsilon_{13} \\ \varepsilon_{14} \\ \varepsilon_{15} \\ \varepsilon_{16} \\ \varepsilon_{17} \\ \varepsilon_{18} \\ \varepsilon_{19} \\ \varepsilon_{20} \\ \varepsilon_{21} \\ \varepsilon_{22} \\ \varepsilon_{23} \\ \varepsilon_{24} \\ \varepsilon_{25} \\ \varepsilon_{26} \\ \varepsilon_{27} \\ \varepsilon_{28} \end{bmatrix} \quad (5\text{-}12)$$

二、政府门户网站公众满意度结构模型

GWPSI 结构模型又可称为政府门户网站公众满意度潜在变量模型（latent variable models），该模型主要用于描述影响政府门户网站公众满意度的各结构变量之间的关系，由外因结构变量（用符号 ξ 表示）、内因结构变量（用符号 η 表示）、残差（用符合 ζ 表示）及它们之间的关系组成。其中，内因结构变量之间的回归系数用 β（其结构系数矩阵为 $\boldsymbol{B}$）表示，而外因结构变量与内因结构变量间的回归系数用 γ（其结构系数矩阵为 $\boldsymbol{\Gamma}$）表示。在建构的 GWPSI 概念模型中外因结构变量是预期质量，除预期质量以外其余结构变量为内因结构变量。因此 GWPSI 概念模型的内部结构模型（图 3-10）的关系可用式（5-13）表示：

$$E[\eta \mid \eta, \xi] = \boldsymbol{B}\eta + \boldsymbol{\Gamma}\xi \tag{5-13}$$

式中，$\eta = (\eta_1, \eta_2, \cdots, \eta_m)$；$\xi = (\xi_1, \xi_2, \cdots, \xi_n)$。其中，$E(\eta) = 0$，$E(\varepsilon) = 0$，$\varepsilon$ 与 η 及 ξ 无关。GWPSI 概念模型中结构变量关系的矩阵表达式为

$$\begin{bmatrix} \eta_1 \\ \eta_2 \\ \eta_3 \\ \eta_4 \\ \eta_5 \\ \eta_6 \\ \eta_7 \\ \eta_8 \\ \eta_9 \end{bmatrix} = \begin{bmatrix} 0 & 0 & 0 & 0 & 0 & 0 & 0 & 0 & 0 \\ \beta_{21} & 0 & 0 & 0 & 0 & 0 & 0 & 0 & 0 \\ 0 & \beta_{32} & 0 & 0 & 0 & 0 & \beta_{37} & 0 & \beta_{39} \\ 0 & \beta_{42} & 0 & 0 & 0 & 0 & 0 & \beta_{48} & \beta_{49} \\ 0 & \beta_{52} & \beta_{53} & \beta_{54} & 0 & 0 & 0 & 0 & 0 \\ 0 & 0 & \beta_{63} & \beta_{64} & \beta_{65} & 0 & \beta_{67} & \beta_{68} & 0 \\ 0 & 0 & 0 & 0 & 0 & 0 & 0 & 0 & 0 \\ 0 & 0 & 0 & 0 & 0 & 0 & 0 & 0 & 0 \\ 0 & 0 & 0 & 0 & 0 & 0 & 0 & 0 & 0 \end{bmatrix} \begin{bmatrix} \eta_1 \\ \eta_2 \\ \eta_3 \\ \eta_4 \\ \eta_5 \\ \eta_6 \\ \eta_7 \\ \eta_8 \\ \eta_9 \end{bmatrix} + \begin{bmatrix} \gamma_{11} \\ \gamma_{21} \\ 0 \\ 0 \\ 0 \\ 0 \\ 0 \\ 0 \\ 0 \end{bmatrix} [\xi_1] + \begin{bmatrix} \zeta_1 \\ \zeta_2 \\ \zeta_3 \\ \zeta_4 \\ \zeta_5 \\ \zeta_6 \\ \zeta_7 \\ \zeta_8 \\ \zeta_9 \end{bmatrix} \tag{5-14}$$

将其转化为回归方程式的表达如下：

$$\begin{cases} \eta_1 = \gamma_{11}\xi_1 + \zeta_1 \\ \eta_2 = \gamma_{21}\xi_1 + \beta_{21}\eta_1 + \zeta_2 \\ \eta_3 = \beta_{32}\eta_2 + \beta_{37}\eta_7 + \beta_{39}\eta_9 + \zeta_3 \\ \eta_4 = \beta_{42}\eta_2 + \beta_{48}\eta_8 + \beta_{49}\eta_9 + \zeta_4 \\ \eta_5 = \beta_{52}\eta_2 + \beta_{53}\eta_3 + \beta_{54}\eta_4 + \zeta_5 \\ \eta_6 = \beta_{63}\eta_3 + \beta_{64}\eta_4 + \beta_{65}\eta_5 + \beta_{67}\eta_7 + \beta_{68}\eta_8 + \zeta_6 \end{cases} \tag{5-15}$$

式中，ξ_1 为预期质量；η_1 为感知质量；η_2 为比较差异；η_3 为感知有用；η_4 为感知易用；η_5 为公众满意；η_6 为持续行为意图；η_7 为主观规范；η_8 为感知行为控制；η_9 为任务-技术适配。

三、政府门户网站公众满意度的计算公式

为了保持与 Anderson 及 Fornell 等学者提出的顾客满意度的计算方法的一致性，本书的政府门户网站公众满意度的计算公式如下：

$$\text{GWPSI} = \frac{\text{E[GWPS]} - \min[\text{GWPS}]}{\max[\text{GWPS}] - \min[\text{GWPS}]} \times 100 \quad (5-16)$$

其中，

$$\text{E[GWPS]} = \sum_{i=1}^{n} W_i x_i \quad (5-17)$$

$$\min[\text{GWPS}] = \sum_{i=1}^{n} W_i \min(x_i) \quad (5-18)$$

$$\max[\text{GWPS}] = \sum_{i=1}^{n} W_i \max(x_i) \quad (5-19)$$

上述公式中，GWPS 为 GWPSI 概念模型中的结构变量；E[GWPS]、min[GWPS]、max[GWPS] 分别表示结构变量的期望值、最小值、最大值；x_i 为结构变量的第 i 个观测变量；W_i 为第 i 个观测变量的权重；n 为观测变量的数量（刘燕，2006：66）。

第三节 GWPSI 概念模型参数估计方法的选择及应用

一、GWPSI 概念模型参数估计方法的选择

常用的结构方程模型参数估计方法主要包括以极大似然估计法为基础的 LISREL，以及基于成分提取的 PLS 路径分析方法。其中，LISREL 是 Jöreskog 与 Sörbom（1989）提出的典型的结构方程模型参数估计方法，它主要通过极大似然估计法构造模型，拟合模型估计协方差与样本协方差的拟合函数，并通过迭代获取该拟合函数最佳参数估计。而 PLS 路径分析方法是 Wold（1966）提出的另一种经典的结构方程模型参数估计方法。与 LISREL 不同的是，PLS 路径分析方法以偏最小二乘回归方法为主要算法，

包含了主成分分析、相关分析及多元回归分析等多种方法，通过对上述方法结合起来的迭代估计，获取对于模型参数值的估计。上述两种典型的结构方程模型参数估计方法，到底哪种更适合 GWPSI 概念模型的参数估计，本书将从理论与仿真试验两个角度分析后进行选择（霍映宝，2006）。

（一）GWPSI 概念模型参数估计方法选择的理论分析

1. LISREL 与 PLS 路径分析方法的特点对比

作为结构方程模型参数估计的典型方法，尽管在表达形式、测量模型中观测变量与结构变量关系假设上具有相似点，但由于采用不同的建模原理，LISREL 与 PLS 路径分析方法在结构方程模型参数估计中各具特点。

（1）观测变量与结构变量关系呈现

PLS 路径分析方法是基于测量模型与结构模型方程，按一定方式多重迭代达到参数收敛时所得估计值进行推估，而在 LISREL 中，结构变量则由观测变量推估而得。因此，在测量模型的观测变量与结构变量关系的呈现上，PLS 路径分析方法更为清晰。

（2）数据分布要求

在对结构方程模型参数估计中，由于基于极大似然估计法推估数据，LISREL 对样本数据的分布有严格的要求，即采集的样本数据必须符合多元正态分布，而 PLS 路径分析方法对样本数据的分布没有像 LISREL 那样有严格的限制。

（3）样本数量

利用 LISREL 计算结构方程模型参数估计值时，因为基于极大似然估计法，使推估的结构方程模型参数估计值是渐近的，只有样本数量足够多时，才能保证最终参数估计值具有渐近不偏性及渐近一致性，随后方可用于推测模型的拟合度、预测度，而 PLS 路径分析方法在结构方程模型参数估计中不需要大量样本，通常较少的样本便可达到较为理想的拟合、预测结果。

（4）参数估计的全面性

LISREL 通常能较好地反映结构方程模型的结构模型中的结构变量之间的路径关系，但对于测量模型中观测变量与结构变量之间关系的反映效果，则不及 PLS 路径分析方法。PLS 路径分析方法采用先由观测变量计算结构变量，再推及整个模型的参数计算顺序，因而在获得各结构变量权重的同时，可较好地呈现模型中各变量间的关系。

(5) 测量模型模式构建的灵活性

利用 LISREL 构建的测量模型只能呈现反映型模式，即该测量模型变量间因果关系的假设中，结构变量只能作为观测变量的原因。而 PLS 路径分析方法在测量模型模式的构建上具有较大的灵活性，可根据实际需要，选择反映型模式或构成型模式。

2. LISREL 与 PLS 路径分析方法在 GWPSI 概念模型参数估计中的适用性比较

基于 LISREL 与 PLS 路径分析方法的理论特点分析，以及政府门户网站公众满意度数据采集特点，本书就 LISREL 与 PLS 路径分析方法对 GWPSI 概念模型参数估计的适用性进行了比较，具体结果见表 5-3。

表 5-3 LISREL 与 PLS 路径分析方法对 GWPSI 概念模型参数估计的适用性比较

样本数据特点	参数估计方法选择	样本数据特点	参数估计方法选择
数据偏少	LISREL( ),PLS(√)	数据极值	LISREL( ),PLS(√)
数据偏态分布	LISREL( ),PLS(√)	变量分布不明确	LISREL( ),PLS(√)
数据缺失	LISREL(√),PLS(√)	变量多线性相关	LISREL(√),PLS(√)

由表 5-3 可见，PLS 路径分析方法优于 LISERL，更适用于 GWPSI 概念模型的参数估计。

(二) LISREL 与 PLS 路径分析方法在 GWPSI 概念模型参数估计选择上的实验法

为了验证 PLS 路径分析方法在 GWPSI 概念模型参数估计中的优良性能，本书构建了 GWPSI 概念模型中的具有代表性的 GWPSI 仿真模型，该仿真模型由一个外因结构变量及一个内因结构变量，以及对应的观测变量组成，包含 GWPSI 概念模型中所有类型的变量及变量间的关系、结构。如图 5-2 所示。

图 5-2 的 GWPSI 仿真模型的结构模型可表示为 $\eta = \gamma_1 \xi + \zeta$，式中，$\gamma_1$ 为路径系数；ζ 为残差；x_i 为外因结构变量 ξ 的观测变量；y_i 为内因结构变量 η 的观测变量。其测量模型表示如下：

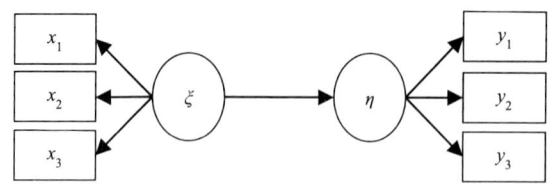

图 5-2　GWPSI 仿真模型

$$x_1 = \lambda_1^x \xi + \delta_1 \quad (5-20)$$

$$x_2 = \lambda_2^x \xi + \delta_2 \quad (5-21)$$

$$x_3 = \lambda_3^x \xi + \delta_3 \quad (5-22)$$

$$y_1 = \lambda_1^y \eta + \varepsilon_1 \quad (5-23)$$

$$y_2 = \lambda_2^y \eta + \varepsilon_2 \quad (5-24)$$

$$y_3 = \lambda_3^y \eta + \varepsilon_3 \quad (5-25)$$

式中，λ_i^x 与 λ_i^y 为回归系数；δ_i 和 ε_i 为残差。

实验主要采取以下步骤：首先，随机产生样本量为100、80、50、30、20的样本数据；其次，利用 LISREL 及 PLS 路径分析方法，分别计算模型中各系数估计值；再次，通过带入极大似然估计函数公式与无偏估计函数计算系数估计值的误差均方差；最后，通过比较不同参数估计方法获得的误差标准差的大小，判断 LISREL 与 PLS 路径分析方法在 GWPSI 概念模型参数估计中性能的优劣。以样本数为100时为例，其仿真过程如下。

利用 LISREL 8.7 软件运行结果如图 5-3 所示。

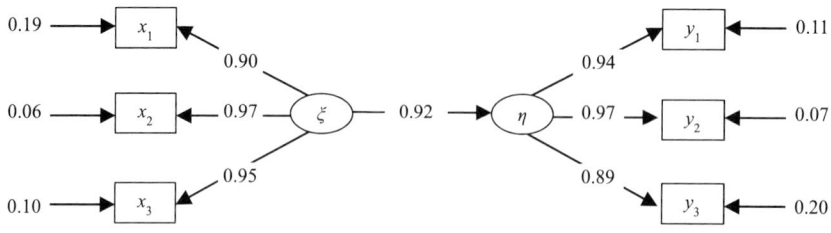

图 5-3　GWPSI 仿真模型的 LISREL 参数估计结果

其中，$\lambda_1^x = 0.90$，$\lambda_2^x = 0.97$，$\lambda_3^x = 0.95$，$\lambda_1^y = 0.94$，$\lambda_2^y = 0.97$，$\lambda_3^y = 0.89$；$\gamma_1 = 0.92$。代入公式：$\sqrt{\dfrac{1}{n-1}\sum_{i=1}^{n}(x_i - \bar{x})^2}$，其中，$\bar{x} = (x_1 + \cdots + x_n)/n$，

计算可得 λ^x 的误差标准差值为 3.79×10^{-2}，λ^y 的误差标准差值为 4.04×10^{-2}。

通过 PLS 软件运行结果如图 5-4 所示。

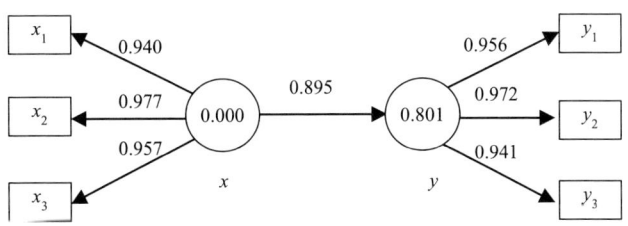

图 5-4　GWPSI 仿真模型 PLS 路径分析方法参数估计结果

其中 $\lambda_1^x = 0.940$，$\lambda_2^x = 0.977$，$\lambda_3^x = 0.957$，$\lambda_1^y = 0.956$，$\lambda_2^y = 0.972$，$\lambda_3^y = 0.941$；$\gamma_1 = 0.895$，带入误差标准差公式，可得 λ^x 的误差标准差值为 1.85×10^{-2}，λ^y 的误差标准差值为 1.55×10^{-2}。

当样本量为 100、80、50、30、20 时，LISREL 与 PLS 路径分析方法估计结果见表 5-4、表 5-5。

表 5-4　LISREL 估计结果

样本量	λ^x 误差标准差值	λ^y 误差标准差值
20	2.42×10^{-1}	1.71×10^{-1}
30	2.17×10^{-1}	9.87×10^{-2}
50	1.67×10^{-1}	1.10×10^{-1}
80	1.14×10^{-1}	4.19×10^{-2}
100	3.79×10^{-2}	4.04×10^{-2}

表 5-5　PLS 路径分析方法估计结果

样本量	λ^x 误差标准差值	λ^y 误差标准差值
20	1.49×10^{-1}	1.14×10^{-1}
30	1.24×10^{-1}	7.65×10^{-2}
50	8.15×10^{-2}	2.04×10^{-2}
80	4.85×10^{-2}	2.85×10^{-2}
100	1.85×10^{-2}	1.55×10^{-2}

从表 5-4、表 5-5 的结果可见，对于不同样本的 λ^x 及 λ^y，LISREL 的误差标准差值均大于 PLS 路径分析方法的误差标准差值，这表明 PLS 路径分析方法较之于 LISREL 具有较低预测误差值，因而其对于模型拟合度较

高。此外，从误差标准差值的减少幅度来看，随着样本量增加，LISREL 的误差标准差减少幅度较之 PLS 路径分析方法来说普遍偏大。这表明 PLS 路径分析方法对于样本量偏少时模型的参数估计更为稳定、准确。

参照上述理论及实验对比的方法，可知 PLS 路径分析方法更适用于 GWPSI 概念模型参数的估计。

二、PLS 路径分析方法在 GWPSI 概念模型参数估计中的应用

（一）基于 PLS 路径分析方法的 GWPSI 概念模型结构变量的估计

对于 GWPSI 概念模型中各结构变量的估计，就是利用 PLS 路径分析方法通过观测变量计算其反映的结构变量的估计值。假如将 GWPSI 概念模型中的结构变量记作 η_i，其对应的观测变量记作 y_i，任意给定的权重初始值为 $\tilde{w}_i^0$，其运算流程主要包括初始外部估计、计算内部估计权重、进行内部估计、计算外部估计权重、进行外部估计、获得结构变量估计值 6 个步骤，具体运算流程如图 5-5 所示。

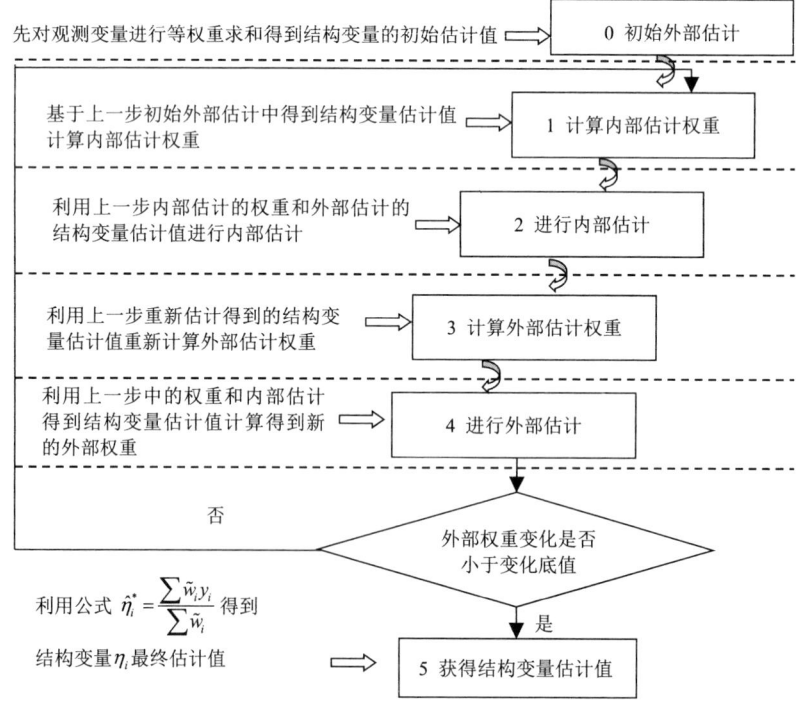

图 5-5　基于 PLS 路径分析方法的 GWPSI 概念模型结构变量估计流程图

资料来源：郝冉（2008：17）。

图 5-5 系根据本书基于 PLS 路径分析方法的 GWPSI 概念模型中结构变量估计流程的分析结果绘制。

需要注意的是，PLS 路径分析方法在 GWPSI 概念模型外部权重的计算中，需要根据测量模型的具体模式具体分析，如为反映型模式的测量模型，则外部权重的回归系数计算中，应以观测变量为自变量，结构变量为因变量；反之如为构成型的测量模型，则外部权重应以观测变量对结构变量多元回归计算获得。

（二）基于 PLS 路径分析方法的 GWPSI 结构模型的参数估计

本书构建的 GWPSI 结构模型中包含了 17 条路径关系，为有效估计多元共线性下的各结构变量之间的路径系数，本书利用了 PLS 路径分析方法中的偏最小二乘回归方法。

结合 GWPSI 结构模型，假设 X、Y 分别为 GWPSI 概念模型中包含有 m 个、n 个变量的数据表。为分析因变量与自变量之间关系，设置了 w 个样本点，其中 X 表示为 $\{x_1,\cdots,x_m\}_{w\times m}$，$Y$ 表示为 $\{y_1,\cdots,y_n\}_{w\times n}$，$p_1$ 和 q_1 分别为偏最小二乘回归方法从 X、Y 中第一轮成分提取后获得的两组线性组合，其中 p_1 是 $x_1,\cdots,x_m$ 的线性组合，q_1 是 $y_1,\cdots,y_n$ 的线性组合，偏最小二乘回归方法的具体运行步骤及各步骤说明如图 5-6 所示。

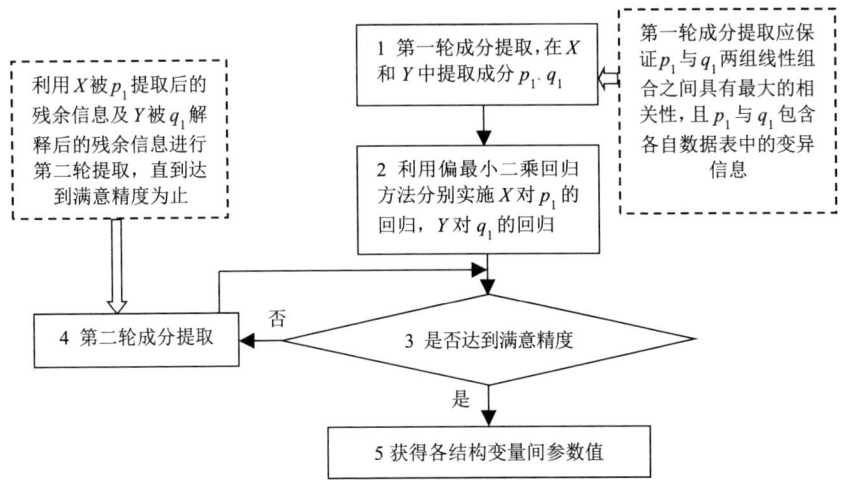

图 5-6 基于 PLS 路径分析方法的 GWPSI 结构模型的参数估计流程图

图中 ⌇⌇⌇ 为解释内容。

资料来源：郝冉（2008：18）。

在第一轮成分提取中,对于 p_1 与 q_1 的提取要求,实质上包含了主成分分析和典型相关分析,偏最小二乘回归方法通过主成分分析使提取的 p_1 与 q_1 最大程度上代表了 X 和 Y,而通过相关分析使 p_1 最好地解释了 q_1,这也是偏最小二乘回归方法在 GWPSI 结构模型参数估计中优越性的体现(郝冉,2008:70)。

(三)PLS 路径分析方法关于 GWPSI 概念模型的验证

运用 PLS 路径分析方法验证 GWPSI 概念模型,实际上就是对 GWPSI 概念模型参数估计的有效性及结构模型、测量模型的解释、预测性能的验证。验证的内容可包括:基于 PLS 路径分析方法的 GWPSI 概念模型参数估计,与基于 PLS 路径分析方法的 GWPSI 概念模型预测性能评价。

1. 基于 PLS 路径分析方法的 GWPSI 概念模型参数估计

主要是检验 GWPSI 概念模型中的结构变量与观测变量之间的负载系数,以及结构变量之间的路径系数的显著性。常见的检验方法包括 Jackknife 方法和 Bootstrap 方法,其中 Jackknife 方法又称刀切方法,是由 Quenouille 提出,并在后期由 Tukey 应用于统计学中假设检验和置信区间计算的方法。Bootstrap 方法又称自助方法,是 Efron(1979)提出的一种基于数据的模拟,用于统计推断的方法。作为 PLS 路径分析方法变量关系参数的估计方法,Jackknife 方法与 Bootstrap 方法都是通过计算推估呈正态分布虚拟值的均值、均值方差及 T 值,来获取变量之间的相关系数及其显著特征。但不同的是两种方法具有不同的参数估计基础,因而在推估结果的合理性上各不相同,具体对比见表 5-6。

表 5-6 Jackknife 方法与 Bootstrap 方法的对比分析

名称	参数估计基础	基本步骤	合理性
Jackknife 方法	被舍弃某组子样本反映的信息给出的参数 $\hat{\theta}$ 估计	首先获得整个样本估计量 $\hat{\theta}$,其次将样本数据分成 m 组,$\hat{\theta}(n)$ 是删除第 n 组子样本后估计量,计算第 n 组子样本的虚拟值给出参数 θ 的估计,并计算出该参数的均值 $\bar{\hat{\theta}}$、均值方差 $v(\bar{\hat{\theta}})$ 及 T 值后进行检验	Bootstrap 方法基于数据模拟的统计推断方法,较 Jackknife 方法对某组子样本给出信息的参数估计更为合理
Bootstrap 方法	Bootstrap 样本	首先从原始数据进行 n 次有放回采样 n 个数据得到 Bootstrap 样本;其次利用 Bootstrap 样本获取所需统计量的估计值;再次利用反复抽样推估的估计值组成新数据集合,最后利用该数据集合统计量的抽样分布,并做进一步分析	

资料来源:郝冉(2008:70-72)。

基于上述分析,将采用 PLS 路径分析方法中的 Bootstrap 方法,对构建的 GWPSI 概念模型中变量间的关系参数进行估计。

2. 基于 PLS 路径分析方法的 GWPSI 概念模型预测性能评价

基于 PLS 路径分析方法的 GWPSI 概念模型预测性能评价,是指利用 PLS 路径分析方法对 GWPSI 测量模型及结构模型预测能力的评价。评价内容如下。

(1) GWPSI 测量模型的评价

GWPSI 测量模型的效果一般通过观测共同因子(communality)、负载系数(loading)及平均方差提取率(average variance extracted,AVE)的指标值来评价。其中,共同因子是衡量 GWPSI 测量模型中结构变量对观测变量预测能力的关键指标(多为反映型模式的测量模型),假设观测变量与结构变量的相关系数为 λ,则共同因子的值等于 λ^2。通常认为共同因子指标 communality>0.5 时,才能保证结构变量解释方差大于测量误差引起的方差,共同因子指标值越大,表明 GWPSI 测量模型中结构变量对观测变量的预测能力越好;而负载系数则是衡量观测变量与其对应结构变量间共享方差的重要指标,大量实证研究表明,当负载系数大于 0.7[①]时,结构变量能够解释其对应观测变量组 50%以上的方差,负载系数越大,表明结构变量对其对应的观测变量组具有更好的解释;通过观测 AVE 可有效地判断 GWPSI 测量模型之间的区别效度。一般认为 AVE>0.5 且 $\sqrt{AVE}$ 大于与其他结构变量的相关系数时,表明 GWPSI 测量模型结构变量对其观测变量具有良好的预测能力,且 GWPSI 测量模型间区别效度较好(郝冉,2008:73)。

(2) GWPSI 结构模型的评价

GWPSI 结构模型的评价主要参照标准是 GWPSI 结构模型 R^2。作为考察 GWPSI 结构模型预测效果的关键指标,R^2 越大,则表明构建的 GWPSI 结构模型具有良好的拟合效果。在判断结构模型具有较好拟合效果的 R^2 取值上,现有研究提出不同的标准,具体见表 5-7。

---

① 关于不同样本数的负载系数的判断标准,有学者认为观测变量对其对应结构变量具有较好解释性能需满足以下条件:当样本数为 100 时,负载系数应大于 0.55;当样本数为 60 时,负载系数应大于 0.7;当样本数为 50 时,负载系数应大于 0.75。

表 5-7　判断 GWPSI 结构模型具有较好拟合效果的 R^2 值

参考依据	R^2 标准	
Chin（1998）	$R^2 \geqslant 0.66$	拟合效果好
	$0.35 \leqslant R^2 < 0.66$	拟合效果一般
	$0.17 \leqslant R^2 < 0.35$	弱拟合效果
	$R^2 < 0.17$	需修正结构模型
ECSI 模型	$\bar{R}^2 \geqslant 0.65$	拟合效果较好
Rossiter（2002）	$R^2 > 0.5$	拟合效果良好
郝冉（2008）	当模型只有 2 个外因结构变量时，$R^2 > 0.44$ 时拟合效果较好	

对 GWPSI 结构模型的预测效果的评价中，参考以往实证研究结果，结合政府门户网站公众满意度实证研究的实际，拟将 $R^2 \geqslant 0.35$ 作为 GWPSI 结构模型的预测效果一般的最低标准，当 $R^2 \geqslant 0.5$ 时，认为该结构模型具有较好的预测效果。

冗余（redundancy）作为 GWPSI 结构模型评价的另一个关键指标，是指 GWPSI 结构模型中用于评价外因结构变量对于内因结构变量对应观测变量的解释功效，它反映了内因结构变量及外因结构变量的综合预测能力。冗余的计算公式如下所示：

$$\text{redundancy} = \text{communality} \times R^2 \qquad (5\text{-}26)$$

由此可见冗余同共同因子与 GWPSI 结构模型 R^2 值有关。利用结构模型 R^2 值及冗余值测评 GWPSI 结构模型时，应当注意两个指标应用中的侧重点。当重点观测结构模型中各结构变量间的路径关系时，结构模型 R^2 值是首选指标；当重点观测结构模型中外因结构变量对内因结构变量对应的观测变量的解释功效时，冗余则是首选指标。本书利用 PLS 路径分析方法在对 GWPSI 概念模型测评时，拟分别选用结构模型 R^2 值及冗余值，分别观测 GWPSI 结构模型中结构变量的预测能力，以及外因结构变量对内因结构变量对应观测变量的解释功效。综上所述，基于 PLS 路径分析方法开展 GWPSI 概念模型测评的具体观测指标见表 5-8。在对 GWPSI 测量模型及 GWPSI 结构模型测评顺序的选择上，考虑结构模型的解释功效取决于测量模型的预测能力，因此按照先测评 GWPSI 测量模型，然后测评 GWPSI 结构模型的科学顺序开展实际测评。

表 5-8　PLS 路径分析方法对 GWPSI 概念模型测评的具体观测指标

模型类型	指标名称	解释	标准
GWPSI 测量模型测评指标	共同因子（communality）	衡量反映型模式的 GWPSI 测量模型中结构变量对于观测变量预测能力的关键指标	communality>0.5 且值越大时，GWPSI 测量模型中结构变量对观测变量的预测能力越好
	负载系数（loading）	衡量观测变量与其对应结构变量间共享方差的重要指标	loading>0.7 且数值越大时，结构变量对观测变量组具有更好的解释
	平均方差提取率（AVE）	衡量 GWPSI 测量模型之间区别效度的指标	AVE>0.5 且其平方根大于与其他结构变量的相关系数时，结构变量对其观测变量有较好预测能力，且 GWPSI 测量模型间具有较好的区别效度
GWPSI 结构模型测评指标	结构模型 R^2 值	衡量 GWPSI 结构模型预测效果的关键指标	$R^2 \geqslant 0.5$ 且越大时，GWPSI 结构模型具有越好的预测效果
	冗余（redundancy）	评价外因结构变量对内因结构变量对应观测变量的解释功效的关键指标	redundancy = communality $\times R^2$

第六章 政府门户网站公众满意度测评的实证研究——以湖北省人民政府门户网站为例

本章以公众为测评主体，以湖北省人民政府门户网站公众满意度为测评对象，对本书第三章构建的 GWPSI 概念模型的合理性，进行检验并修正；在分析 PLS 路径分析方法对 GWPSI 概念模型推估结果的基础上，确定影响政府门户网站公众满意度的各关键变量，为提升政府门户网站公众满意度提供完善对策。

本次研究选取的对象以本书第二章设定的政府门户网站的服务对象为依据，选取有代表性的公众群体发放问卷，系统收集相关信息，了解公众对湖北省人民政府门户网站的满意情况及其相关意见或建议。

湖北省人民政府门户网站（www.hubei.gov.cn）是由湖北省人民政府办公厅主管，湖北日报传媒集团承办的，综合性政府网上服务平台。该网站以服务公众、透明执政、促进公共参与为目标定位，链接了国家各部委、各省（自治区、直辖市）政府及省内各省直部门、市州林区、新闻媒体、社会事业、科研单位的网站。湖北省人民政府门户网站将其用户按照居民、企业、投资者、旅游者分类，主要面向居民及企业开展服务，并根据湖北省经济发展的要求及区域发展的特点，将投资者及旅游者作为网站重点服务对象。根据上述服务对象的设置和湖北省地区行政的特色，该网站共设置了首页、政府领导、新闻、政策、服务、问政、数据、省情版块，共计42个栏目，主要内容涉及政务公开、公共服务等诸多领域，提供劳动就业、户籍管理、理财纳税、婚姻登记、医疗卫生、社会保障、交通出行、学校教育等多项服务，已经形成较为成熟的政务信息公开体系及公共事务服务平台。湖北省人民政府门户网站于 2004 年 2 月 18 号开通，创建以来，在湖北省服务型政府发展战略的指引下，先后经过几次改版，在整合面向公众服务的各类政府信息资源及在线服务产品的基础上，已初步形成信息分类较为科学、服务功能较为完善的综合性政府门户网站。在"为民、便民、透明"宗旨的指引下，湖北省人民政府门户网站进一步转变了办网理念，即由注重信息公开向注重为公众服务、公众参与方面转变；由一般性的信息公开，向深层次的公众关注的热点难点问题、政府权力运行的关键问题或领域转变；由随机性的信息公开，向制度性、规范性的政务信息公开转变。[①]

本次实证研究的目的具体如下。

1）以湖北省人民政府门户网站的公众满意度为测评对象，开展相关数据的采集工作，并对本书建立的 GWPSI 概念模型的解释、预测能力进行验证与分析。

2）根据分析结果，获得公众对湖北省人民政府门户网站的满意情况。

3）获得 PLS 路径分析方法对 GWPSI 概念模型推估的结果，验证 PLS 路径分析方法在 GWPSI 概念模型测评中的有效性。

4）根据推估结果中各结构变量的权值，并结合各结构变量间的直接或间接效应，确定影响政府门户网站公众满意度的关键变量。

5）通过深入分析推估结果中各观测变量与结构变量间的因子载荷，以及各结构变量间路径关系，为改进政府门户网站面向公众的服务水平，提升政府门户网站公众满意度提供对策。

第一节 数据采集及处理

一、数据采集的方法

主要利用本书第四章第一节第三点构建的政府门户网站公众满意度数据采集系统，采集具有不同人口特征的代表性样本数据。

1. 调查对象的主观数据的采集

主要通过用户登录问卷星专业调查网站填写电子问卷并结合网络即时通信工具（如 QQ），发送电子问卷、在线访谈等方式采集相关数据。抽样对象以本书第二章设定的政府门户网站服务对象为依据，具体步骤如下：首先调查对象通过登录问卷星专业调查网站，或通过点击粘贴在网络即时通信工具中的"湖北省人民政府门户网站公众满意度调查问卷"的网页链接地址，进入调查页面；其次引导调查对象填写并提交问卷；最后将采集并初步整理的数据输入 Excel 或 SPSS 等数据统计

[①] 湖北省人民政府网站新闻发布会实录[EB/OL]. http://cnhubei.com/200611/ca1218519.htm. [2018-09-09].

分析软件，保存待用。

2. 调查对象的客观数据的采集

本次调查主要利用搜索网站内的公众投诉与咨询信息的方法，采集隐藏在该类信息之后的反映用户爱好、兴趣、行为方式等与政府门户网站公众满意度密切相关的客观数据。主要步骤如下：首先登录测评网站的主页，搜索网上公众投诉与咨询信息等互动栏目或相关论坛，采集与公众满意相关的信息；其次将采集信息与政府门户网站公众满意度各测量指标联系起来，进行识别净化处理、聚类分析并将其量化为具体的数据集；最后输出结果保存。

二、数据采集问卷的设计

有效数据采集问卷的设计是确保采集数据客观、完整及规范的基础，在科学、完整原则的指导下，本次数据采集问卷的设计内容具体如下。

1. 数据采集问卷的特点

首先依据本书第四章第一节的对于电子问卷测评量表选择的相关分析，本次数据采集问卷结合了与政府门户网站交互中公众的心理特点，为避免语义表达模糊，采用了数字测评标度。在测评标度刻度的选择上设定了 7 级等距量表，并就量表两个极值（"1"和"7"）设定了相应的语义测量标度。其次问卷题项内容涵盖 GWPSI 概念模型中的结构、观测变量，体现了不同样本的人口统计特征。再次在问卷题项设置上有所侧重，重点采集与影响湖北省人民政府门户网站公众满意度变量相关的数据。为提高调查效率，问卷设计中多采用封闭式问题，语言表述尽量通俗、清晰、准确，并使公众感知其所反馈的信息得到了充分重视与有效保护。

2. 数据采集问卷的组成

一份完整的数据采集问卷通常由说明词、主体、编码和结束语 4 个部分组成，其中主体为问卷的核心部分，其余部分可根据调查实际灵活增减（郭星华和谭国清，1997）。

本次数据采集问卷根据本书第四章第一节的电子问卷构思设计，主要由说明词、主体、结束语组成，其中主体包括：第一部分甄别问卷，通过设置如"您是否使用过湖北省人民政府门户网站"等甄别问题，迅速选定调查的目标对象，提高调查效率；第二部分"湖北省人民政府门户网站公众需求调查"，通过了解公众对该网站的访问频率、访问渠道、使用目的等使用需求信息，为该网站公众满意度核心调查内容的开展，提供前期信息分析基础；第三部分"湖北省人民政府门户网站公众满意度调查"，是整个问卷的核心部分，也是 GWPSI 概念模型测评的主要数据来源，该部分共设置了 43 个问题；第四部分"个人信息（包含用户使用心理）调查"，共设置了 15 个问题，主要获取调查对象的性别、年龄、职业等个人信息及其计算机操作水平、信息素养、在政府门户网站使用中与心理认知等相关的背景信息，作为政府门户网站公众满意度现状分析及实证研究中样本控制的依据。

三、数 据 处 理

问卷数据处理的实质就是问卷的信度及效度分析，其中问卷的信度分析是检验问卷量表涵盖范围及累次测量结果的有效性，具体包括检验问卷题项是否包含了 GWPSI 概念模型中的所有变量，以及检验针对不同样本累次测量后，测量结果是否具有较高的相关性。问卷效度分析则检验问卷内容及准则的有效性，具体包括问卷题项是否真正测量了政府门户网站公众满意度的相关内容，即检验问卷题项是否具有代表性、包容性，是否较好地反映了问卷编制中依据的全部理论。

1. 问卷信度分析

依据本书第四章第二节第一点关于政府门户网站公众满意度调查问卷的信度分析的相关理论，本研究采用 Cronbach's α 系数及折半信度，就《湖北省人民政府门户网站公众满意度调查问卷》的内部一致性信度及外在信度进行分析。相关信度系数值主要利用 SPSS14.0 分析获取，具体结果见表 6-1 和表 6-2。

如表 6-1 所示问卷绝大部分题项在分量表中的 Cronbach's α 值及数据标准化后的 Cronbach's α 值均在 0.7 之上，虽然感知行为控制、任务-技术适配的 Cronbach's α 值及数据标准化后的 Cronbach's α 值小于 0.7，但均大于 0.6，属可信范畴（参照表 4-3）。问卷总体的 Cronbach's α 值高达 0.823，（一般认为 Cronbach's α 值大于 0.7 时，问卷具有较高的内部一致性信度）这说明本书创设的问卷具有较高的内部一致性信度。

表 6-1 问卷内部一致性信度分析结果

项目	题项	标准化后 Cronbach's α	Cronbach's α	项目	题项	标准化后 Cronbach's α	Cronbach's α
预期质量	x_1	0.844	0.843	公众满意	y_{17}	0.862	0.860
	x_2				y_{18}		
	x_3				y_{19}		
感知质量	y_1	0.896	0.893	持续行为意图	y_{20}	0.862	0.862
	y_2				y_{21}		
	y_3						
	y_4						
	y_5			持续行为意图	y_{22}	0.862	0.862
	y_6						
	y_7						
	y_8						
比较差异	y_9	0.966	0.965	主观规范	y_{23}	0.917	0.917
	y_{10}				y_{24}		
	y_{11}						
感知有用	y_{12}	0.820	0.820	感知行为控制	y_{25}	0.671	0.670
	y_{13}				y_{26}		
感知易用	y_{14}	0.824	0.812	任务-技术适配	y_{27}	0.617	0.616
	y_{15}				y_{28}		
	y_{16}						
总体信度	0.823（N=31）						

表 6-2 问卷外在信度分析结果

项目	部分 1（N=16）	部分 2（N=15）
两部分问卷间的相关系数	0.683	
Cronbach's α	0.949	0.890
修正值	0.812	
折半系数	0.805	

从表 6-2 中可见，问卷题项被拆为部分 1 及部分 2 两部分问卷，部分 1 问卷的信度为 0.949，部分 2 问卷的信度为 0.890，均大于 0.7，两部分问卷间的相关系数为 0.683，这说明问卷间具有较高的相关性；修正值（equal-length spearman-brown）为 0.812，这说明问卷间具有较高的互解释性，折半系数（guttman split-half coefficient）为 0.805，这说明各题项的信度均处于接受

域内，无须删减。综上分析可见该问卷具有较好的外在信度。

2. 问卷效度分析

依据本书第四章第二节第二点关于政府门户网站公众满意度调查问卷效度分析的相关理论，本次实证研究就《湖北省人民政府门户网站公众满意度调查问卷》的内容效度、准则效度及结构效度进行分析，其中，在问卷的内容效度上，因为问卷中各观测变量对应题项的设定，参照了国内外相关实证研究的结果并结合用户调查、专家访谈及探索性因子分析等方法进行了反复修改与分析，所以，问卷具有较好的内容效度及准则效度。对于问卷的结构效度，本书主要通过观测各观测变量对公众满意度指数实测值总体 T 值的影响程度开展分析，其判断标准为效度值。效度值常处在[0, 1]，效度值越接近 1 时，问卷结构效度越好。通过 SPSS14.0 软件的分析，可得问卷各观测变量的效度值见表 6-3。表 6-3 中 GWPSI 测量模型内各观测变量的效度值为[0.511, 0.909]，最大值及最小值均超过了 0.5，因此问卷具有较高的结构效度。

表 6-3 问卷中各观测变量的效度值

观测变量	效度值	观测变量	效度值	观测变量	效度值
x_1	0.574	y_9	0.571	y_{20}	0.781
x_2	0.618	y_{10}	0.769	y_{21}	0.909
x_3	0.511	y_{11}	0.751	y_{22}	0.881
y_1	0.804	y_{12}	0.622	y_{23}	0.787
y_2	0.664	y_{13}	0.668	y_{24}	0.793
y_3	0.883	y_{14}	0.674	y_{25}	0.811
y_4	0.570	y_{15}	0.778	y_{26}	0.777
y_5	0.685	y_{16}	0.794	y_{27}	0.777
y_6	0.730	y_{17}	0.880	y_{28}	0.755
y_7	0.766	y_{18}	0.622		
y_8	0.841	y_{19}	0.748		

3. 缺失数据处理

本次研究采用多重插补法处理采集到的政府门户网站公众满意度数据中的缺失值，具体处理通过 NORM 软件实现。该软件的基本原理是建立在系统模拟回归模型的基础上，通过建立与拥有完全数据的变量的回归方程计算所得预测值与残差之和，替代缺失数据。采用 NORM 软件处理政府门户网站公众满意度数据采集中的缺失值的过程包括：缺失数据准备、基本统计描述及转换、创建多重插补数据集、推估数据集、合并数据集 5 个步骤。

利用 NORM 软件的 EM 算法功能，可得到问卷缺失数据的参数估计结果，并可为 DA 算法提供迭代次数与迭代的初始值。如图 6-1 所示，在第 1 次迭代中，对数似然推估值为-3 874.500 000，第 2 次迭代，对数似然推估值为-1 067.313 686，第 16 次迭代后，对数似然推估值为-1 004.125 657，数据开始收敛。因此本数据最大的迭代次数为 17。为确保获得的后验预测分布独立稳定，数据增广过程中的迭代次数应为 EM 算法中数据迭代次数的 2～3 倍。本次研究中的数据增广过程迭代次数设定为 60 次，并选择在每 30 次推估一次，共得到了 2 个推估数据集。再利用 SPSS14.0 软件对推估的 2 个数据集进行分析的基础上，最后采用 NORM 软件的 "Mi inference Scalar" 功能模块合并均数及标准差。最终分析结果见表 6-4。

```
ITERATION #       OBSERVED-DATA LOGLIKELIHOOD
    1                  -3874.500000
    2                  -1067.313686
    3                  -1007.489328
    4                  -1004.548021
    5                  -1004.195356
    6                  -1004.138559
    7                  -1004.128195
    8                  -1004.126175
    9                  -1004.125765
   10                  -1004.125680
   11                  -1004.125662
   12                  -1004.125658
   13                  -1004.125657
   14                  -1004.125657
   15                  -1004.125657
   16                  -1004.125657
   17                  -1004.125657

EM CONVERGED AT ITERATION 17
***********************************************************
```

图 6-1　EM 算法迭代的结果

表 6-4　多重插补法处理后的缺失数据集与合并数据集的对比

观测变量	缺失数据集标准方差	合并数据集标准方差	观测变量	缺失数据集标准方差	合并数据集标准方差
x_1	1.565 03	1.562 91	y_{14}	1.533 42	1.533 42
x_2	1.510 83	1.509 37	y_{15}	1.372 24	1.359 04
x_3	1.481 54	1.471 23	y_{16}	1.229 63	1.229 63
y_1	1.481 06	1.481 06	y_{17}	1.152 09	1.152 09
y_2	1.502 35	1.502 35	y_{18}	1.079 96	1.079 96
y_3	1.557 73	1.556 69	y_{19}	1.098 00	1.095 30
y_4	1.605 12	1.604 72	y_{20}	1.482 45	1.482 45
y_5	1.488 98	1.487 84	y_{21}	1.339 69	1.339 69
y_6	1.432 79	1.432 79	y_{22}	1.281 10	1.281 10
y_7	1.463 34	1.463 34	y_{23}	1.642 82	1.638 09
y_8	1.563 00	1.563 00	y_{24}	1.553 01	1.553 01
y_9	1.541 46	1.541 40	y_{25}	1.389 43	1.389 43
y_{10}	1.459 76	1.455 08	y_{26}	1.488 75	1.488 75
y_{11}	1.500 20	1.500 20	y_{27}	1.571 74	1.571 74
y_{12}	1.495 74	1.493 14	y_{28}	1.474 92	1.472 28
y_{13}	1.457 23	1.452 50			

注：该表根据 NORM 软件相关处理的结果绘制，其中合并前后标准方差值相等表明该变量无缺失数据。

从表 6-4 的结果可见，对问卷缺失数据多重推估后，合并后的各观测变量数据集的标准方差均小于缺失数据集的标准方差，这表明采用多重插补法对《湖北省人民政府门户网站公众满意度调查问卷》缺失数据进行处理后，问卷数据的可靠性有了进一步提高。

四、样本特征分析

本次实证研究主要分析 GWPSI 概念模型的核心结构变量"公众满意"与其前因变量、结果变量之间的路径关系，并提取影响公众满意的关键结构变量。研究以湖北省人民政府门户网站公众满意度为测评对象，以该网站的用户为采集样本，以本书第二章第二节第二点关于政府门户网站公众服务对象的划分为参照，选取样本。数据采集始于 2010 年 6 月 6 日，止于 2010 年 12 月 28 日。以问卷星专业调查网站采集的 67

份①有效样本为例，样本的分布特征分析见表6-5。

表 6-5 样本分布特征

项目	特征	所占比例/%
性别	男	56.7
	女	43.3
年龄	25 岁以下	28.4
	26～30 岁	43.3
	31～35 岁	10.4
	35 岁以上	17.9
学历	大专以下	1.6
	大专	1.6
	本科	41.8
	硕士研究生	26.5
	博士研究生	28.5
职业	党政机关、事业单位干部	13.3
	企业员工	21.1
	教育、科研、文艺、体育、卫生部门职员	25.4
	学生	37.0
	个体商户、业主	1.6
	其他（含无业、待业、离退休人员）	1.6
网龄	1 年以下	1.6
	1～5 年	28.5
	6～10 年	46.1
	10 年以上	23.8

五、湖北省人民政府门户网站服务现状分析

本节分别从服务理念、服务知晓度、服务内容 3 个维度，就湖北省人民政府门户网站的服务现状展开分析。

1. 服务理念分析

在"为民、便民、透明"宗旨的指引下，2006 年 8 月，湖北省人民政

---

① 由于基于网络即时通信工具（如 QQ）在线访谈或通过网络发送 Word 文本问卷等方式采集到的样本数据多具有相似的人口特征如学历、职业，而基于问卷星专业调查网站采集样本对象的人口特征分布较为均匀，为获取不同人口特征的调查对象的反馈数据，避免采集到的数据偏态分布对分析结果产生影响，且考虑 PLS 路径分析方法对样本数量无限制性要求且对小样本也同样具有较好的推估效果，本书选择以问卷星专业调查网站采集到的 67 份有效样本为例开展分析。

府门户网站在改版中进一步深化了服务理念，提出了由政府信息公开向公众参与型服务、公众需求型服务等方向上的战略性转变。为了解此服务理念的公众认知状况，问卷设置了"您对湖北省人民政府门户网站的总体印象是什么"的题项，具体反馈结果如图6-2所示。其中虽然仍有56.7%的调查对象，将湖北省人民政府网站的总体印象定位于"政府信息公开的平台"，但76.1%的调查对象将其定位为"政府便民服务通道"，这表明该网站在推进与落实新型服务理念上的努力卓有成效。

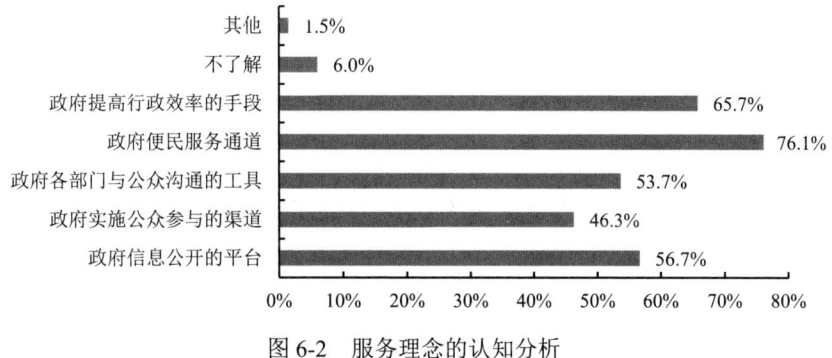

图 6-2　服务理念的认知分析

2. 服务知晓度分析

为了解公众对该网站服务的知晓程度，问卷设置了"您每月平均访问几次该政府门户网站""您通过什么渠道知道该政府门户网站的"等问题，调查反馈结果如图6-3和图6-4所示，其中平均每月访问该网站次数低于1次的人数高达37.3%，通过网站链接的方式获知该网站的人数高达71.6%，由此可知由于受政府推广力度、公众信息素养等因素的影响，公众获知该网站的渠道单一，该网站推广力度不大，服务知晓度偏低。

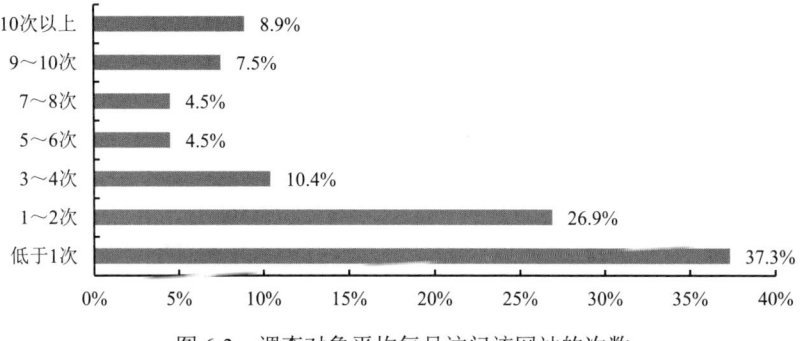

图 6-3　调查对象平均每月访问该网站的次数

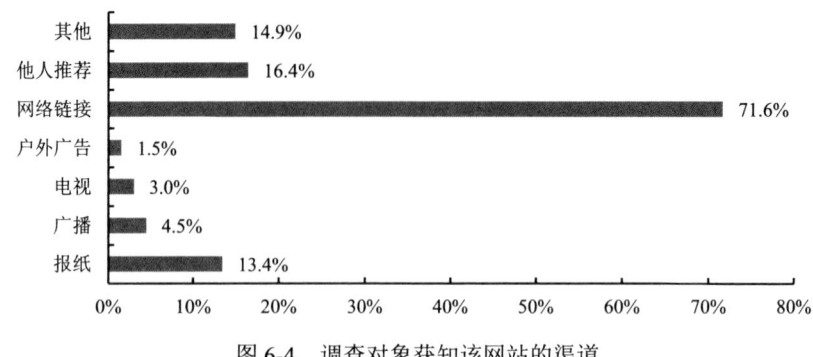

图 6-4　调查对象获知该网站的渠道

3. 服务内容分析

调查表明经过多年发展，湖北省人民政府门户网站，已从初期单项的政务信息公开服务网站发展成包含政务信息公开、在线查询、在线沟通、应急管理等内容的综合化服务网站。从服务对象来看，主要包括面向市民服务、面向企业服务；从服务内容来看，主要包括劳动就业、户籍管理、理财纳税、医疗卫生、社会保障、学校教育等服务；从服务类型上看，主要包括信息查询、在线申报（注册）等服务。结合问卷"您使用该政府门户网站的目的是什么"问题的反馈结果（图 6-5）分析，可知用户主要利用该网站查询信息（86.6%）、在线申报或注册（28.4%）、下载相关表格及资料（46.3%）等，而利用在线咨询（16.4%）等相关服务却偏少。结合问卷"该政府门户网站提供的哪些信息对您来说最有帮助"问题的反馈结果（图 6-6）分析，政务信息（67.2%）、便民服务信息（医疗/养老保险、交通等）（58.2%）为该网站提供的调查对象较为认同的有用信息。这表明湖北省人民政府门户网站提供的服务信息基本上满足了公众的需求。

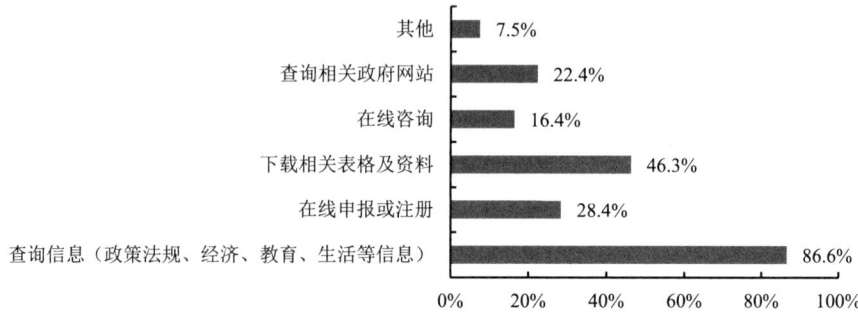

图 6-5　调查对象通过该网站获取的服务类型

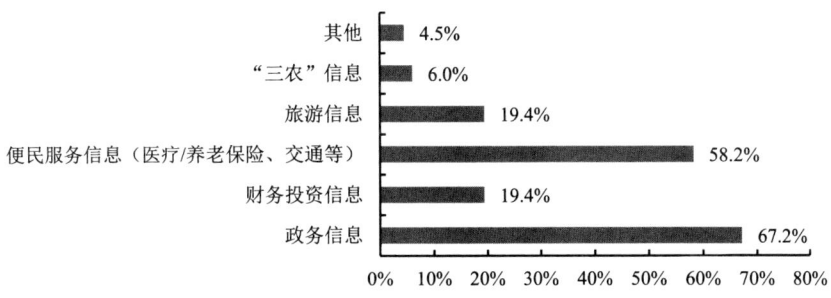

图 6-6 调查对象对于该网站有用信息的认知

第二节 基于 PLS 路径分析方法的 GWPSI 概念模型的推估结果

根据本书第五章第三节第一点关于 GWPSI 概念模型参数估计方法的选择分析,以问卷星专业调查网站采集的有效数据为基础,本研究选择了具有较优推估效果的 PLS 路径分析方法,对 GWPSI 概念模型进行推估。推估主要利用基于 Lohmöller 运算法则设计的 SmartPLS 软件开展,推估由 GWPSI 测量模型的验证性因子分析、GWPSI 结构模型的验证性因子分析等内容组成。

一、GWPSI 测量模型的验证性因子分析

1. 唯一维度检验

本书构建的 GWPSI 概念模型中包含了预期质量、感知质量、比较差异、感知有用、感知易用、公众满意、持续行为意图、主观规范、感知行为控制、任务-技术适配这些变量的测量模型。各测量模型中,每个结构变量唯一维度检验结果见表 6-6。

表 6-6 GWPSI 测量模型结构变量唯一维度检验结果

结构变量	第一特征值	第二特征值
预期质量	2.288	0.448
感知质量	4.688	1.073
比较差异	2.808	0.147
公众满意	2.357	0.455
持续行为意图	2.350	0.367
感知有用	1.695	0.305

续表

结构变量	第一特征值	第二特征值
感知易用	2.222	0.473
主观规范	1.847	0.153
感知行为控制	1.505	0.495
任务-技术适配	1.446	0.554

在表 6-6 中，从对 GWPSI 测量模型中预期质量、感知质量等结构变量的主成分分析的结果来看，GWPSI 测量模型中各结构变量所对应的观测变量组的第一特征值均大于 1 且远大于第二特征值，故可认为 GWPSI 测量模型中各观测变量组反映的结构变量是唯一的。

2. 负载系数

根据本书第五章第三节第二点第 3 小点的论述，GWPSI 测量模型的效果判断通常根据观测变量的负载系数、共同因子、AVE 等观测指标。本节将基于 PLS 路径分析方法对于 GWPSI 测量模型上述指标推估的结果进行分析说明。

观测变量的负载系数是指测量模型中观测变量与结构变量之间的相关系数，负载系数越大，则表明观测变量与其对应的结构变量之间具有越多的共享方差，足以超过推估中产生的误差方差。本书推估的各观测变量与其对应的结构变量之间的负载系数见表 6-7。

表 6-7 GWPSI 测量模型中各观测变量的负载系数

结构变量	观测变量	外部权重	负载系数	结构变量	观测变量	外部权重	负载系数
预期质量	x_1	0.3472	0.881	比较差异	y_9	0.3513	0.965
	x_2	0.3965	0.890		y_{10}	0.3596	0.985
	x_3	0.4030	0.846		y_{11}	0.3222	0.951
感知质量	y_1	0.1953	0.858	感知有用	y_{12}	0.5949	0.936
	y_2	0.1804	0.844		y_{13}	0.4903	0.904
	y_3	0.1284	0.555	感知易用	y_{14}	0.3900	0.904
	y_4	0.1566	0.775		y_{15}	0.4045	0.954
	y_5	0.1827	0.820		y_{16}	0.3177	0.823
	y_6	0.1496	0.751	公众满意	y_{17}	0.3884	0.927
	y_7	0.1447	0.766		y_{18}	0.3512	0.884
	y_8	0.1642	0.710		y_{19}	0.3898	0.846

续表

结构变量	观测变量	外部权重	负载系数	结构变量	观测变量	外部权重	负载系数
持续行为意图	y_{20}	0.3623	0.867	感知行为控制	y_{25}	0.5390	0.849
	y_{21}	0.3644	0.897		y_{26}	0.6130	0.885
	y_{22}	0.4031	0.891	任务-技术适配	y_{27}	0.3276	0.661
主观规范	y_{23}	0.5261	0.962		y_{28}	0.8210	0.954
	y_{24}	0.5145	0.960				

表6-7中,除了信息资源可信性(y_3)及任务复杂性(y_{27})观测变量外,其余所有观测变量的负载系数均大于0.7,这表明GWPSI测量模型的观测变量具有较好的聚敛效度。虽然信息资源可信性(y_3)、任务复杂性(y_{27})观测变量的负载系数低于0.7,但其所属感知质量、任务-技术适配结构变量对应的测量组的平均负载系数为0.760、0.808,均大于0.7,这表明信息资源可信性(y_3)、任务复杂性(y_{27})观测变量与感知质量、任务-技术适配结构变量间的负载系数仍可接受,因此保留这两个观测变量在各自结构变量中。整体上看GWPSI概念模型中各观测变量具有较强的聚敛效度,对各自对应的结构变量具有较好的解释。

3. 共同因子

共同因子是衡量测量模型中结构变量对观测变量的预测能力的关键指标,各观测变量组的共同因子值等于每个观测变量与其结构变量相关系数平方的均值。学者通常将0.5作为结构变量对其对应观测变量有较好预测性的临界值。共同因子值越大,结构变量对其对应观测变量越具有更好的预测效果。本研究中GWPSI测量模型的共同因子值见表6-8。

表6-8 GWPSI测量模型的共同因子值

结构变量	观测变量	共同因子值	平均共同因子值	结构变量	观测变量	共同因子值	平均共同因子值
预期质量	x_1	0.845	0.848	感知质量	y_6	0.896	0.821
	x_2	0.851			y_7	0.907	
	x_3	0.848			y_8	0.891	
感知质量	y_1	0.881	0.821	比较差异	y_9	0.952	0.954
	y_2	0.753			y_{10}	0.969	
	y_3	0.721			y_{11}	0.941	
	y_4	0.810		感知有用	y_{12}	0.837	0.818
	y_5	0.708			y_{13}	0.798	

续表

结构变量	观测变量	共同因子值	平均共同因子值	结构变量	观测变量	共同因子值	平均共同因子值
感知易用	y_{14}	0.910	0.846	主观规范	y_{23}	0.864	0.854
	y_{15}	0.849			y_{24}	0.843	
	y_{16}	0.779					
公众满意	y_{17}	0.882	0.877	感知行为控制	y_{25}	0.774	0.805
	y_{18}	0.888			y_{26}	0.836	
	y_{19}	0.861					
持续行为意图	y_{20}	0.875	0.834	任务-技术适配	y_{27}	0.883	0.882
	y_{21}	0.802			y_{28}	0.880	
	y_{22}	0.825					
总平均值 0.850							

表 6-8 中 GWPSI 测量模型的共同因子值不但大于 0.5 的一般标准,还均在 0.8 之上,这表明 GWPSI 测量模型中,各结构变量对其对应观测变量组具有较好的预测与反映效果。

4. 平均方差提取率

PLS 路径分析方法中,通常以 AVE 的值作为判断 GWPSI 各测量模型之间的区别效度的标准。当 AVE 值大于 0.5 且其平方根大于其与其他结构变量的相关系数时,则可认为 GWPSI 各测量模型间具有较好的区别效度。在反映型模式的测量模型中,各结构变量的 AVE 值等于其反映的观测变量平均共同因子值。GWPSI 各测量模型的 AVE 值见表 6-8,表中 GWPSI 各测量模型的 AVE 值均大于 0.5,这表明 GWPSI 各测量模型中每一个结构变量解释了其对应观测变量方差总和的 50%以上。而 AVE 的平方根值大于其与其他结构变量的相关系数的标准,则表明该结构变量反映的观测变量组与其他结构变量所反映的观测变量组间具有良好的区分性,本研究中 GWPSI 各测量模型的 AVE 平方根值及其与其他结构变量的相关系数见表 6-9。

表 6-9 中对角线位置的加粗数据为各结构变量 AVE 的平方根值,非对角线位置的数据是其与其他结构变量间的相关系数。由于各结构变量 AVE 的平方根值均大于其与其他结构变量间的相关系数,表明 GWPSI 测量模型中各结构变量各自表述的维度具有明显的区别。综合表 6-8 与表 6-9 的分析结果,可以认为 GWPSI 测量模型中各结构变量间具有较好的独立性与区别性,各结构变量之间具有很强的区分效度。

表 6-9　GWPSI 各测量模型的 AVE 平方根值及其与其他结构变量的相关系数

项目	预期质量	感知质量	比较差异	公众满意	持续行为意图	感知有用	感知易用	主观规范	感知行为控制	任务-技术适配
预期质量	**0.921**									
感知质量	0.777	**0.906**								
比较差异	0.601	0.737	**0.977**							
公众满意	0.750	0.731	0.667	**0.936**						
持续行为意图	0.609	0.543	0.376	0.639	**0.913**					
感知有用	0.781	0.780	0.688	0.666	0.564	**0.904**				
感知易用	0.532	0.578	0.622	0.797	0.496	0.447	**0.920**			
主观规范	0.501	0.428	0.379	0.552	0.660	0.454	0.534	**0.924**		
感知行为控制	0.196	0.262	0.279	0.320	0.363	0.158	0.359	0.632	**0.897**	
任务-技术适配	0.085	0.133	0.148	0.099	-0.006	0.137	0.06	0.158	0.178	**0.939**

二、GWPSI 结构模型的验证性因子分析

1. 结构变量路径系数检验

路径系数是反映结构变量间直接效应大小的重要参数，路径系数越大，则表明结构变量之间具有较大的直接效应。Bootstrap 方法是对基于 PLS 路径分析方法，推估结构模型中的负载系数、路径系数及外部权重等各重要参数的方法。该法的基本原理是基于被检验某项系数的值为零，根据 PLS 路径分析方法得到的多组推估参数值构造 T 统计量与假设间接受或拒绝的关系，判断是否通过显著性检验。如果拒绝原假设，则认为该系数对应变量在所在的模型中通过了显著性检验，反之则应调整模型中相关变量。本节主要利用 SmartPLS 软件对 GWPSI 结构模型中的各种假设进行 Bootstrap 检验，检验结果见表 6-10。

表 6-10　GWPSI 结构模型中的各种假设进行 Bootstrap 检验

假设	因果关系	T 值	显著水平	假设	因果关系	T 值	显著水平
H_1	预期质量对感知质量有正向直接作用	17.550	显著	H_4	比较差异对公众满意具有正向直接作用	0.247	不显著
H_2	预期质量对比较差异有正向直接作用	0.385	不显著	H_5	比较差异对感知有用具有正向直接作用	5.006	显著
H_3	感知质量对比较差异具有正向直接作用	5.155	显著	H_6	比较差异对感知易用具有正向直接作用	5.620	显著

续表

假设	因果关系	T值	显著水平	假设	因果关系	T值	显著水平
H_7	感知有用对公众满意具有正向直接作用	2.740	显著	H_{13}	感知行为控制对感知易用具有正向直接作用	2.215	显著
H_8	感知易用对公众满意具有正向直接作用	7.607	显著	H_{14}	感知行为控制对持续行为意图具有正向直接作用	0.312	不显著
H_9	感知有用对持续行为意图具有正向直接作用	1.389	不显著	H_{15}	任务-技术适配对感知有用具有正向直接作用	0.119	不显著
H_{10}	感知易用对持续行为意图具有正向直接作用	0.739	不显著	H_{16}	任务-技术适配对感知易用具有正向直接作用	0.726	不显著
H_{11}	主观规范对持续行为意图具有正向直接作用	3.926	显著	H_{17}	公众满意对持续行为意图具有正向直接作用	2.481	显著
H_{12}	主观规范对感知有用具有正向直接作用	2.501	显著				

检验结果表明，从 T 值看，当 $P<0.01$ 时，H_1、H_3、H_5、H_6、H_8、H_{11} 假设中各结构变量间直接效应显著，相应假设得到支持；当 $P<0.05$ 时，H_7、H_{12}、H_{13}、H_{17} 假设中各结构变量间直接效应显著，相应假设得到支持；因显著性水平较低，H_2、H_4、H_9、H_{14}、H_{15}、H_{16} 假设未得到支持。

2. 结构模型的 R^2 值

结构模型的 R^2 值反映了内因结构变量被 GWPSI 结构模型的解释程度，作为考察结构模型预测能力的关键指标，R^2 的值域通常处于[0, 1]，当 R^2 越趋向 1 时，则表明内因结构变量未被内部模型解释的方差越小，模型越具有更好的内部关系的解释效果。本书构建的 GWPSI 结构模型各内因结构变量对应的 R^2 的值见表 6-11。

表 6-11 GWPSI 结构模型内因结构变量的 R^2 值

项目	感知质量	比较差异	感知易用	感知有用	公众满意	持续行为意图
R^2 值	0.6043	0.5446	0.4281	0.5175	0.7559	0.5673

从表 6-11 的结果可见，GWPSI 结构模型对比较差异、感知有用、持续行为意图的解释程度均在 50%以上，对感知质量的解释程度达 60.43%，对公众满意的解释程度高达 75.59%，虽然感知易用 R^2 值为 0.4281，低于 0.5，但参照 Chin 等（2003）"当 $0.35 \leqslant R^2 < 0.66$ 时，该内因结构变量的拟合度属可接受范围"的观点，GWPSI 结构模型对感知易用的解释也可接受。总之，本书构建的 GWPSI 结构模型具有较强的预测能力。

3. 冗余

根据冗余的计算公式（5-26），可得 GWPSI 结构模型中各内因结构变量的冗余，见表 6-12。

表 6-12　GWPSI 结构模型内因结构变量的冗余值

项目	感知质量	比较差异	感知易用	感知有用	公众满意	持续行为意图
冗余值	0.4961	0.5195	0.3622	0.4233	0.6629	0.4731

由于在进行测量模型评价时，共同因子设定的最低标准是 0.5，而结构模型的拟合效果的一般最低标准为 0.5，GWPSI 结构模型冗余值的一般最低标准应为 0.25。结合表 6-12 的分析结果，各内因结构变量的冗余值均大于 0.25，说明 GWPSI 结构模型具有较好的整体预测效果。

三、GWSPI 概念模型的各参数指标

根据上文实证分析的结果，GWSPI 概念模型的负载系数、路径关系及内部拟合度等各项参数指标具体如图 6-7 所示。

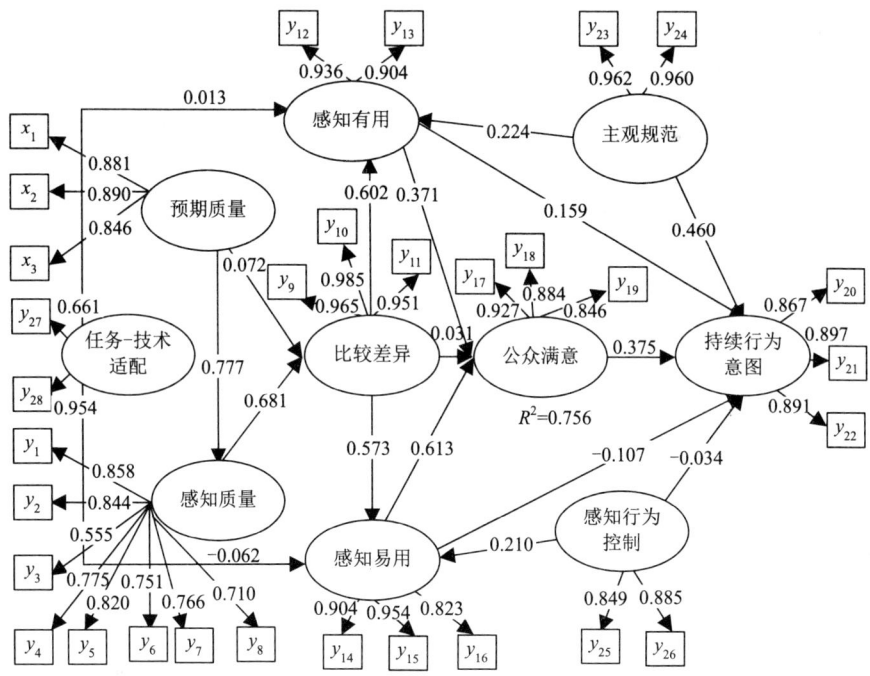

图 6-7　GWPSI 概念模型的负载系数、路径关系及内部拟合度等各项参数指标

四、实证研究结论

本节主要通过分析 GWPSI 概念模型中各结构变量之间的直接效应、间接效应及总体效应,对 GWPSI 概念模型中结构变量之间的路径关系进行取舍,并生成修正后的 GWPSI 模型。

(一) GWPSI 结构变量之间的效应分析

1. 直接效应

结构变量之间的直接效应即为各结构变量之间的路径系数,GWPSI 概念模型中各结构变量间的直接效应见表 6-13。

表 6-13 GWPSI 概念模型结构变量间的直接效应

项目	预期质量	感知质量	比较差异	公众满意	持续行为意图	感知有用	感知易用	主观规范	感知行为控制	任务-技术适配
预期质量		**0.777**	0.072							
感知质量			**0.681**							
比较差异				0.031		**0.602**	**0.573**			
公众满意					**0.375**					
持续行为意图										
感知有用				**0.371**	0.159					
感知易用				**0.613**	−0.107					
主观规范				**0.460**	0.224					
感知行为控制				−0.034	**0.210**					
任务-技术适配				0.013	−0.062					

注:该表根据本书关于 GWPSI 概念模型结构变量间的直接效应的分析结果绘制,表中加粗数字表明结构变量之间的直接效应呈显著效果。

2. GWPSI 结构变量之间的总体效应

结构变量间的总体效应是指结构变量间直接效应与结构变量间间接效应之和的结果。GWPSI 结构模型中,各结构变量间的总体效应见表 6-14。表 6-14 中加粗数字表明结构变量之间的总体效应呈显著效果。

表 6-14　GWPSI 概念模型结构变量间的总体效应

项目	预期质量	感知质量	比较差异	公众满意	持续行为意图	感知有用	感知易用	主观规范	感知行为控制	任务-技术适配
预期质量		**0.7770**	**0.6011**	**0.3636**	0.1572	**0.3617**	**0.3443**			
感知质量			**0.6806**	**0.4117**	0.1780	**0.4095**	**0.3898**			
比较差异				**0.6049**	0.2615	**0.6017**	**0.5728**			
公众满意					**0.3751**					
感知有用				**0.3710**	0.2983					
感知易用				**0.6125**	0.1230					
主观规范				0.0830	**0.5263**	**0.2239**				
感知行为控制				**0.1288**	−0.0085		**0.2103**			
任务-技术适配				−0.0335	−0.0039	0.0128	−0.0625			
持续行为意图										

注：该表根据本书关于 GWPSI 概念模型结构变量间的总体效应的分析结果绘制，表中加粗数字表明结构变量之间的总体效应呈显著效果。

根据表 6-13 的结果来看，虽然预期质量与比较差异，比较差异与公众满意及感知有用与持续行为意图结构变量之间的直接效应，分别为 0.072、0.031、0.159，显著性偏低，但结合表 6-14 的分析结果，上述各结构变量之间的总体效应分别为 0.6011、0.6049 及 0.2983，呈显著性特征。因此在修正后的 GWPSI 模型中，保留了上述结构变量之间的路径关系。而任务-技术适配与感知有用、感知易用之间，感知行为控制与持续行为意图之间，以及感知易用与持续行为意图之间，无论直接效应还是总体效应，均不显著。因此，在修正后的 GWPSI 模型中删除了上述各结构变量间的不显著路径关系，删除了任务-技术适配结构变量，具体修正原因本书将在本章第三节中详述。

（二）修正后的政府门户网站公众满意度模型

结合上文实证分析的结果，修正后的 GWPSI 模型如图 6-8 所示。对比图 6-8 及图 6-7，修正后的 GWPSI 模型较之原模型，在删除弱显著路径关系及相关变量后，剩余各变量之间基本保持了原有的直接及总体显著效应，且提高了对政府门户网站公众满意度的解释能力。

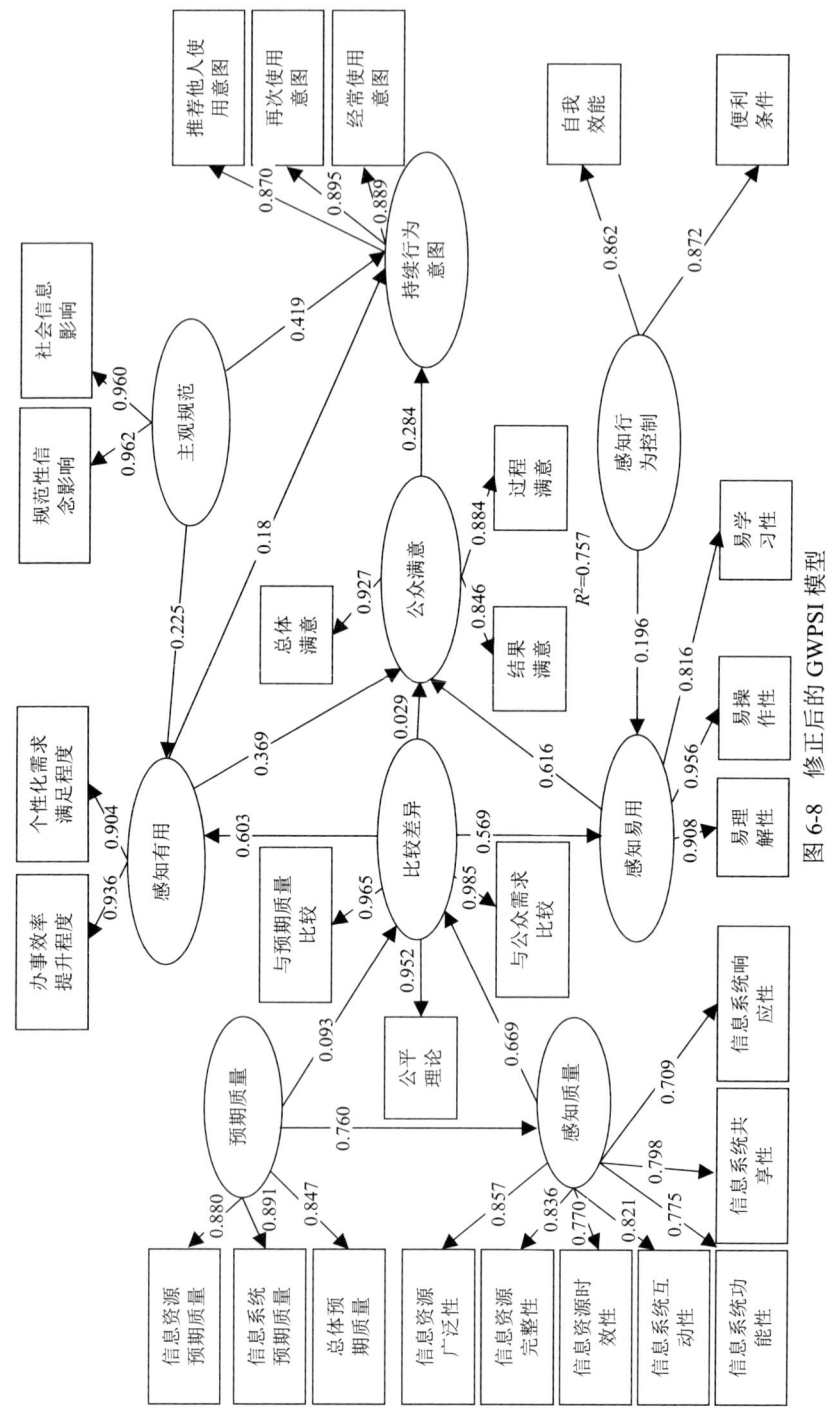

图6-8 修正后的GWPSI模型

第三节 实证研究结果分析

根据上述实证研究结果,本节从 GWPSI 概念模型的测量模型、结构模型入手,具体分析 GWPSI 概念模型中各变量的内在关系。

一、GWPSI 测量模型中结构变量与观测变量的关系分析

本书创设的 GWPSI 测量模型中结构变量与观测变量之间呈反映型模式,分析 GWPSI 测量模型中的负载系数,不仅可以了解不同观测变量与对应结构变量的相关程度,还可以判断不同观测变量对其对应结构变量的影响程度。GWPSI 概念模型中包含了 10 个反映型模式的测量模型。各测量模型中结构变量与其对应观测变量的关系分析如下。

1. 预期质量与其观测变量之间关系分析

基于本书第三章关于公众对政府门户网站缺乏明确的预期质量的阐述,本书将预期质量对应的观测变量设定为信息资源预期质量、信息系统预期质量及总体预期质量。实证分析结果显示,上述各观测变量与预期质量的负载系数均大于 0.8,说明各观测变量与预期质量密切相关,其中政府门户网站信息系统预期质量观测变量与预期质量结构变量的相关性最强(0.891),其次是信息资源预期质量(0.880),再次是总体预期质量(0.847)。本书关于预期质量观测变量的设定是科学、合理的,也适用于分析政府门户网站公众的预期质量。

2. 感知质量与其观测变量之间关系分析

实证研究对本书第三章采用探索性因子分析等多种方法析出的政府门户网站感知质量的观测变量展开了验证性因子分析(图 6-7),除信息资源可信性(y_3)观测变量的负载系数低于 0.7 外,其余所有观测变量均获通过,这表明前期基于探索性因子分析等方法提取的绝大部分的观测变量,较好地解释了感知质量结构变量,关于政府门户网站感知质量结构变量的观测变量的筛选是合理的。就信息资源可信性(y_3)观测变量而言,虽然反映了感知质量的某一侧面(0.555),具有一定的可接受性,但考虑政府门户网站的组织、运行及管理均基于政府相关职能部门,其信息来源的权威性及信息系统质量的安全性,决定了政府门户网站本身应具有较高的可

信性，因此，在修正后的 GWPSI 模型中删除了该观测变量（图 6-8）。

3. 比较差异与其观测变量之间关系分析

为消除公众在使用政府门户网站中，直接使用感知价值衡量公众满意可能产生的偏差，本书将比较差异作为独立结构变量，结合公众使用政府门户网站的需求、过程、心理等特点，设定了公平理论、与预期质量比较差异、与公众需求比较差异 3 个观测变量，从不同侧面反映比较差异结构变量。从实证分析的结果（图 6-7）来看，3 个观测变量与比较差异结构变量间的负载系数均大于 0.7，这表明各观测变量很好地解释了比较差异结构变量。也从另一面验证了本书第三章关于比较差异形成中所依据的 3 个比较标准选择的正确性，即与传统顾客满意度模型中影响顾客满意的感知价值不同，感知价值仅是基于预期质量这一单一的比较标准，而在使用政府门户网站时，比较差异不仅受到预期质量的比较标准的影响，还受到公众自身的需求满足情况、感知服务过程公平等比较标准的影响。

4. 其余结构变量与其观测变量之间关系分析

实证结果显示，公众满意、持续行为意图、感知有用、感知易用、主观规范、感知行为控制等结构变量与其对应观测变量间的负载系数也均大于 0.7，这充分证明各观测变量较好地反映了其所对应的结构变量，各结构变量的观测变量的设定是科学的。例如，在公众满意的 3 个观测变量中，总体满意的影响较大（0.927），这说明公众对于政府门户网站的满意更倾向于长期累积性满意，而不只是服务过程的满意或某次使用后的结果满意；在感知有用的 2 个观测变量中，办事效率提升程度的影响最大（0.936），说明较之于个性化需求满足程度，公众对政府门户网站有用的感知，目前还倾向于网站功能的完善对个人事务办理效率的提升；在感知易用的 3 个观测变量中，易操作性的影响最大（0.956），说明提升政府门户网站的易操作性，将更能使公众对政府门户网站产生易用的感知；在持续行为意图的 3 个观测变量中，经常使用意图的影响最大（0.889），说明公众一旦对政府门户网站的服务满意后，将易产生经常使用该政府门户网站的行为意图；在主观规范的 2 个观测变量中，规范性信念影响（0.962）与社会信息影响（0.960）效果相近，这表明对影响政府门户网站感知有用及持续行为意图的主观规范，内化于公众意识中的规范性信念，以及对个体意识、行为产生作用的社会信息都具较强且相似的影响效果，在政府门户网站使用推广中，政府应当重视并充分利用上述因素,积极引导公众;在感知行为控制的 2 个观测变量中,便利条件的影响较大(0.872),说明在使用政府门户网站的过程中,较之于自我效能,对使用便利条件的感知,如随时随地的网络接入服务的感知,网站资源的方便存取的感知,更易促使公众使用政府门户网站。

二、GWPSI 结构模型中结构变量之间关系分析

本节主要结合 GWPSI 概念模型中各结构变量间的路径关系,分析部分路径关系、结构变量取舍的原因及各变量之间的相互作用。

1. 预期质量与相关结构变量之间关系分析

预期质量与比较差异的直接效应仅为 0.072,不支持预期质量对比较差异有正向直接作用(H_2)的假设,这表明公众对政府门户网站的预期质量与比较差异间无直接显著影响,而造成该现象的原因可能是结构不良问题的存在,导致公众对政府门户网站服务质量的预期模糊。而在比较差异的观测变量中,"与预期质量比较差异"观测变量与其相关性较强,也从侧面证明了预期质量与比较差异变量间直接效应偏弱的结论。但综合分析两变量间的总体效应,其值高达 0.6011,呈显著性特征。因此,在修正后的 GWPSI 模型中,保留了两变量之间的路径关系。尽管预期质量与公众满意之间无直接效应,但通过比较差异,预期质量与公众满意之间的总体效应也达到 0.3636,这说明公众对于政府门户网站使用前的预期影响使用过程及使用后的感受。因此,预期质量仍是影响比较差异、公众满意的重要结构变量。另外,预期质量与感知质量的总体效应呈显著性特征(0.7770),支持预期质量对感知质量有正向直接作用(H_1)的假设,这说明公众对于政府门户网站预期质量的提升,有助于大幅度提升公众对政府门户网站的质量感知。

2. 感知质量与相关结构变量之间关系分析

感知质量与比较差异的直接效应为 0.681,支持感知质量对比较差异具有正向直接影响(H_3)的假设,此外感知质量与公众满意、感知有用、感知易用及持续行为意图间的总体效应分别为 0.4117、0.4095、0.3898、0.1780,说明公众对政府门户网站感知质量的提升有助于比较差异、公众满意、感知有用、感知易用及持续行为意图的提升,可见公众对政府门户网站质量的感知贯穿与政府门户网站交互的整个过程。因此,提高政府门户网站信息资源、

信息系统、服务质量水平，从大处着眼，细节入手，全方位满足公众需求是提升政府门户网站公众满意程度、保持公众持续使用政府门户网站的关键。

3. 比较差异与相关结构变量之间关系分析

比较差异与感知有用、感知易用间的直接效应分别为 0.602、0.573，支持比较差异对感知有用具有正向直接作用（H_5），以及比较差异对感知易用具有正向直接作用（H_6）的假设。说明比较差异的提升，有助于提升公众对政府门户网站有用及易用的感知。较之于感知易用，比较差异对感知有用具有较大的直接影响作用。这表明公众在使用政府门户网站中，比较差异更易于增强公众对该网站有用的感知。从比较差异与公众满意的直接效应 0.031 上看，不支持比较差异对公众满意具有正向直接作用（H_4）的假设，该结果似乎违背了 Festinger、Hovland、Sherif 等学者的相关研究中，关于两者间正向直接关系的判断。但从两变量的总体效应（0.6049）分析来看，比较差异通过感知有用、感知易用对公众满意却有显著影响。因此，在修正后的 GWPSI 模型中（图 6-8），保留了比较差异与公众满意之间的路径关系。综合上述分析可知，比较差异并非是判断公众对政府门户网站满意程度的直接变量，通过比较差异后的公众对网站有用及易用上的感知，可有效判断公众对政府门户网站的满意程度。比较差异与持续行为意图间的总体效应为 0.2615，效应显著。而感知有用、感知易用同样是影响两个变量间接效应的关键因素。

4. 感知有用、感知易用与相关结构变量之间关系分析

感知有用与公众满意间的直接效应为 0.371，呈显著性特征，支持感知有用对公众满意具有正向直接作用（H_7）的假设，且感知有用与持续行为意图间的直接效应分为 0.159，显著性偏弱，对感知有用对持续行为意图具有正向直接作用（H_9）支持强度不大，但观测感知有用与持续行为意图的总体效应（0.2983）呈显著性特征，因此在修正后的 GWPSI 模型中，保留感知有用与持续行为意图间的路径关系（图 6-8）。感知易用与公众满意的直接效应为 0.613，支持感知易用对公众满意具有正向直接作用（H_8）的假设；但其与持续行为意图间的直接效应为-0.107，不显著，因此不支持感知易用对持续行为意图具有正向直接作用（H_{10}）的假设。感知易用与公众满意间的直接效应（0.613）大于感知有用与公众满意间的直接效应（0.371），说明了较之有用感知，提升公众对政府门户网站易用感知，更易提升公众的满意程度,即政府门户网站越容易使用,公众的满意程度提高的幅度越大。而感知有用与持续行为意图的总体效应(0.2983)大于感知易用与持续行为意图的总体效应(0.1230),说明感知有用在加强公众持续使用政府门户网站意图中的作用更为重要。提升公众对政府门户网站有用感知,更有助于促使公众产生持续行为意图。从感知易用与公众持续行为意图之间总体效应的弱显著性可知:如果公众对政府门户网站有用的感知程度偏低,即便是再易于使用,公众也很难产生持续使用的行为意图。因此在修正后的 GWPSI 模型中,删除了感知易用与持续行为意图间的路径关系。

5. 公众满意与相关结构变量之间关系分析

公众满意与持续行为意图间的直接效应为 0.375,支持公众满意对持续行为意图具有正向直接作用(H_{17})的假设,也说明了持续行为意图受公众满意的影响作用明显,且公众满意与持续行为意图的直接效应大于感知有用及感知易用与持续行为意图的直接效应(0.159、-0.107),这表明公众满意对持续行为意图直接影响作用大于感知有用、感知易用。说明了公众使用政府门户网站的满意程度将直接影响其再次、经常或者推荐他人使用该网站的意图,公众满意是影响持续行为意图的重要变量,但非唯一变量。

6. 主观规范、感知行为控制与相关结构变量之间关系分析

作为影响感知有用与持续行为意图间因果关系的第三变量,主观规范与感知有用间的直接效应为 0.224,呈显著性特征。支持主观规范对感知有用具有正向直接作用(H_{12})的假设,这表明公众在使用政府门户网站的过程中,具有重要影响的个人或团体,对政府门户网站评价或使用频次越高,其余用户越有可能增加其对该政府门户网站有用的感知;而主观规范与持续行为意图间的直接效应为 0.460,呈显著性特征,支持主观规范对持续行为意图具有正向直接作用(H_{11})的假设,从而再次验证了 Ajzen、Bhattacherjee、Liao 关于主观规范是影响持续行为意图关键变量的实证研究结果,并说明主观规范是推动公众持续使用政府门户网站意图的重要动因,可有效预测公众的持续行为意图的强度。但从主观规范与公众满意的总体效应呈弱显著效应(0.0830)的结果来看,主观规范并不是影响政府门户网站公众满意的主要结构变量。

感知行为控制与感知易用间的直接效应为 0.210,呈显著性特征,支持感知行为控制对感知易用具有正向直接作用(H_{13})的假设。该结果再次验证了 Davis、Venkatesh 等关于网络环境下，感知行为控制对感知易用有正向直接作用的研究结论。这说明在使用政府门户网站过程中，公众自我效能感越强且感知技术、资源等外部有利条件越多时，将有利于增强其对整个使用过程的控制能效，提升其对该网站易用的认知；通过感知行为控制与公众满意间的总体效应（0.1288）呈显著特征的结果来看，感知行为控制对增进公众满意具有间接促进作用。感知行为控制对持续行为意图的直接效应仅为-0.034，无显著特征，从而拒绝了感知行为控制对持续行为意图具有正向直接作用（H_{14}）的假设，这与实际也是相符的。公众使用政府门户网站时，并不会因为自我效能高或者感知便利条件多时，主动排除使用中的障碍，并选择持续使用。感知行为控制只有在提升公众对该政府门户网站易用感知的基础上，才有可能增加公众的满意程度。实证研究中，感知行为控制与公众满意的总体效应（0.1288），呈显著性特征，恰好证明了上述观点。因而在修正后的 GWPSI 模型中，删除了感知行为控制与持续行为意图间的路径关系（图6-8）。

7. 任务-技术适配与相关结构变量之间关系分析

任务-技术适配与感知有用间的直接效应为 0.013，未呈显著性特征，从而拒绝任务-技术适配对感知有用具有正向直接作用（H_{15}）的假设；任务-技术适配与感知易用间的直接效应为-0.062，也未呈显著性特征，从而也拒绝了任务-技术适配对感知易用具有正向直接作用（H_{16}）的假设。再分析任务-技术适配与公众满意的总体效应（-0.0335）及与持续行为意图的总体效应（-0.0039），均未呈显著性特征，上述实证结果说明在 GWPSI 概念模型中，任务-技术适配对于感知有用、感知易用，以及通过感知有用、感知易用对政府门户网站公众满意度总体均无显著影响。产生该种现象的原因可能有三个方面。①从任务层面上分析。原假设 H_{15}、H_{16} 是基于公众在具体任务中根据政府门户网站技术支持实际情况，判断其有用或易用的前提，然而结合在线访谈的调查结果，发现公众在具体任务中根据政府门户网站技术支持的实际情况，常无法对该网站有用或易用形成明确的感知。这主要与个体认知差异有关。例如，一个信息资源丰富的政府门户网站未能收录某用户查询时所需某一主题的信息资源，该用户对其有用的感知将会大打折扣，反之如果信息资源偏少的政府门户网站恰好提供了该用户查询所需的信息内容，该用户对其有用的感知反而提升。因此，任务-技术适配变量具有较强的个体性、差异性，使用其与感知有用、感知易用的路径关系间接测评其对公众满意程度的影响效果是不稳定的。②从技术层面上分析。政府门户网站部分支持技术的有用或易用特性，无法为公众实际使用中感知。政府门户网站的技术支持不仅包含了政府门户网站信息系统的业务技术支持，还包含了该系统的运作技术支持。尽管公众可结合具体任务与政府门户网站信息系统业务技术支持，如查询、调用、输出信息资源之间的适配程度，产生有用或易用的感知。但政府门户网站信息系统运作技术支持，如管理运行、业务纠错等技术等，属于网站后台运作技术，其有用或易用与否无法为公众直接感知。因此，从技术层面上看，片面的政府门户网站技术支持的感知，限制了任务-技术适配变量对政府门户网站感知有用或感知易用的显著作用，进而间接影响了其与公众满意度的关系。③政府门户网站自身原因。如果政府门户网站完全站在公众的角度，想公众之所想，提供公众之所需，积极开展公众调研，根据公众所需主动提供相应的技术支持，使公众在使用中任务与技术完全适配，也可以导致任务-技术适配对感知有用或感知易用直接效应偏弱。

根据问卷"在利用政府门户网站处理事务中，您认为该政府门户网站的技术、功能支持、适用您所要解决的问题吗"问题的反馈结果来看，其均值（4.1493）偏低，这说明受调查的政府门户网站的任务-技术适配现状并未达到最佳，因此可以认为导致实证分析结果中任务-技术适配与感知有用、感知易用、公众满意等结构变量效应偏弱的原因，主要源于上文所述的技术与任务两个层面。

综上所述，在 GWPSI 概念模型多个结构变量组成的因果关系链中，公众满意受感知有用、感知易用、比较差异结构变量的影响。其直接效应分别为 0.371、0.613、0.031。就直接效应来看，比较差异对公众满意无显著影响，而感知易用、感知有用对公众满意影响效果显著，较之感知有用、感知易用的影响更为显著。从总体效应看，感知易用、比较差异、感知有用对公众满意的影响效果从强到弱排列，分为 0.6125、0.6049、0.3710。由此可见，增加公众对政府门户网站易用的感知是提高政府门户网站公众满意度的首要任务。

第四节 政府门户网站公众满意度的提升对策

以上实证研究结果表明感知有用、感知易用、比较差异、感知质量、预期质量等结构变量,对政府门户网站公众满意度均有重要影响。因此,本节从上述影响政府门户网站公众满意度的各关键结构变量入手,提出了提升政府门户网站公众满意度的完善对策。具体思路如下:首先在宏观上划分提升政府门户网站公众满意度中各关键结构变量发展完善的目标区域,其次根据各结构变量所处的目标区域,提出基于各结构变量的政府门户网站公众满意度的提升对策。

一、GWPSI 概念模型中结构变量发展完善的目标区域

实证分析结果表明,由于各结构变量对政府门户网站公众满意度的影响效应不同,为在具体分析中,抓住重点变量,有步骤、有计划地推进各关键结构变量的完善,促进政府门户网站公众满意度的提升,本书借助四分图模型分析方法,对影响政府门户网站公众满意度的各关键结构变量,按照其重要程度和对公众满意的贡献率,划分了四个目标象限(图6-9)。图6-9的纵坐标轴表示各关键结构变量对公众满意的贡献率,横坐标轴为各关键结构变量与公众满意间的总体效应。第Ⅰ象限为发展区,处于该区的关键结构变量在政府门户网站公众满意度的提升中虽具有较高的贡献率,但其重要程度偏低,这表明该关键结构变量在提升政府门户网站公众满意度中仍有发展的空间。实证研究结果显示,感知有用(0.3693,51.7)处于该区。第Ⅱ象限为保持区,处于该区的关键结构变量在政府门户网站公众满意度的提升中具有较高的贡献率且较重要,因此,处于该区内的关

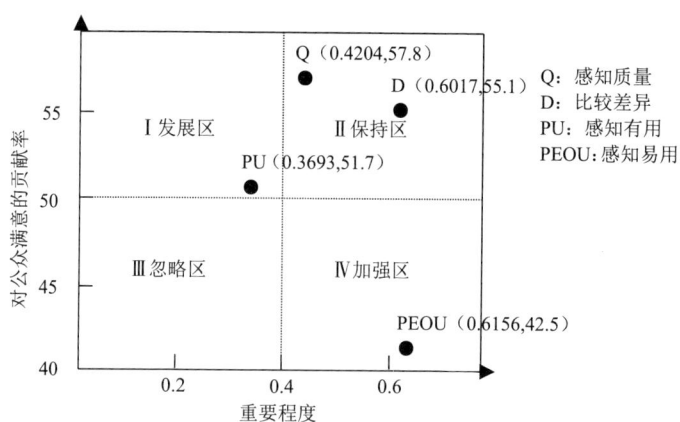

图 6-9 GWPSI 概念模型各关键结构变量"重要-满意"程度四分图

键结构变量为优势变量,在发展中应保持其现有的优势。实证研究结果显示,感知质量(0.4204,57.8)与比较差异(0.6017,55.1)处于该区。第Ⅲ象限为忽略区,处于该区的关键结构变量在政府门户网站公众满意度的提升中的贡献率及重要程度均偏低,因而发展空间不大。实证研究结果显示,无结构变量处于该区。第Ⅳ象限为加强区,处于该区的关键结构变量对政府门户网站公众满意度的提升,具有较低的贡献率但较重要,这说明该结构变量应为政府门户网站公众满意度提升中,亟待加强的关键变量。实证研究结果显示,感知易用(0.6156,42.5)处于该区。

二、基于 GWPSI 概念模型各结构变量的政府门户网站公众满意度提升对策

(一)基于预期质量的政府门户网站公众满意度提升对策

实证结果显示,虽然预期质量在 GWPSI 概念模型中作为外因结构变量,与公众满意间无直接显著效应,但两者间的总体效应(0.3636)呈显著性特征,说明随着我国政府信息基础建设的完善,电子政务水平不断提高,预期质量将成为影响政府门户网站公众满意度的关键因素。因此可将预期质量定位于图6-9中的第Ⅰ象限的发展区,这就要求未来发展中,面向公众的政府门户网站服务应以预期质量为出发点,把握政府门户网站提供的信息资源、信息系统功能及服务的质量与公众预期间的差距,分析原因积极应对,最终提升政府门户网站公众满意度。具体实施上应把握以下原则。

1. 注重服务成本与预期质量的最佳组合

政府作为政府门户网站公共服务资源的提供者,其服务成本和公众预期质量间存在博弈,尽管通过政府门户网站,政府所提供的各种服务具有公益性特征,但建设政府门户网站,维护其运行、管理的经费归根结底源于公众缴纳的税收。政府门户网站具体的服务业务及功能的拓展,意味着政府必须加大相关职能部门信息基础建设的投资力度。如何以最低的服务成本,实现最大化的公共服务效益是政府始终关注的焦点。而公众的关注则集中于政府门户网站的服务质量,对政府门户网站的日常管理、运行成本了解偏少。双方关注焦点不同,造成了公众与政府在政府门户网站预期质量上存有差异。而以最低成本获得大多数公众预期服务质量,应成为博弈后政府与公众对政府门户网站质量预期的最佳平衡点,这就要求在政府门户网站建设中,政府仍需不断探索,注重服务成本与服务质量的最佳组合。

2. 针对公众不同类型的预期质量采取相应措施

参照 Kano 关于企业顾客满意度模型中预期质量的划分，政府门户网站预期质量可分为应当服务预期质量、适当服务预期质量及理想服务预期质量。当适当服务预期质量特性不足时，极易降低公众的满意度，此时政府应将政府门户网站建设的重点，放在弥补政府门户网站服务的不足上来；应当服务预期质量对部分公众来说可能是模糊的，但却是公众普遍希望得到的预期中的服务质量，当应当服务预期质量特性不足时，易降低公众满意度，因此，政府应在提高网站信息资源、信息系统、服务质量上加大力度；当理想服务预期质量不足时，虽不会降低公众的满意程度，但不利于公众持续行为意图的形成。因此，政府应通过挖掘、分析公众的潜在需求，不断使政府门户网站的信息资源、系统功能及服务质量超越公众的预期（邹凯，2008：114-115，200）。

3. 适应公众变化的预期质量创新政府门户网站服务

社会信息化的发展不断改变着公众的人生观及价值观，同时也不断促进着大众传媒方式及公众信息接收方式的变革。在该环境中，公众对政府门户网站服务质量如信息公开力度、更新速度、信息系统的交互性能等产生新的预期。这就要求政府结合地方行政环境积极开展公众预期调研，创新政府门户网站的服务项目、服务功能及服务方式，不断适应不同公众群体对政府门户网站动态变化的预期质量。

此外，政府可通过广播、电视、报纸、网络等大众传媒，把握及引导公众对政府门户网站预期质量，但引导必须以事实为基础，言过其实的宣传，有可能拉升公众对政府门户网站的预期质量，超出政府的可控范围，最终降低公众对政府门户网站的满意程度。

（二）基于感知易用的政府门户网站公众满意度提升对策

实证研究结果显示，感知易用对公众满意无论在直接效应还是总体效应上都具有显著特征，且在图 6-9 中感知易用处于第Ⅳ象限的加强区内，这表明感知易用虽在提升政府门户网站公众满意度上具有重要作用，但其对公众满意度的贡献率偏低，因此其是政府门户网站公众满意度提升中需要加强完善的重要结构变量。信息资源内容的易理解性、政府门户网站的易操作性及政府门户网站的易学习性是政府门户网站的感知易用主要体现，也是基于感知易用的政府门户网站公众满意度提升的三个着力点。

1. 增进政府门户网站信息资源内容的易理解性

易理解性是指公众在鉴别、获取、使用政府门户网站的信息资源及信息系统服务功能时,在感知上形成的直观、正确、清晰、一致的理解。公众对政府门户网站易理解性感知的形成,与政府门户网站主题目录的组织,信息检索结果的内容、排序方式、界面整体风格等因素有关,还与公众的认知风格有关。根据 Witkin、Pask 等的观点,在与信息系统交互过程中,按照不同的认知风格分类,公众通常表现为场依存型(field dependence)个体及场独立型(field independence)个体。其中,场独立型个体在对政府门户网站信息资源理解上,对内在参照具有较大的依赖性倾向,善于将网站信息资源的内在主旨,区分于背景区域分析,受网站背景变化的影响小,知觉稳定;而场依存型个体在对政府门户网站信息资源的理解上,常以网站背景信息如颜色、框架为外在参照,过多地依赖所接受到的网站环境信息。由于现有的政府门户网站设计、主题目录组织、信息检索结果的内容安排、检索结果的排序方式等,大都采取相似的界面,针对不同认知风格的公众开发适配的政府门户网站界面的理念尚未引起重视,因此,提高政府门户网站的易理解性感知,需将公众的认知风格与政府门户网站的信息资源的组织、界面显示结合起来协调处理。例如,可根据公众的认知风格,设定政府门户网站主题目录详细程度及组织方式,还可针对场依存型个体认知风格的公众,采用广度优先的原则,设计政府门户网站主题目录,即信息资源主题多在网站主页上一级类目录中显示,减少子目录的层次;而针对场独立型个体认知风格的公众,则可采用深度优先的原则,以较多层次的子目录细化信息资源主题,减少网站主页上一级类目录的设置(柯青等,2009)。

2. 提高政府门户网站的易操作性

易操作性是指政府门户网站提供的各种服务功能易为公众接受,并能使公众按照网站的引导完成操作。通常政府门户网站的易操作性是以网站信息系统的容错性、安全性,信息系统功能的完备性为基础。提升政府门户网站公众易操作性的感知可采用以下方式。首先,整合政府职能部门的业务流程是提高公众对于政府门户网站易操作性感知的基础,整合是以提升政府公共服务的社会效益为原则,合理合并、规划职能相辅或相继的政府机构、部门间的业务流程,尽可能消除服务流程中的重叠环节,加强部门协作。其次,消除公众在使用政府门户网站中的各种障碍,使公众每次点击都能获得有效的反馈信息。例如,为消除公众操作中的时间障碍,可采取提高网页链接、下载响应速度，增加信息内容的时间跨度等相关举措；为消除公众操作中的格式障碍，可采取提供数字、纸质等多种载体类型的信息资源服务，提供公众可编辑的信息格式等举措；为消除公众因网站的整合障碍所导致操作上的不便，可采取增加网站搜索功能、渠道等举措加以解决（张翼燕和杨玉慧，2008）。最后，根据公众的认知风格设计相应的操作流程。例如，对政府门户网站搜索结果，按照字母顺序排列的流程设计，可以提高场独立型公众对该网站易操作性的感知，而搜索结果按照相关程度排列的流程设计，可以提高场依存型公众对于该网站易操作性的感知；同样主目录与子目录设计在同一页面中，可有效提高场独立型公众对于该网站易操作性的感知，但该设计却可能降低场依存型公众对于网站易操作性的感知，他们更倾向于主目录与子目录置于不同页面的流程设计（柯青等，2009）。

3. 增强政府门户网站的易学习性

易学习性是指初次接触政府门户网站的公众，在该网站指导下可方便使用的性能。作为政府门户网站感知易用的主要影响变量，易学习性主要取决于网站的"在线帮助"功能与"公众对于使用疑问的了解"两个维度。图 6-10 根据上述两个维度，清晰地反映了公众对于政府门户网站易学习性感知的四个层次。

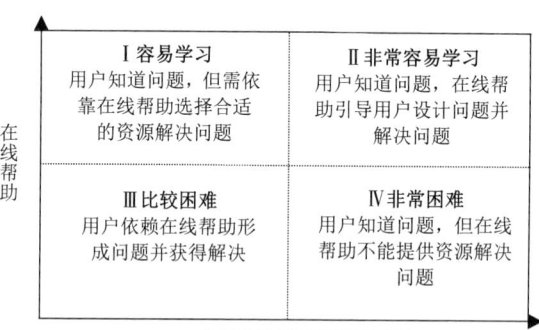

图 6-10　公众对于政府门户网站易学习性的感知层次

由图 6-10 可知，提高公众对政府门户网站的易学习性的感知，首先应让公众了解使用中自己存在哪些问题；其次还需完善网站在线帮助功能，积极引导公众设计并提出问题；最后根据公众的提问，在线实时解答。调查表明在使用政府门户网站的过程中，由于信息需求模糊，不少公众往往较难将自身的需求转化为具体的问题，即便提出问题，也常因网站在线帮助资源有限，较难获得满意答复。因此，完善在线帮助功能是提升公众对政府门户网站易学习性感知的关键。实践中可采用在政府门户网站首页构建用户在线帮助模块的办法，将该模块以"在线帮助"专有名称置于网站一级类目录中，方便公众查找学习。在线帮助模块具体创设中其核心部分可由"声明""浏览""检索""评价"四个子模块组成。其中，"声明"子模块，主要面向初次使用政府门户网站的公众提供有关在线帮助模块功能、使用方法的说明；"浏览"子模块主要就政府信息资源的站内及站外分布情况作以说明，并对信息技能偏低或信息需求模糊的公众，通过创设具体案例的方式，引导或挖掘他们潜在的信息需求，辅助其完成相关信息或服务的搜索；"检索"子模块则应尽可能地为公众创设学习使用政府门户网站不同检索工具、选择检索词、制定检索策略的机会，并辅以"在线试用"功能，便于公众学习的同时进行实际操作；"评价"子模块则侧重于当公众通过政府门户网站的搜索引擎获得站内或站外的信息资源或服务而无法确定其可信度时，从检索实践的角度，提出评判标准。在线帮助模块的辅助部分可设置"收藏夹""术语表""打印工具"三个子模块，其主要作用是在公众使用政府门户网站在线帮助模块的核心部分时，提供资源链接收藏、参考注释、信息传送及打印等服务，以使公众的在线学习过程更加流畅（宋琳琳和李海涛，2008）。

（三）基于感知质量的政府门户网站公众满意度提升对策

实证研究结果表明，感知质量是贯穿于 GWPSI 概念模型的因果关系链始终的关键结构变量。因此，提高政府门户网站信息资源、信息系统的服务质量，是提升政府门户网站公众满意度并形成稳定的公众持续使用行为的关键。从图 6-9 可知感知质量处于第 Ⅱ 象限的保持区内，这表明感知质量在对政府门户网站公众满意度提升中具有较高的贡献率且较重要，应为政府门户网站公众满意度提升中保持持续发展的重要结构变量。

本书认为基于感知质量的政府门户网站公众满意度提升的关键，在于从提高政府门户网站的信息资源质量、完善政府门户网站信息系统质量两个维度入手。

1. 提高政府门户网站的信息资源质量

首先提高政府门户网站信息资源质量是基于感知质量的政府门户网站公众满意度提升的基础。本书的实证研究发现信息资源的广泛性、完整性及时效性是影响感知信息资源质量的关键因素。政府门户网站信息资源的丰富、充实及完整程度直接影响公众持续行为意图。目前我国政府门户网站提供的信息资源内容多与政府公共事务信息相关，涉及政府信息、公民服务信息（婚姻、户籍、税收、交通、就业、社会保障、文化、教育、医疗等）、企业服务信息（质检、税收、投资、劳动保障、工商管理等），研究表明随着电子政务的深入发展，公众所需的政府门户网站信息资源内容的广度逐步拓展。但结合前期的调查结果（Cai et al., 2009）分析，政府门户网站提供的信息资源内容上仍存有盲点，随着公共事务不断细化发展，与公众日常生活密切相关的如食品药品安全、社会空巢老人服务等信息内容还较少涉及。如何提升政府门户网站信息资源质量，本书认为：首先，应以公众需求为引导，政府职能部门在持续跟踪、深入调研的基础上，分析不同时期、不同公众群体的主要信息需求，提炼其共性部分并兼顾个性化信息需求，并将其增至政府门户网站，方便公众随时获取；其次，健全政府门户网站信息资源目录体系，政府门户网站信息资源目录体系是政府分类细化政府信息资源并有效管理的科学依据，它为公众获取所需政府信息提供了便捷通道，也有利于政府从目录控制的角度整合政府信息资源并提供服务。因此，政府门户网站信息资源目录体系在建构上应遵循全面、实用、个性原则，即全面涵盖政府信息资源内容的同时注重上下级类目录间的层级关系，最终形成不同层次政府门户网站信息资源的链式共享（李海涛，2008：278-284）。

2. 完善政府门户网站信息系统质量

完善政府门户网站信息系统质量是基于感知质量的政府门户网站公众满意度提升的关键。本书的实证研究结果表明信息系统的互动性、功能性、共享性、响应性，是影响政府门户网站感知信息系统质量的主要因素，其中信息系统的互动性的影响尤为显著。政府门户网站信息系统主要包括政府信息公开、办事服务、公众参与三项主要功能。结合本书前期调研的结果（李海涛和宋琳琳，2008）来看，公众使用政府门户网站的在线办事等服务时，仍遭遇信息鉴别（如搜索结果检准率或检全率低，搜索渠道单一等）、信息获取（服务响应时间长、无效链接、服务完整性受限）等方面的多种功能性障碍。如何提升政府门户网站信息系统质量，本书认为应从制度与技术两个层面入手，具体建议如下。

制度上，改进政府内部服务提供机制，重整政府内部业务流程，推进机构调整。政府门户网站信息系统支持的在线办事功能，多停留在办事指南的层面，政府体制改革及后台政务协同的推进，将有利于完成政府门户网站在线办事功能从办事指南转向行政许可的在线直接办理。具体实践中，可以政府公共事务办理为中心，从具体事务的内容、提供部门、监督等方面，分析各职能部门的具体职责，整体梳理和描述与该服务相关的政府业务，脱离行政划分，以服务为导向聚集、提供、完成某项信息服务（吴晓敏等，2006）。

技术上，完善政府门户网站信息系统质量可从两方面入手。一是构建以公众为中心的"一站式"政府门户网站服务平台。该平台应基于公众使用的视角，充分考虑公众的使用习惯、认知风格与行为特点，按照不同的公众群体，聚类公共服务，提供包含公众全生命周期的，具有强大互动性、功能性、共享性及响应性的"一站式"服务（赵建青和唐志，2007）。二是增强政府门户网站公众监督功能，该项措施需在技术与制度层面通力协作下共同实现。制度上可构建公众监督保障机制，如即时反馈监督机制、在线办事监督机制、业务办理监督机制等，明确告知、赋予并保障公众的监督权；技术上，增设具体功能模块，如可以网络留言、公共论坛、在线投诉等形式，打破传统的公众反馈意见政府门户网站后台处理的方式，还可将公众的反馈意见以年代和月份的方式总结陈列，并把代表性意见置于专门知识库中，在政府门户网站中以案例查询等方式提供给公众，加强公众监督（宋琳琳和李海涛，2008）。

在信息技术多元化发展的今天，微博作为一种基于用户关系的信息分享、传播及获取平台，具有即时互动、简单易用、传播迅速的优势，已在引导公众参与、互动、沟通的众多社会传媒中异军突起。因此，政府可因势利导，在政府门户网站首页相关位置设置政民互动的微博平台，充分利用微博的即时互动、公开透明、便捷实用的特点，采纳网络舆情与民意，增强公众网络民主监督；提高政府门户网站在线办事的透明性、亲民性，推进政府信息公开，增进公众对政府门户网站服务品质的感知及信任，最终推进生动、成熟、良性的社会民主政治生态环境的形成。

（四）基于比较差异的政府门户网站公众满意度提升的对策

实证结果表明，比较差异通过感知有用、感知易用对于政府门户网站公众满意及持续行为意图均有着显著的影响。由此可见比较差异也是影响政府门户网站公众满意度的重要结构变量，结合图6-10来看，比较差异处于第Ⅱ象限的保持区内，这表明比较差异对提升公众满意度的贡献率及其自身重要性上均有较高的程度，也应作为政府门户网站公众满意度提升中需要持续发展的重要结构变量。

本书认为基于比较差异的政府门户网站公众满意度提升的关键，在于依据公众与政府门户网站交互的阶段性特征，选择相应的比较标准采取具体对策。

1. 消除预期质量比较标准的不确定性

使用政府门户网站前，公众通常以预期质量作为比较标准，衡量与其感知质量的差异，但由于受个体差异及主观规范的影响，公众对初次使用的政府门户网站的在线产品（信息）或服务质量的预期，常具有较强的主观性，且由于对网站服务质量的感知滞后性，公众很难像预期实体产品那样预期其优劣，因此政府门户网站首先应在完善自身的功能，提供优质的在线服务产品的同时，通过服务介绍、社区推广、多种媒介传播等方式，消除公众对网站预期质量的不确定性。

2. 细化公众需求比较标准的特定需求

使用政府门户网站时，公众通常也以自身需求满足情况作为比较标准，衡量其与感知质量的差异，此时公众对政府门户网站的感知价值往往以网站的在线产品或服务质量对其需求的满足程度作为判断。因此，政府门户网站必须将交互中公众的特定需求，作为提升其比较差异的首要标准，提供在线服务产品或解决方案。

3. 注重过程公平比较标准的公平感知

在整个使用过程，公平标准也是公众关注的重点，由于公众在使用政府门户网站时，感知质量不仅包括网站的在线产品或服务质量，还包括公众获取该在线产品或服务过程的质量，即对此前使用过程中的时间、精力投入是否公平的感知。这就要求政府门户网站设计、管理好整个服务流程，在了解公众实际所需服务流程的基础上，建立模型，有效拟合面向公众的政府门户网站服务流程，提高公众对使用过程公平的感知。

（五）基于感知有用的政府门户网站公众满意度提升的对策

实证研究结果显示，感知有用对公众满意、持续行为意图，无论在直接还是间接效应上都具有显著的影响。结合图6-9的结果来看，感知有用处于第Ⅰ象限的发展区内，这表明感知有用虽然在提升公众满意度贡献率中具有重要作用，但其重要程度偏低，应为政府门户网站公众满意度提升中仍需发展完善的重要结构变量。本书认为政府门户网站感知有用的提升，主要体现在公众利用政府门户网站办事效率的提升程度及个性化需求满足程度两方面，同时也是基于感知有用的政府门户网站公众满意度提升的两个重要"抓手"。

1. 提升政府门户网站的办事效率

办事效率提升程度是指政府门户网站对于个人或团体申请具办事务的反馈及处理效率的提升速度。从本书的前期研究结果来看，目前政府门户网站在线办事模式，多以公众的日常事务为导向，面向公民、企业员工及公务员三类群体，尽管在服务目标上突出了与公众的互动，策略上强调应用信息交流技术，集成化管理，但还是暴露出过分依赖信息交流技术，在线办事监管不力、效率偏低，办事流程不畅等缺陷。信息交流技术在提升政府门户网站办事效率中的作用明显，如利用信息交流技术重新整合后台业务流程，完善在线办事功能，都在一定程度上提升了政府门户网站在线办事效率，但实践表明，过分依赖信息交流技术，有可能迫使政府职能部门改变实践中更符合公众需求的业务流程，产生较多缺乏实际效用的程式化自动反馈结果（李海涛，2011）。因此，信息交流技术并非全能的，政府公共事务管理制度的改革及引导，才是基于感知有用的政府门户网站公众满意度提升的重点所在。具体举措如下。

1) 在政府门户网站公共事务办理中，引入合理的企业管理理念和方式。实践证明政府完全垄断的公共事务管理方式，易造成政府门户网站在线事务办理效率、质量偏低。在公共权力社会化的环境中，政府应适当地借鉴企业管理理念和方式，赋予公众选择公共管理组织的绝对权力，以效率为指导，在竞争中主动提升政府门户网站在线服务质量，为公众提供可供选择的在线产品或服务。为提高政府门户网站的办事效率提供有力的制度支持。

2) 引入第三方非政府组织承担政府门户网站在线办事的在线产品或服务的提供。第三方非政府组织可作为政府推行公共事务社会管理的有效的合作伙伴，围绕政府门户网站在线产品及服务项目的技术研究与开发，凭借自身优势参与与其他营利性企业的竞争，增强网站的服务能力及质量（刘飞宇和王丛虎，2005：46-47）。

2. 增强政府门户网站个性化需求的满足能力

个性化需求满足程度是指政府门户网站对公众共性需求外的，具有个体特质的差异化需求的满足程度。因为不同公众在认知风格、信息素养、使用体验等方面存在客观差异，所以政府门户网站基于上述差异满足不同公众的个性化需求，将有助于提升公众对该网站有用的感知及满意程度。本书实证研究中个性化需求满足程度与感知有用间的负载系数呈显著效应（0.904）的结果，也证明了上述观点。此外大量的实证研究表明，政府门户网站的框架结构、页面设计、颜色搭配、呈现方式等触及公众使用体验的个性化细节设计，均对感知有用有着直接或间接的影响。因此，提高政府门户网站个性化需求的满足程度应基于Web2.0信息技术，分析公众的认知风格、信息素养、使用体验等客观差异，针对性地完善政府门户网站情感化设计及个性化服务功能。具体建议如下：

1）基于公众的认知风格，提供政府门户网站个性化搜索。作为影响个体收集、分析、评价和解释信息方式的个性化维度（Harrison & Rainer，1992），认知风格是个人组织和表示信息的偏好及习惯方式（Riding & Cheema，1991），在提高政府门户网站搜索引擎的个性化服务功能上，认知风格是一个重要的个体差异变量，不同的认知风格呈现为不同的信息行为方式。因此，分析并基于公众不同的认知风格提供相应的搜索功能，是完善政府门户网站搜索引擎个性化功能的关键。例如，在为用户提供政府门户网站最佳适配的个性化检索界面的设计中，针对场依存型公众提供子目录名称在前，检索结果信息在后的检索结果页面信息呈现方式，易提高该类用户个性化检索需求满足的程度，但相反的检索结果页面信息呈现方式设计，却能提高场独立型公众个性化检索需求满足的程度（柯青等，2009）。

2）增加政府门户网站定制功能。可在政府门户网站首页上"定制服务"功能模块，通过提供邮件列表、RSS（really simple syndication，简易信息聚合）订阅等服务，让公众定制感兴趣的在线信息及服务，并通过个性化信息传播媒介，如手机短信进行推送，减少公众的搜寻次数及时间，便于公众在登录政府门户网站后，直接进入相关的信息页面或服务功能模块，获取相关的服务。

3）情感化设计政府门户网站。所谓情感化设计，是一种基于用户体验的个性化设计理念，公众与政府门户网站的交互行为可体现为直觉层、行为层及反思层的反应。公众的每一层体验各有偏重，如直觉层的反应主要依据公众对政府门户网站外观的体验，除了页面简洁、美观、布局合理、主体目录名称易接受外，政府门户网站对不同公众的需求表达方式及外观的多样性，直接影响公众对个性化需求满足程度的认知。因此，在公众个性化需求满足程度的提升中，基于不同用户的使用体验，根据公众不同层面的反应开展政府门户网站情感化设计也十分关键。

第七章 政府门户网站公众满意度测评的发展研究——以广东省人民政府门户网站为例

测评是完善政府门户网站建设的有效手段。尽管目前我国各地政府均高度关注政府门户网站建设，部分区域、领域也搭建了政府信息资源共享交换平台，以推进政府门户网站信息资源共享，但总体来看由于缺乏规范化、常态化测评工作指导与监督，导致政府门户网站建设上规模小、分布散、功能不完善。政府外部及内部各网络平台之间标准不对接、接口不统一、信息不互通的问题依然存在。政务部门履职所需信息的不完整影响了履职的有效性，也降低了公众对政府门户网站的满意度。2017年5月，国务院颁布《政务信息系统整合共享实施方案》[①]，再次强调评价对提升政府门户网站绩效的重要作用，并提出建立全国统一的政府门户网站评价指标体系，开展规范化、常态化政府门户网站绩效测评。随着"互联网+"模式的成熟及推广，政府门户网站在搭建政府与公众交互平台，处理日常公共事务，解决公众需求并衍生更大的社会效益上的作用日益凸显，因此绩效评价更应基于公众满意视角，探讨政府门户网站的完善对策。

自2011年开始，笔者围绕基于公众满意的政府门户网站公众测评研究课题，初步构建了GWPSI概念模型的结构、测量模型，并以湖北省人民政府门户网站为对象，开展了该模型的测评应用实证研究及政府门户网站公众满意度提升对策研究。实证研究是阶段性探索研究过程，它需要基于周期内的阶段性研究结果，探索现象背后的规律。随着信息技术的发展及政府信息资源整合共享政策方案的出台，新的政策及技术环境下，GWPSI概念模型亟待修正与完善。

广东省在我国电子政务建设中一直保持优势地位。经济文化的发展、政府职能的转变、服务观念的树立，都为广东省政府门户网站的发展提供了强有力的支持。2015年，第一次全国政府网站普查结果显示，广东省政府门户网站抽查合格率为94.58%，位居全国第五。因此，2017年2～5月，

---

① 中华人民共和国中央人民政府. 国务院办公厅关于印发政务信息系统整合共享实施方案的通知.[EB/OL]. http://www.gov.cn/zhengce/content/2017-05/18/content_5194971.htm. [2017-06-02].

为了验证本书第三章构建的 GWPSI 概念模型的稳定性及强健性,探讨新的政府信息共享政策及信息技术环境下,影响政府门户网站公众满意度的关键因素及其之间关系、效应与变化,重新完善 GWPSI 概念模型,并结合实证研究结果,探讨新的政策及技术环境下政府门户网站公众满意度的提升对策。本书以广东省政府门户网站为测评对象,再次开展了该模型的测评及应用研究。具体步骤包括数据采集及处理,GWPSI 概念模型的参数推估及验证分析,GWPSI 概念模型再修正。

第一节 数据采集及处理

该步骤主要通过编制调研问卷采集数据,并对采集的数据进行处理,分析调研样本组成及问卷信度、效度。在数据采集上,首先编制了《广东省政府门户网站公众满意度调查问卷》,问卷以 GWPSI 概念模型中的变量为参照,按照变量间的因果关系,分别设置了对应题项。问卷通过专业调研网站问卷星专业调查网站和微信群发放,调研对象涉及教育、科研、文艺、卫生、体育部门职员,党政机关、事业单位干部,企业员工,学生,个体商户、业主,其他等(表 7-1)。调研始于 2017 年 2 月 20 号,持续 3 个月,共发放问卷 133 份,回收有效问卷 129 份。问卷信度、效度分析结果(表 7-2 和表 7-3)表明问卷内部具有较强的稳定性及较高的结构效度。

表 7-1 调研样本分析

类别	项目	个数	比例/%
性别	男	60	46.51
	女	69	53.49
年龄	25 岁及以下	18	13.96
	26~30 岁(含 30 岁)	45	34.88
	31~35 岁(含 35 岁)	37	28.68
	36 岁及以上	29	22.48
受教育程度	大专及以下	18	13.95
	学士	102	79.07
	硕士研究生	9	6.98
	博士研究生	0	0
职业	党政机关、事业单位干部	10	7.75
	企业员工	85	65.89
	学生	10	7.75
	教育、科研、文艺、卫生、体育部门职员	11	8.53

续表

类别	项目	个数	比例/%
职业	个体商户、业主	10	7.75
	其他（含无业、待业、离退休人员）	3	2.33
网龄	1 年以下	2	1.55
	1~5 年	27	20.93
	6~10 年	54	41.86
	10 年以上	46	35.66

表 7-2 问卷信度分析结果

结构变量	观测变量	Cronbach's α	结构变量	观测变量	Cronbach's α
预期质量	x_1	0.810	公众满意	y_{17}	0.823
	x_2			y_{18}	
	x_3			y_{19}	
感知质量	y_1	0.907	持续行为意图	y_{20}	0.815
	y_2			y_{21}	
	y_3			y_{22}	
	y_4		主观规范	y_{23}	0.682
	y_5				
	y_6				
	y_7				
	y_8				
比较差异	y_9	0.881		y_{24}	
	y_{10}				
	y_{11}				
感知有用	y_{12}	0.697	感知行为控制	y_{25}	0.678
	y_{13}			y_{26}	
感知易用	y_{14}	0.739	任务-技术适配	y_{27}	0.659
	y_{15}			y_{28}	
	y_{16}				
总体信度 0.968					

表 7-3 问卷效度分析结果

KMO 和 Bartlett 球形检验		
取样足够度的 Kaiser-Meyer-Olkin 度量		0.930
Bartlett 球形检验	近似卡方	3073.967
	df	561
	Sig.	0.000

第二节 GWPSI 概念模型的参数推估及验证分析

偏最小二乘回归方法是 PLS 路径分析方法在推估 GWPSI 概念模型时所应用的主要算法,该法的计算原理是先由观测变量计算结构模型中的结构变量,然后再推及整个 GWPSI 测量模型。在获取各结构变量权重的同时,可较好地呈现测量模型中各变量间的关系,且该法对样本数据的数量和分布未作要求,适合小样本量的参数推估。因此,此轮研究中,本书仍采用该法估计模型参数。具体包括 GWPSI 测量模型和 GWPSI 结构模型的验证性因子分析。

一、GWPSI 测量模型的验证性因子分析

GWPSI 测量模型的验证性因子分析主要验证 GWPSI 测量模型的唯一性、稳定性及强健性。其中,唯一维度检验,用于反映各观测变量组合反映的结构变量的唯一性。通过对 GWPSI 结构模型中的 10 个结构变量进行唯一维度检验(表 7-4),每个结构变量的第一特征值均大于 1 且大于第二特征值,表明 GWPSI 测量模型中各观测变量组反映的结构变量是唯一的。负载系数反映的是 GWPSI 测量模型中观测变量与结构变量之间的相关系数,负载系数越大,表明观测变量与结构变量之间的相关性越强。GWPSI 测量模型中各观测变量和其对应的结构变量之间负载系数见表 7-5。在表 7-5 中,感知质量中的信息资源时效性(y_4)的负载系数为 0.694,小于 0.7 临界值,但其各观测变量的平均负载系数为 0.749,感知质量的观测变量具有较好的聚敛效度;其余的结构变量的观测变量的负载系数都大于 0.7,所以 GWPSI 测量模型的观测变量具有很好的聚敛效度。

表 7-4 GWPSI 测量模型结构变量唯一维度检验结果
(广东省人民政府门户网站实证研究)

项目	第一特征值	第二特征值
预期质量	2.086	0.559
感知质量	4.492	0.656
比较差异	3.549	0.680
公众满意	1.915	0.639
感知易用	1.849	0.621
感知有用	1.494	0.506

续表

项目	第一特征值	第二特征值
主观规范	1.469	0.531
持续行为意图	2.106	0.509
任务-技术适配	1.494	0.506
感知行为控制	1.458	0.542

表 7-5　GWPSI 测量模型中各观测变量的负载系数
（广东省人民政府门户网站实证研究）

结构变量	观测变量	负载系数	结构变量	观测变量	负载系数
预期质量	x_1	0.876	公众满意	y_{17}	0.846
	x_2	0.800		y_{18}	0.839
	x_3	0.823		y_{19}	0.849
感知质量	y_1	0.758	持续行为意图	y_{20}	0.807
	y_2	0.769		y_{21}	0.834
	y_3	0.709		y_{22}	0.871
	y_4	0.694	主观规范	y_{23}	0.858
	y_5	0.805			
	y_6	0.741			
	y_7	0.742			
	y_8	0.770			
比较差异	y_9	0.861		y_{24}	0.856
	y_{10}	0.796			
	y_{11}	0.746			
感知有用	y_{12}	0.863	感知行为控制	y_{25}	0.864
	y_{13}	0.866		y_{26}	0.844
感知易用	y_{14}	0.801	任务-技术适配	y_{27}	0.827
	y_{15}	0.751		y_{28}	0.897
	y_{16}	0.798			

从共同因子角度来看，表 7-6 中除感知质量的信息资源可信性（y_3）和信息资源时效性（y_4）的共同因子值为 0.499 和 0.474，小于 0.5 以外，其余各观测变量的共同因子值都大于 0.5，GWPSI 测量模型的结构变量对观测变量有很好的预测效用。

AVE 值是判断 GWPSI 测量模型各结构变量之间区别效度的标准。本次研究中 GWPSI 结构变量的 AVE 平方根值见表 7-7。从表 7-7 中可以看出，GWPSI 测量模型各结构变量的 AVE 平方根值大于其与其他结构变量的相关系数，因而可以说，GWPSI 测量模型中各结构变量之间具有良好的区分效度。

表 7-6　GWPSI 测量模型的共同因子值（广东省人民政府门户网站实证研究）

结构变量	观测变量	共同因子	平均共同因子	结构变量	观测变量	共同因子	平均共同因子
预期质量	x_1	0.692	0.695	公众满意	y_{17}	0.727	0.714
	x_2	0.638			y_{18}	0.702	
	x_3	0.776			y_{19}	0.714	
感知质量	y_1	0.583	0.561	持续行为意图	y_{20}	0.651	0.702
	y_2	0.597			y_{21}	0.713	
	y_3	0.499			y_{22}	0.742	
	y_4	0.474		主观规范	y_{23}	0.735	0.735
	y_5	0.651					
	y_6	0.545					
	y_7	0.555			y_{24}	0.735	
	y_8	0.589					
比较差异	y_9	0.719	0.644				
	y_{10}	0.627					
	y_{11}	0.590					
感知有用	y_{12}	0.747	0.747	感知行为控制	y_{25}	0.729	0.729
	y_{13}	0.747			y_{26}	0.729	
感知易用	y_{14}	0.648	0.614	任务-技术适配	y_{27}	0.744	0.744
	y_{15}	0.628			y_{28}	0.744	
	y_{16}	0.573					

表 7-7　GWPSI 测量模型 AVE 平方根及其与其他结构变量的相关系数
（广东省人民政府门户网站实证研究）

项目	主观规范	任务-技术适配	公众满意	感知易用	感知有用	感知行为控制	感知质量	持续行为意图	比较差异	预期质量
主观规范	0.857									
任务-技术适配	0.544	0.863								
公众满意	0.529	0.587	0.845							
感知易用	0.561	0.615	0.690	0.784						
感知有用	0.537	0.592	0.759	0.703	0.864					
感知行为控制	0.606	0.564	0.664	0.693	0.652	0.854				
感知质量	0.595	0.652	0.840	0.795	0.780	0.712	0.749			
持续行为意图	0.616	0.569	0.684	0.692	0.645	0.773	0.708	0.838		
比较差异	0.519	0.595	0.845	0.748	0.729	0.698	0.858	0.708	0.803	
预期质量	0.460	0.548	0.725	0.667	0.682	0.613	0.818	0.642	0.717	0.834

二、GWPSI 结构模型的验证性分析

GWPSI 结构模型的验证性分析包括结构变量之间的路径系数、R^2 值、冗余值,旨在验证 GWPSI 结构模型中结构变量之间的关联度、结构变量对 GWPSI 结构模型的解释度及综合预测能力。各结构变量之间的路径关系采用路径系数衡量(表 7-8),一般 T 值大于 1.96 时,P 值会达到 0.05 呈现显著性。从检验结果来看,H_1、H_3、H_4、H_5、H_6、H_7、H_{13}、H_{14}、H_{15}、H_{16} 的 T 值均大于 1.96,表明对应路径关系是显著的。而结构变量被 GWPSI 结构模型的解释程度可由 R^2 值体现,作为衡量政府门户网站公众满意度的关键指标,GWPSI 结构模型中,内因结构变量的 R^2 值见表 7-9。

表 7-8 路径系数的 Bootstrap 检验(广东省人民政府门户网站实证研究)

假设	T 值	显著程度	假设	T 值	显著程度
H_1:预期质量对感知质量有正向直接关系	16.560	显著	H_{10}:感知易用对持续行为意图有正向直接关系	1.724	不显著
H_2:预期质量对比较差异有正向直接关系	0.501	不显著	H_{11}:主观规范对持续行为意图有正向直接关系	1.830	不显著
H_3:感知质量对比较差异有正向直接关系	9.884	显著	H_{12}:主观规范对感知有用有正向直接关系	1.516	不显著
H_4:比较差异对公众满意有正向直接关系	3.993	显著	H_{13}:感知行为控制对感知易用有正向直接关系	2.784	显著
H_5:比较差异对感知有用有正向直接关系	6.158	显著	H_{14}:感知行为控制对持续行为意图有正向直接关系	4.352	显著
H_6:比较差异对感知易用有正向直接关系	4.757	显著	H_{15}:任务-技术适配对感知有用有正向直接关系	2.012	显著
H_7:感知有用对公众满意有正向直接关系	3.655	显著	H_{16}:任务-技术适配对感知易用有正向直接关系	2.237	显著
H_8:感知易用对公众满意有正向直接关系	0.328	不显著	H_{17}:公众满意对持续行为意图有正向直接关系	1.917	不显著
H_9:感知有用对持续行为意图有正向直接关系	0.359	不显著			

一般 R^2 值越接近 1,则表明 GWPSI 结构模型越具有更好的内部关系解释效果。表 7-9 所示,公众满意、感知有用、感知易用、感知质量、比较差异和持续行为意图的 R^2 值都在 0.5 以上,公众满意、比较差异的 R^2 值高达 0.7 以上,可以说 GWPSI 结构模型总体上具有较强的预测能力。

表 7-9 GWPSI 结构模型内因结构变量的 R^2 值
(广东省人民政府门户网站实证研究)

项目	公众满意	感知有用	感知易用	感知质量	比较差异	持续行为意图
R^2 值	0.758	0.586	0.641	0.669	0.737	0.681

在表 7-10 中的数据中,每一项内因结构变量的冗余值都大于最低标准 0.25,这说明 GWPSI 结构模型具有较好的整体预测效果。

表 7-10 GWPSI 结构模型中内因结构变量的冗余值
(广东省人民政府门户网站实证研究)

项目	公众满意	感知有用	感知易用	感知质量	比较差异	持续行为意图
冗余值	0.500	0.411	0.358	0.346	0.433	0.440

第三节 基于 PLS 路径分析方法的 GWPSI 测量模型的推估结果

在对 GWPSI 结构模型和 GWPSI 测量模型进行了验证性分析之后,可以获得基于 PLS 路径分析方法的 GWPSI 测量模型的推估结果(图 7-1)。图 7-1 中圆圈表示 GWPSI 测量模型的结构变量,方框表示对应的观测变量,结构变量与其对应的观测变量用箭头连接,并标明了负载系数。结构变量之间的路径关系也以箭头相连并标明了路径系数。

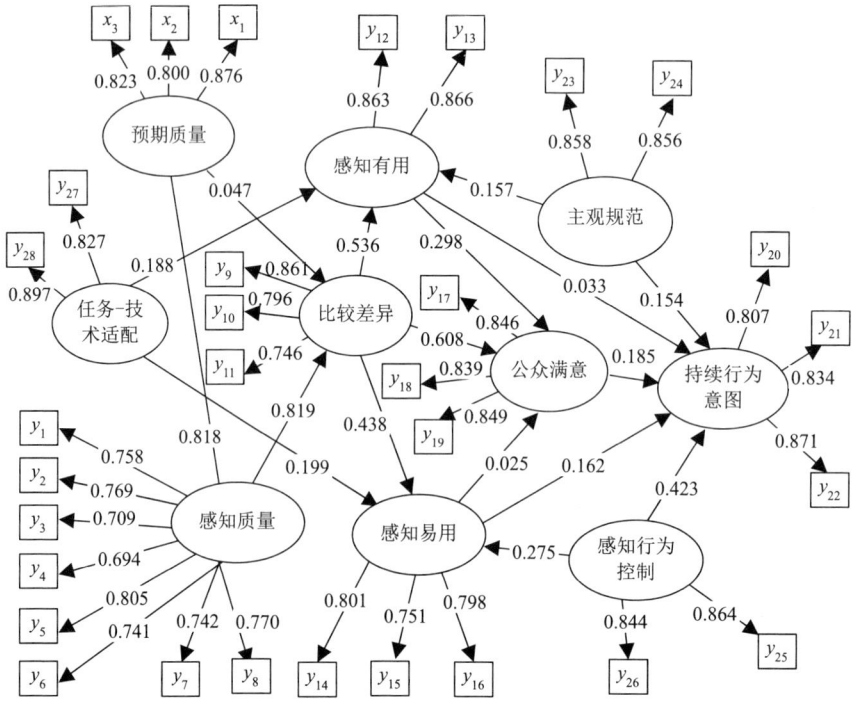

图 7-1 基于 PLS 路径分析方法的 GWPSI 测量模型推估结果

第四节 GWPSI 测量模型的再次修正

结合图 7-1 的推估结果，参照变量之间的直接效应及总体效应，对 GWPSI 测量模型进行了再次修正。修正采取结构方程模型路径系数通用原则，即首先看结构变量之间的直接效应，其次结合其总体效应，综合评估结构变量之间路径的存删。

一、结构变量之间的直接效应

直接效应就是指模型结构变量间的路径系数。例如，预期质量和感知质量间的直接效应为 0.818。GWPSI 测量模型中各结构变量之间的直接效应如图 7-2 所示。

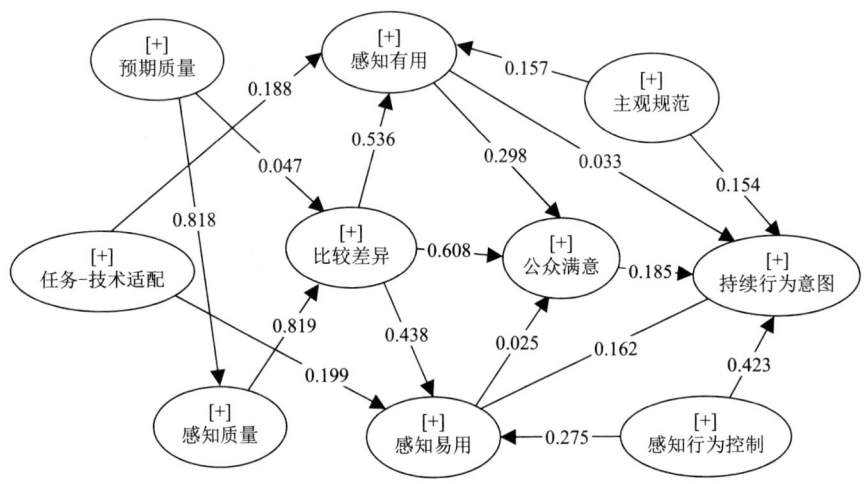

图 7-2 GWPSI 测量模型中各结构变量之间的直接效应

二、结构变量之间的总体效应

总体效应是指结构变量间直接效应与间接效应之和，GWPSI 测量模型结构变量之间的数值为总体效应值（图 7-3）。参考图 7-1 和图 7-2 可知，预期质量与比较差异的直接效应为 0.047，显著性偏低，但其总体效应为 0.717，呈显著性特征，所以在修正后的模型中，仍保留两变量间正向直接关系路径。而感知易用与公众满意、主观规范与感知有用、主观规范与持续行为意图、感知有用与持续行为意图、公众满意与持续行为意图、感知易用与持续行为意图之间,无论是直接还是总体效应都呈现显著性偏低的特点。所以,在修正后的 GWPSI 模型中删除了对应的路径关系。鉴于主观规范与其他变量的路径系数低,呈非显著性特征,因而在修正模型时删除了该结构变量。

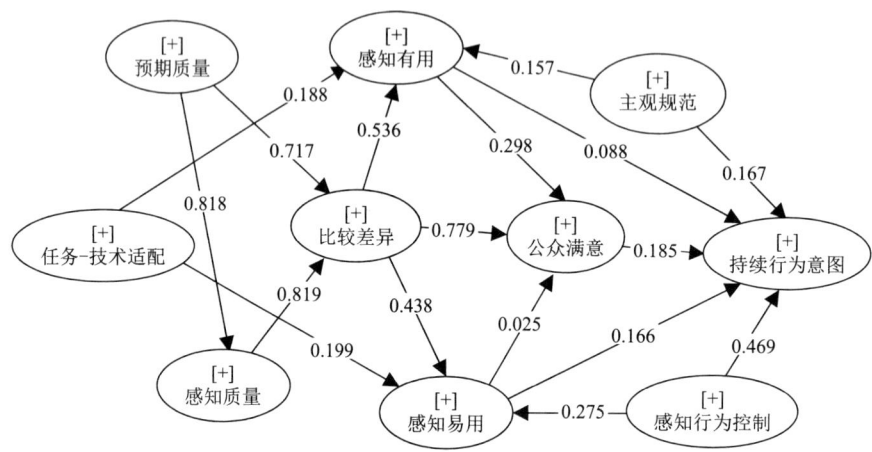

图 7-3　GWPSI 测量模型中结构变量之间的总体效应

第五节　再次修正后的 GWPSI 模型

结合本章第四节第一、二点的分析,再次修正后的 GWPSI 模型如图 7-4 所示。

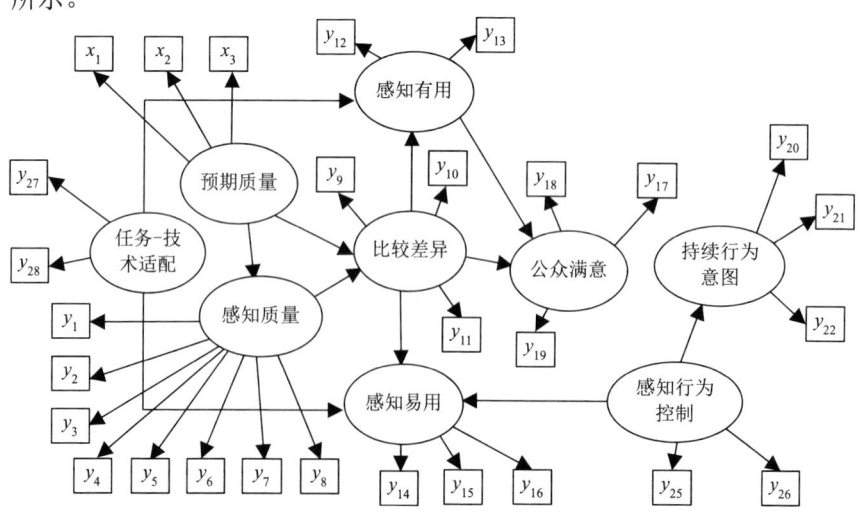

图 7-4　再次修正后的 GWPSI 模型

第六节 再次修正后的 GWPSI 模型分析

再次修正后的 GWPSI 模型分析主要包括模型中各结构变量与观测变量之间关系分析、各结构变量之间关系分析，旨在获取影响公众满意度的关键变量。

一、结构变量与观测变量之间关系分析

结合图 7-1 分析，再次修正后的 GWPSI 模型中，预期质量与总体预期质量、信息资源预期质量和信息系统预期质量等观测变量的负载系数，分别是 0.876、0.800 及 0.823。这表明三个观测变量设定合理，很好地反映预期质量结构变量。感知质量的 8 个观测变量中与感知质量之间的负载系数偏高，反映出其间的映射关联明确。需要注意的是，信息系统互动性与感知质量间的负载系数最高（0.805），这表明提升政府门户网站信息系统的互动性，可以明显提高公众对网站质量的感知。而信息资源可信性负载系数低，可能是因为公众自身信息素养上的差异，造成网站使用中无法准确判断接受信息的可信程度。比较差异与其各个观测变量的负载系数均大于 0.7 的临界值，表明变量之间映射关系清晰。其中，与预期质量比较差异变量的负载系数最大（0.861），表明公众更看重实际使用能否实现其使用前的预期。公众满意与其观测变量的负载系数都在 0.8 以上，表明各观测变量很好地反映了公众满意。其与结果满意的负载系数最大，这表明公众对使用政府门户网站的结果更为看重。感知有用与其观测变量之间的负载系数分别为 0.863、0.866，表明感知质量与其观测变量之间非常适应。对比两个观测变量，可知公众对政府门户网站有用的感知，更偏向其个性化需求的满足程度。感知易用与其观测变量间也呈现明显的映射特征，其中政府门户网站的易理解性更易让公众感知到网站的易用。感知行为控制中的两个观测变量中，相较便利条件，公众认为自身能力的高低更能促使其使用政府门户网站；任务-技术适配的观测变量任务复杂性（0.827）和技术对实绩的影响（0.897）均设定合理。相较于任务的复杂性，网站的信息技术对公众完成任务的支持程度，更易促使公众选择使用政府门户网站。持续行为意图与其观测变量也呈现强映射关系，其中推荐他人使用意图变量更能反映出公众持续使用的意图。

二、各结构变量之间关系分析

结合图 7-2 和图 7-3 可知,预期质量与感知质量的直接效应为 0.818,呈显著性特征,因而支持假设 H_1;预期质量虽与比较差异之间的直接效应呈非显著性特征,但其与比较差异的总体效应值为 0.717,综合效应支持 H_2 假设。另外,结合结构变量间的间接效应分析结果(表 7-11)可知,预期质量与公众满意、感知易用、感知有用的间接效应值分别为 0.559、0.314 和 0.384,由此可知预期质量也是影响公众满意的重要变量,一定程度上影响公众对政府门户网站有用、易用的感知。

表 7-11 结构变量间的间接效应

项目	主观规范	任务-技术适配	公众满意	感知易用	感知有用	感知行为控制	感知质量	持续行为意图	比较差异	预期质量
主观规范			0.047					0.014		
任务-技术适配			0.061					0.050		
公众满意										
感知易用								0.005		
感知有用								0.055		
感知行为控制			0.007					0.046		
感知质量			0.638	0.359	0.439			0.190		
持续行为意图										
比较差异			0.171					0.232		
预期质量			0.559	0.314	0.384			0.167	0.670	

感知质量与比较差异之间的直接效应为 0.819,呈显著性特征,支持假设 H_3。从间接效应上看,感知质量与公众满意、感知易用和感知有用的间接效应值,分别为 0.638、0.359 和 0.439,可知感知质量间接影响公众对网站满意、易用和有用的感知。比较差异与公众满意之间的直接效应为 0.608,总体效应为 0.779,呈显著性特征;比较差异与感知易用的直接效应为 0.438,呈显著性特征;与感知有用的直接效应为 0.536,呈显著性特征,因此 H_4、H_5 和 H_6 假设均得到支持,比较差异与持续行为意图的间接效应值为 0.232,表明降低比较差异有助于公众持续使用政府门户网站。公众满

意与持续行为意图的直接效应为 0.185，呈非显著性特征，表明公众对政府门户网站的满意度与持续使用之间无正向显著关系，H_{17} 得不到支持。感知有用与公众满意的直接效应为 0.298，呈显著性特征，表明公众对政府门户网站有用的感知易提升满意度；而感知质量与持续行为意图间呈非显著性特征，因而 H_9 得不到支持；感知易用与公众满意和持续行为意图的直接效应分别为 0.025、0.162，呈非显著性特征，因而在再次修正后的 GWPSI 模型中，删除了这两条路径关系。感知行为控制与感知易用、持续行为意图的直接效应分别为 0.275 和 0.423，呈显著性特征，支持 H_{13}、H_{14} 的假设。感知行为控制中，与之关系较大的观测变量是自我效能，公众自我效能感越强，对网站的操作便更熟练，再加上外部的便利条件支持，增强了公众对政府门户网站的易用性感知，因而，感知行为控制与感知易用之间的正向直接关系得到支持。任务-技术适配与感知有用的直接效应为 0.188，呈现显著性特征，表明公众所面临的任务与政府门户网站所支持的技术的匹配度越高，公众对网站的有用性感知越高，任务-技术适配是感知有用的关键变量；任务-技术适配和感知易用之间的直接效应仅为 0.199，支持 H_{16} 的假设，表明政府网站的技术对公众任务完成的帮助越大，公众对使用该网站的易用性感知程度就越高。

第七节 政府门户网站公众满意度的提升对策

结合此次实证研究所再次修正的 GWPSI 模型可知，比较差异、感知有用、感知质量、预期质量是影响公众满意的关键变量，也是提升政府门户网站公众满意度的着力点。因而可以尝试从这几个关键变量入手，分析、提炼政府门户网站公众满意度的提升对策。

首先对 GWPSI 测量模型做重要性-表现力映射分析（IPMA），以公众满意为目的变量，计算得出与公众满意相关的所有结构变量的总体效应和重要程度值，得到与公众满意相关的所有变量的重要性-表现力映射效果图（图 7-5）。结合图 7-5 可知，比较差异的总体效应值为 0.7791，对公众满意的重要程度为 61.777，在最重要的 4 个变量中排列第三；预期质量的总体效应值是 0.559，排列第三，但其对公众满意的重要程度在 4 个变量中位列第一；感知质量的总体效应值和重要程度在 4 个变量中均列第二；而感知有用的总体效应值和重要程度在 4 个变量中排名最后。综合考量，要提高政府门户网站公众满意度,重点应着眼于预期质量、感知质量和比较差异这几个关键变量,具体对策如下。

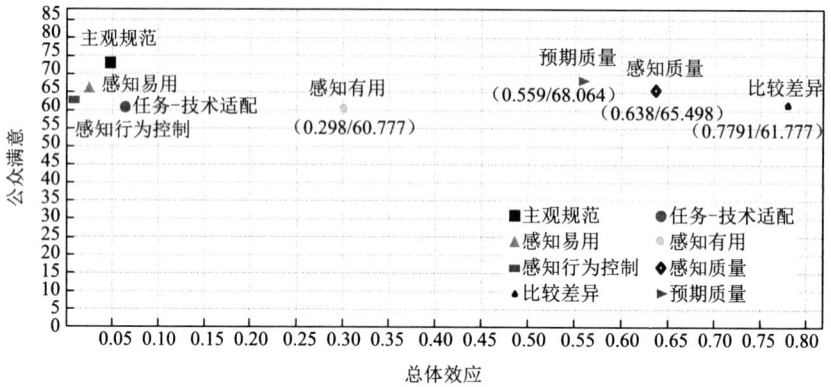

图 7-5 重要性-表现力映射效果图

一、基于比较差异的公众满意度提升对策

从上面实证结果分析来看,比较差异与政府门户网站公众满意度的关联性最高,也最重要。因此,要提高公众对政府门户网站的满意度,应首先从比较差异及其观测变量入手。

1. 预期质量与比较差异

从上面研究可知,比较差异与预期质量的负载系数为 0.861,所以说,降低预期质量与感知质量的比较差异,是提升政府门户网站公众满意度的关键。公众在使用政府门户网站之前,因受到生活经验、教育程度、网龄等方面差异的限制,对该网站的预期质量是模糊的。该模糊性易造成公众无法准确地以预期质量为标准,衡量其与感知质量的差异,从而影响了公众满意度。基于此,要降低预期质量的模糊性,使公众以明确的预期质量为标准,就需要政府门户网站运管机构通过多渠道、多种方式推广介绍,让不同的公众群体了解和认识政府门户网站。例如,政府可以通过微信公众号推送的方式来介绍其"在线申请办理身份证"的服务功能,并通过案例形式展示出来,那么阅读该案例的公众如果使用政府门户网站办理同样业务,在访问之前便会形成较为明确的预期。通过明确预期质量这一标准,可使公众准确判断政府门户网站是否满足其预期质量,有利于提升公众的满意度。

2. 公众需求与比较差异

政府门户网站的使用感知与公众实际需求之间的比较差异，也是影响公众满意的重要因素。这就要求政府门户网站首先要调查公众的实际需求，且将该实际需求细化、明确，在网站上形成有序的需求板块；其次再根据公众需求，提升网站的服务广度和深度，提高信息资源服务质量，从内容、类型等方面满足公众需求，同时完善信息系统功能，完善在线办事、在线咨询等系统平台。

3. 公平理论

公众在使用政府门户网站时的公平感，也是影响其满意度的重要因素。公众对政府门户网站公平的感知，不仅与网站提供的服务和产品有关，还与不同用户或不同时间使用网站的差异相关。如果公众得到了所需结果，但在使用中的付出与获取的比例存在差异，或与其他用户相比，付出时间存在差异等，均会影响公众对于政府门户网站的满意度。这就要求政府门户网站保证全面、稳定的服务流程，既面向不同的公众层级，也要使不同时间周期的流程保持稳定。

二、基于感知质量的对策

由图 7-5 可知，感知质量与公众满意的总体效应高达 0.638，对公众满意的重要程度为 65.498。因此，提升公众对政府门户网站的满意度，提高公众对网站质量的感知是关键。

1. 提高信息资源质量

提高公众对政府门户网站的感知质量，最为基本的是提升网站的信息资源质量。结合修正后的 GWPSI 测量模型可知，政府门户网站信息资源质量提升的重点，在于完善全国政府门户网站信息资源目录体系及共享标准。构建全国政府门户网站信息资源目录体系，应首先在全国范围内开展政务信息资源普查，并参照《政务信息资源共享管理暂行办法》，保证政府门户网站信息资源目录体系应用中权威、统一共享、动态更新。同时在该目录体系的指导下，构建政府公共信息资源开放目录及数据开放网站，根据公共数据开放要求及公众需求，推动政府门户网站向公众开放迫切需求的、原生的、可供社会化再利用的政府信息资源集。

而完善政府门户网站信息资源共享标准，首先应健全政府门户网站信息共享性标准体系，按照政府门户网站信息资源组织、管理、共享、应用业务流程，构建包含政务信息资源数据采集、目录分类管理、共享交换接口及服务、多级共享平台对接、信息安全等在内的共享标准。其次调研分析，从深度、广度上收集公众所需的政府信息资源，并筛选提供实用性较强、符合公众实际需求的信息，保障其完整、准确、时效及可用性，率先推动包含人口、电子证照等亟待完善的政府信息资源共享标准的建设并开展试点先行，积极推动应用。

2. 提高信息系统质量

结合再次修正后的 GWPSI 模型可知，信息系统的互动性是影响公众感知质量及其满意度的关键指标，因此政府门户网站信息系统功能完善的重点，应在网站的互动性上。而提升政府门户网站的互动性能可从管理、信息基础设施、信息系统整合、数据共享交换平台建设上着手。①转变政府在门户网站投入的重点，将政府投入从网站数量转移到网站信息系统质量完善上来，精简各级政府门户网站。通过开展现有各级政府门户网站清查工作，从数量、名称、功能、使用频率范围、经费来源等维度，组织政府门户网站信息系统审计和督查，清除资源长期处于空闲状态、停止更新、功能与实际业务脱节或可被其他系统取代的政府门户网站。②开展国家与地方共建政府信息基础设施，提升国家统一的政府门户网站的信息支撑能力。实施中可由国务院办公厅牵头，推进政府门户网站内网及外网信息系统建设。拓宽网络覆盖范围，满足社会服务业务量大、实时性高的网络应用需求。整合政府各类业务专网与政府门户网站内网或外网，提升信息设施跨层级、地域、系统、部门、业务的支撑服务能力。③整合政府门户网站信息系统：国家层面可由国务院牵头，将分散的各级政府门户网站信息系统整合为业务协同、信息共享的独立系统。各级政府整合隔离分散的政府内部信息系统，将其分别接入国家电子政务内网或外网的数据共享交换平台，并应根据自身的信息化建设情况，制定政府门户网站整合共享清单。④完善政府门户网站数据共享交换平台。通过以"政务信息共享试点"示范，构建多级互联的政府门户网站数据共享交换平台体系。政府信息资源共享部门应及时更新维护网站信息，确保共享信息与本部门掌握信息一致。针对既往政务信息共享中经常出现的部门间主体责任不清、互相推诿的问题，按照主管与使用部门共同负责的原则,依法依规使用共享信息,并加强共享信息使用全过程管理。同时依托政府门户网站数据共享平台,完善基础信息资源库的覆盖范围和数据标准,推进各级政府门户网站信息系统向国家电子政务内网、外网迁移,经测评和审批后,接入国家数据共享交换平台。[①]

三、基于预期质量的对策

预期质量是公众在没有使用政府门户网站之前的质量判断,结合上面的研究发现,预期质量虽然与公众满意之间不存在直接关系,但是其对公众满意的总体效应为 0.559,预期质量对于公众满意的重要程度也达到 68.064。由此可见预期质量也是影响公众满意的重要变量。基于预期质量来提高公众对广东省政府门户网站满意度的对策有以下方面。

1. 引导公众明确预期质量

由于受个体及外部因素的影响,公众对预期质量的判断存在模糊性,这种模糊性会导致公众对政府门户的满意度产生误判,所以政府门户网站要引导公众明确自身的预期质量。引导可通过报纸、电视、手机等多途径,辅以案例的形式进行,使公众在使用网站之前,对自己的预期做出清晰判断。

2. 根据预期质量不同来提供服务

参考 KANO 模型企业顾客满意度模型关于预期质量的划分,政府门户网站要分析公众的需求,确定自身的预期质量定位,尽量达到公众理想的预期质量,使自身的服务质量高于公众的需求。预期质量是个动态变量,随着信息技术与公众信息素养的发展,公众对政府门户网站的预期质量产生相应的变化。政府门户网站运维机构应周期性开展调研并做出调整,不断创新自身的服务。例如,信息接收方式,现代社会更多的公众偏向于使用微信等网络即使通信工具接收多媒体信息,而非单纯的网站发布的静态文本信息,这时就需要政府门户网站做出改变,创新信息呈现方式以满足公众需求。

四、基于感知有用的对策

感知有用与公众满意的总体效应为 0.298,对公众满意的重要度达

[①] 中华人民共和国中央人民政府. 国务院办公厅关于印发政务信息系统整合共享实施方案的通知. [EB/OL]. http://www.gov.cn/zhengce/content/2017-05/18/content_5194971.htm. [2017-06-02].

60.777，虽然影响力不及预期质量、感知质量和比较差异，但其仍然是影响公众满意的重要变量。

1. 提高网站的办事效率

政府门户网站办事效率的提升，可基于"一体化"服务的理念，从构建全国统一政务信息共享网站及政府门户网站服务平台入手，前者旨在打通各级政府信息资源共享壁垒，为提升网站办事效率提供充足的政府信息资源，后者则旨在探讨新的服务模式，提升网站服务效率。①基于强化协同理念，构建统一的全国政务信息共享网站，作为国家政府门户网站数据共享交换平台的门户，支持跨地区、层级的政府信息共享和业务协同应用。优先推动社会保障、民政、教育、能源、交通、旅游等重点公众需求公共资源、基础数据领域的全国共享服务，逐步推动各级政府政务信息资源基于全国政务信息共享网站的共享服务。②基于"一体化"服务理念，各政府部门应先整合分散的政府信息资源，构建全国统一政府门户网站服务平台，解决跨地区、部门、层级政府服务信息资源难以共享、业务不协同、信息基础设施落后等问题。各级政府门户网站服务平台应主动接入国家政府门户网站服务平台，共享互通数据资源。利用"互联网+政务服务"新形态，发挥政府门户网站在公共社会资源配置中的优化和集成作用，拓展政府门户网站服务内容，实现面向公众的跨地区、部门、层级"一体化"政务服务。

2. 提高网站的个性化程度

相对于办事效率的提升，个性化需求满足程度更能增强公众对政府门户网站的有用的感知。提升政府门户网站的个性化程度可以采取以下措施：首先，政府门户网站应分析公众需求，并分类整理后形成需求热点标签，待公众再次访问时，通过匹配其需求关键词，优先推送其所需信息；其次，可以增加定制服务，公众根据自己需求定制信息服务，网站可以根据工作需要利用短信、邮件、微信等方式来推送；最后，网页页面可采用个性化设置，公众根据自己的审美和使用习惯来调节页面布局，满足公众对于页面的个性化需求。

总之，加快构建政府信息资源共享交换平台体系，促进信息资源整合、管理资源集聚、服务资源链接、社会资源拓展，是完善政府门户网站公共服务功能，提升政府门户网站公众满意度的有效途径和重要手段。尽管目前各地政府都高度关注政府门户网站建设，部分区域、领域也搭建了一些信息资源共享交换平台，以推进政府门户网站信息资源共享，但总体来看规模小、分布散、功能不完善。政府外部及内部各网络平台之间标准不对接、接口不统一、信息不互通的问题依然存在。政务部门履职所需信息的不完整影响了履职的有效性，也降低了公众对政府门户网站的满意度。因此，政府门户网站建设中，实现供给侧和需求侧两端发力与政府简政放权转变职能，减少信息不对称，创新政府信息共享机制是重点。

参考文献

白琳，2007. 手机市场顾客感知价值维度的实证分析[J]. 商业时代，(35)：25-26.
蔡朝军，1997. 大庆市事业单位体制改革初探[J]. 大庆社会科学，(5)：19-21.
陈岚，2012. 电子政务公众参与影响因素的实证研究[J]. 现代情报，32(9)：121-124.
陈新，2014. 职能转变视角下的政府绩效评估研究[D]. 天津：南开大学：25-35.
陈则谦，2015. 中国移动政务APP客户端的典型问题分析[J]. 电子政务，(3)：12-17.
程万高，2008. 面向公共服务的电子政务研究进展[J]. 电子政务，(1)：50-56.
邓爱民，陶宝，马莹莹，2014. 网络购物顾客忠诚度影响因素的实证研究[J]. 中国管理科学，22(6)：94-102.
邓世名，王田，魏冬娟，等，2015. 分布式服务链中顾客满意度激励机制研究[J]. 管理科学学报，18(8)：12-19.
董艳，2010. 数据预处理方法在移动通信企业的应用研究[D]. 合肥：合肥工业大学.
杜浩文，雷战波，艾攀，2010. 政府门户网站服务质量评价研究述评[J]. 情报杂志，29(2)：66-71.
杜治洲，2010. 电子政务接受度研究——基于TAM与TTF整合模型[J]. 情报杂志，29(5)：196-199.
段尧清，冯骞，2009. 政府信息公开满意度研究(II)——基于结构方程的满意度模型构建[J]. 图书情报工作，53(5)：115-117.
樊博，2006. 电子政务[M]. 上海：上海交通大学出版社.
方针，2005. 用户信息技术接受的影响因素模型与实证研究[D]. 上海：复旦大学.
菲利普·科特勒，凯文·莱恩·凯勒，2012. 营销管理[M]. 王永贵，等译. 北京：中国人民大学出版社.
费军，王文学，余丽华，2008. 面向用户的政府网站模糊综合评估[J]. 计算机工程与应用，44(27)：104-105，126.
冯向春，2015. 广东省地方政府政民互动平台建设与服务研究[J]. 大学图书情报学刊，31(1)：65-70.
符国群，2004. 美国消费者满意指数：原理、方法与启示[J]. 中国流通经济，(1)：43-47.
傅倩，2014. 政府大数据平台的建设策略研究[D]. 南昌：南昌大学.
甘利人，郑小芳，束乾倩，2004. 我国四大数据库网站IA评价研究（一）[J]. 图书情报工作，48(8)：26-29.

龚莎莎, 2009. 电子政务公众满意度模型构建及测评研究[D]. 成都: 电子科技大学.
关欣, 张楠, 孟庆国, 2012. 基于全过程的电子政务公众采纳模型及实证研究[J]. 情报杂志, (9): 191-196.
郭国庆, 李光明, 2012. 购物网站交互性对消费者体验价值和满意度的影响[J]. 中国流通经济, 26(2): 112-118.
郭星华, 谭国清, 1997. 问卷调查技术与实例[M]. 北京: 中国人民大学出版社.
国家信息安全工程技术研究中心, 国家信息安全基础设施研究中心, 2003. 电子政务总体设计与技术实现[M]. 北京: 电子工业出版社.
国务院信息化工作办公室政策规划组, 2007. 国家信息化发展战略学习读本[M]. 北京: 电子工业出版社.
韩正彪, 刘英, 葛敬民, 2009. 信基检索与利用国家精品课程网站用户满意度测评模型研究[J]. 图书情报工作, 53(20): 55-59.
郝冉, 2008. PLS 路径建模在 2007 北京市诚信调查中的应用研究[D]. 北京: 首都经济贸易大学.
胡昌平, 邓胜利, 张敏, 等, 2008. 信息资源管理原理[M]. 武汉: 武汉大学出版社.
胡广伟, 仲伟俊, 2004. 政府网站建设水平调查和分析方法研究[J]. 情报学报, 23(4): 495-501.
黄芳铭, 2005. 结构方程模型的理论及应用[M]. 北京: 中国税务出版社.
黄菁, 2009. 集成视角下的政府信息资源管理[D]. 武汉: 武汉大学.
霍映宝, 2004. CSI 模型构建及其参数的 GME 的综合估计研究[D]. 南京: 南京理工大学.
霍映宝, 2006. LISREL 与 PLS 路径建模原理分析与比较[J]. 统计与决策, (20): 19-20.
姜齐平, 汪向东, 2004. 行政环境与电子政务的策略选择[J]. 中国社会科学, (2): 80-91.
蒋骁, 仲秋雁, 季绍波, 2010. 基于过程的电子政务公众采纳研究框架[J]. 情报杂志, 29(3): 30-34.
焦微玲, 2007. 我国电子政务公众满意度测评模型的构建[J]. 情报杂志, 26(10): 36-38.
金江军, 2013. 电子政务理论与方法[M]. 北京: 中国人民大学出版社.
金勇进, 2001. 缺失数据的插补调整[J]. 数理统计与管理, 20(6): 47-53.
靳小平, 海峰, 2014. 电子政务多渠道公共服务发展中面临的挑战与对策[J]. 电子政务, (11): 124-129.
柯平, 高洁, 2007. 信息管理概论[M]. 北京: 科学出版社.
柯青, 孙建军, 成颖, 2009. 基于认知风格的 Web 目录检索界面实证分析[J]. 现代图书情报技术, (2): 59.
柯青, 王秀峰, 孙建军, 2008. 以用户为中心的研究范式——理论起源[J]. 情报资料工作, (4): 51-55.
李昌利, 沈玉利, 2008. 期望最大算法及其应用（1）[J]. 计算机工程与应用, 44(29): 61.

李海涛, 2008. 关于我国政府网站一级类目设置的思考[C]//王新才. 电子政务信息资源管理及其技术实现——2007 信息化与信息资源管理学术研讨会论文集. 湖北: 湖北人民出版社: 278-284.

李海涛, 2009. 面向公众的政府教育信息需求分析——以武汉市公众采样为例[J]. 图书情报知识, (4): 50-55.

李海涛, 2011. 面向用户的电子政务服务系统设计[J]. 档案管理, (1): 7-10.

李海涛, 宋琳琳, 2008. 武汉市十三个区政府网站辅助功能模块设置状况及分析[J]. 档案管理, (2): 69-70.

李海英, 林柳, 2011. 交易经验在平台式网购顾客满意度评价中的调节作用[J]. 软科学, 25(12): 137-142.

李静怡, 2006. 林达尔均衡与农村公共品提供[J]. 时代经贸, 4(45): 29.

李莉, 甘利人, 谢兆霞, 2009. 基于感知质量的科技文献数据库网站信息用户满意模型研究[J]. 情报学报, 28(4): 565-581.

李漫波, 2005. 协同: 电子政务的未来[J]. 软件世界, (1): 45.

李颖, 徐博艺, 2007. 中国文化下的电子政务门户用户接受度分析[J]. 情报科学, 25(8): 1208-1212.

李玉萍, 胡培, 2015. 顾客网络购物满意度影响因素研究[J]. 商业研究, 57(1): 160-165.

廖盖隆, 孙连成, 陈有进, 等, 1993. 马克思主义百科要览（上卷）[M]. 北京: 人民日报出版社.

廖敏慧, 严中华, 廖敏珍, 2015. 政府网站公众接受度影响因素的实证研究[J]. 电子政务, (3): 95-105.

廖奇梅, 2010. 基于 AHP 的政府门户网站绩效评价[J]. 电子政务, (5): 91-96.

刘飞宇, 王丛虎, 2005. 多维视角下的行政信息公开研究[M]. 北京: 中国人民大学出版社.

刘刚, 拱晓波, 2007. 顾客感知价值构成型测量模型的构建[J]. 统计与决策, (22): 131-133.

刘桂芬, 冯志兰, 2005. 缺失数据多重估算 Norm 软件应用[J]. 数理医药学杂志, 18(3): 259-262.

刘金荣, 2011. 地方政府门户网站公众接受度及推进策略实证研究[J]. 情报杂志, 30(4): 182-185.

刘娜, 2007. 基于用户满意度的图书馆服务质量评价实证研究[J]. 晋书学刊, (5): 8-11.

刘伟, 段宇锋, 2006. 基于网络影响力的电子政务建设绩效评价[J]. 情报科学, 24(11): 1704-1708.

刘霞, 徐博艺, 2010. 信息伦理对 G2C 电子政务系统用户接受行为的影响研究[J]. 情报杂志, 29(1): 22-26.

刘向阳, 2003. 西方服务质量理论的发展分析及其启示[J]. 科技进步与对策, 20(8):

176-178.

刘新燕, 2005. 顾客满意研究的理论基础探析[J]. 商场现代化, (5): 63-65.

刘燕, 2006. 电子政务公众满意度测评理论、方法及应用研究[D]. 长沙: 国防科学技术大学.

刘渊, 邓红军, 金献幸, 2008. 政府门户网站服务质量与内外部用户再使用意愿研究——以杭州市政府门户网站为例[J]. 情报学报, 27(6): 908-916.

卢頔, 2011. 基于 LISREL 的黑龙江省研究生教育满意度评价研究[D]. 哈尔滨: 哈尔滨工程大学.

曾耀斌, 徐红梅, 2005. 技术接受模型及其相关理论的比较研究[J]. 科技进步与对策, (10): 176-178.

马彪, 2006. 科技文献数据库网站信息用户满意研究[D]. 南京: 南京理工大学.

马德峰, 1999. 态度改变: 费斯汀格的认知不协调理论述评[J]. 华中理工大学学报（社会科学版）, (4): 79-81.

马费成, 2010. 信息系统研究进展[M]. 武汉: 武汉大学出版社.

马轶婷, 高洁, 2014. 电子政务信息服务质量评价模型研究综述[J]. 电子政务, (12): 101-107.

米爱中, 钟诚, 杨锋, 等, 2004. 面向用户的电子政务门户网站评估方法[J]. 微机发展, 14(9): 122-124.

牛浏, 2016. 基于层次分析方法的政府门户网站评价体系研究——以安徽省 16 个地级市为例[D]. 合肥: 安徽大学.

邱均平, 宋艳辉, 2010. 域名分析法的研究——概念、原理、内容与应用[J]. 图书情报知识, (6): 72-79.

任金, 2009. 经济转型时期我国社会团体的功能分析[J]. 现代商业, (2): 162.

沙勇忠, 欧阳霞, 2004. 中国省级政府门户网站的影响力评价——网站链接分析及网络影响力因子测度[J]. 情报资料工作, (6): 17-22.

石庆馨, 孙向红, 张侃, 2005. 可用性评价的焦点小组法[J]. 人类工效学, 11(3): 64-67.

宋昊, 2005. 公众使用视角的电子政府门户网站服务质量与满意度研究——以杭州为例[D]. 杭州: 浙江大学.

宋琳琳, 李海涛, 2008. 英国国家在线信息素质教育平台 VTS 的构建与启示[J]. 图书情报知识, (3): 92-97.

孙华, 2006. 应用双因素理论阐述从顾客满意到顾客忠诚[J]. 现代营销（学苑版）, (6): 94-95.

孙建军, 2010. 基于 TAM 与 TTF 模型的网络信息资源利用效率的模型构建[M]//马费成. 信息管理与信息系统研究进展. 武汉: 武汉大学出版社.

孙静芬, 2004. 基于 CCSI 模型的手机行业 CSI 测评与改进研究[D]. 南京: 南京理工大学.

孙丽辉，2003. 顾客满意理论研究[J]. 东北师大学报（哲学社会科学版），(4)：18-23.
王益民，2013. 电子政务规划与设计[M]. 北京：国家行政学院出版社.
王熠，王锁柱，2007. 基于 Web 日志分析的电子政务网站综合评价方法[J]. 情报科学，25(10)：1495-1498，1503.
魏炳麟，2008. 市场调查与预测[M]. 北京：中国经济出版社.
吴建华，2009. 数字图书馆评价方法[M]. 北京：科学出版社.
吴君，许晓芸，黄栋，等，2014. 网上行政审批用户满意度的影响因素研究[J]. 电子政务，(12)：75-85.
吴晓敏，穆勇，王薇，等，2006. 以公共服务为中心的电子政务业务参考模型[J]. 信息化建设，(4)：13-15.
吴云，胡广伟，2014. 政务社交媒体的公众接受模型研究[J]. 情报杂志，(2)：177-182.
息志芳，刘建光，2007. 第三方物流顾客满意度的模糊综合评价分析[J]. 物流科技，30(1)：23-25.
肖艾林，2014. 基于公共价值的我国政府采购绩效管理创新研究[D]. 长春：吉林大学.
肖俊奇，2015. 民评官：以横向问责强化纵向问责[J]. 中国行政管理，(1)：52-57.
谢佩洪，奚红妹，魏农建，等，2011. 转型时期我国 B2C 电子商务中顾客满意影响因素的实证研究[J]. 科研管理，32(10)：109-117.
徐蔡余，2007. 基于科技文献数据库网站的信息用户满意模型构建研究[D]. 南京：南京理工大学.
徐恩元，李澜楠，2008. 政府门户网站绩效评价研究综述[J]. 图书馆论坛，28(6)：198-204.
徐云杰，2009. 社会调查研究方法[M/OL]. (2010-01-01) [2018-07-09]. https://www.taodocs.com/p-52379828.html.
薛红，陆文超，聂规划，2008. 基于 BP 神经网络的超市顾客满意度评价[J]. 商场现代化，(32)：29-30.
杨道玲，王璟璇，2015a. 政府网上办事服务整合的模式分析及建议[J]. 中国经济导刊，(4)：23-24.
杨道玲，王璟璇，2015b. 中国电子政务"十二五"的进展回顾与评价[J]. 电子政务，(4)：2-10.
杨路明，胡宏力，杨竹青，等，2007. 电子政务[M]. 北京：电子工业出版社.
杨小峰，徐博艺，2009. 政府门户网站公众接受模型研究[J]. 情报杂志，28(1)：3-6.
杨雅芬，李广建，2014. 电子政务采纳研究述评：基于公民视角[J]. 中国图书馆学报，40(1)：73-83.
佚名，2004. 中国目前的电子政务度为 22.6%[J]. 信息化建设，(12)：55.
佚名，2007. 澳大利亚电子政务战略演进及其启示[EB/OL]. (2010-07-03) [2018-07-07]. http://cio.icxo.com/htmlnews/2007/07/04/1154024_0.htm.
袁世全，丁乐飞，郝维奇，等，2003. 公共关系辞典[M]. 上海：汉语大词典出版社.

岳修志，2005. 图书馆 Apache 服务器日志文件数据的分析[J]. 现代图书情报技术，(2)：81-83.

查秀芳，2003. 马尔科夫链在市场预测中的作用[J]. 江苏大学学报（社会科学版），5(1)：110.

詹钟炜，王勇，吴凌云，等，2006. 政府门户网站评价 DEA 模型[J]. 运筹与管理，15(4)：98-101.

张敏娜，李招忠，2006. 政府门户网站互动性评价模型[J]. 图书与情报，(3)：15-18，67.

张少彤，王友奎，王庆蒙，2008. 2007 年中国政府门户网站绩效评价指标体系设计——政府门户网站用户调查[J]. 电子政务，(2)：38-43.

张少彤，周亮，王友奎，2014. 2014 年政府网站绩效评估：结果、亮点、不足[J]. 电子政务，(12)：14-19.

张圣亮，李小东，2013. 网上购物顾客满意度影响因素研究[J]. 天津大学学报（社会科学版），15(2)：109-115.

张世琪，宝贡敏，2008. 国外感知服务质量理论研究述评[J]. 技术经济，27(9)：118-124.

张新安，田澎，王爱民，等，2004. CSI 理论与实践[J]. 系统工程理论与实践，(6)：14-19.

张学宏，2005. 北京大学图书馆的主页日志分析[J]. 现代图书情报技术，(5)：81-83.

张翼燕，杨玉慧，2008. 用户信息行为障碍研究[J]. 图书情报知识，(9)：78-81.

张燏，2016. 顾客满意度理论辨析[D]. 福州：闽江学院.

赵富强，刘金兰，彭悦，2012. PLS 算法的顾客满意度指数模型[J]. 北京理工大学学报（社会科学版），14(1)：56-59.

赵国俊，2009. 电子政务[M]. 第 2 版. 北京：电子工业出版社.

赵建青，唐志，2007. 政府门户网站与电子政务服务[R]//中国电子政务发展报告 NO.4——从政府信息上网到政府服务上网. 北京：社会科学文献出版社：57-58.

赵庆，2015. 社会团体在社会主义市场经济发展中的功能定位与作用[J]. 中国中小企业，(4)：78-80.

赵一椿，2015. 以公共满意度为导向的电子政务绩效评估研究——基于上海市社保的调查数据分析[D]. 上海：上海师范大学.

中国软件评测中心，2008. 2008 年中国政府网站绩效评估指标体系解读[J]. 电子政务，(7)：80-85.

周宏仁，2002. 电子政务全球透视与我国电子政务的发展[J]. 邮电商情，(21)：8-13.

周慧文，2005. 面向公众的政府网站的评估与应用研究[D]. 武汉：武汉大学.

周敏，2009. 中国省级政府门户网站设计调查分析[J]. 图书馆学研究，(7)：31-35.

周延飞，魏星河，2014. 县级政府信息公开探析——以 N 市九个县级政府门户网站为例[J]. 山东行政学院学报，(11)：1-10.

朱多刚，2012. 电子政务成功：信任、风险和 TAM 的综合模型[D]. 武汉：华中科技大学.

朱国玮，黄珺，龚完全，2006. 电子政府公众满意度测评研究[J]. 情报科学，24(8)：1125-1130.

朱国玮，黄珺，汪浩，2004. 公共部门公众满意度测评研究[J]. 理论与改革，(6)：42-45.

邹凯，2008. 社区服务公众满意度测评理论、方法及应用研究[D]. 长沙：国防科学技术大学.

Adams J S, 1963. Towards an understanding of inequity [J]. The Journal of Abnormal and Social Psychology, 67(5): 422-436.

Agarwal R, Prasad J, 1997. The role of innovation characteristics and perceived voluntariness in the acceptance of information technologies [J]. Decision Sciences, 28(3): 557-582.

Ajzen I, 1991. The theory of planned behavior [J]. Organizational Behavior and Human Decision Processes, 50: 179-211.

Aladwani A M, 2013. A cross-cultural comparison of Kuwaiti and British citizens' views of e-government interface quality [J]. Government Information Quarterly, 30(1): 74-86.

Alderfer C P, 1969. An empirical test of a new theory of human need [J]. Organizational Behavior and Human Performance, 4(2): 142-175.

Alexander S, Ruderman M, 1987. The role of procedural and distributive justice in organizational behavior [J]. Social Justice Research, 1(2): 177-198.

Al-Hujran O, Al-dalahmeh M, Aloudat A, 2011. The role of national culture on citizen adoption of e-government service: an empirical study [J]. Electronic Journal of e-government, 9(2): 93-106.

Al-Khalifa H S, Garcia R A, 2014. Website design based on cultures: an investigation of Saudis, Filipinos, and Indians government websites' attributes [C]. Third International Conference, DUXU 2014: 15-27.

Alloy L B, Tabachnik N, 1984. Assessment of covariation by humans and animals: the joint influence of prior expectations and current situational information [J]. Psychological Review, (91): 112-149.

Alruwaie M, 2012. A framework for evaluating citizens' outcome expectations and satisfactions toward continued intention to use e-government service [EB/OL]. (2012-03-28) [2018-07-10]. https://www.brunel.ac.uk/__data/assets/file/0018/184410/phdSimp2012MubarakAlruwaie.pdf.

Al-Shafi S, Weerakkody V, 2009. Factors affecting e-government adoption in the state of Qatar [EB/OL].(2009-04-12) [2018-07-07]. https://core.ac.uk/download/pdf/336865.pdf?repositoryId=14.

Anderson E W, Fornell C, Rust R T, 1997. Customer satisfaction, productivity, and profitability: differences between goods and services [J]. Marketing Science, 16(2): 129-145.

Anthopoulos L G, Reddick C G, 2014. Government e-strategic planning and management [M]. New York: Springer: 3-23.

Bai B, Law R, Wen I, 2008. The impact of website quality on customer satisfaction and purchase intentions: evidence from Chinese online visitors [J]. International Journal of Hospitality Management, 27(3): 391-402.

Bakirtas H, 2013. The effect on consumption emotions and consumer satisfaction of store's social dimension [J]. Eskişehir Osmangazi Üniversitesi Sosyal Bilimler Dergisi, 14(1): 87-101.

Bandura A, 1982. The assessment and predictive generality of self-percepts of efficacy [J]. Journal of Behavior Therapy & Experimental Psychiatry, 13(3): 195-199.

Bañegil T M, Miranda F J, 2002. Assessing the validity of new product development techniques in Spanish firms [J]. European Journal of Innovation Management, 5(2): 98-106.

Bearden W O, Teel J E, 1983. Selected determinants of consumer satisfaction and complaint reports [J]. Journal of Marketing Research, 20(1): 21-28.

Bharati P, Chaudhury A, 2004. An empirical investigation of decision-making satisfaction in web-based decision support systems [J]. Decision Support Systems, 37(2): 187-197.

Bhattacherjee A, 2001. Understanding information systems continuance: an expectation-confirmation model [J]. MIS Quarterly, 25(3): 351-370.

Bies R J, Moag J F, 1986. Interactional justice: communication criteria of fairness[M]// Bies R J, Moag J F, Lewicki R J, et al. Research on negotiations in organizations. New York: JAI Press.

Bishop A P, 1998. Logins and bailouts: measuring access, use, and success in digital libraries [J]. Journal of Electronic Publishing, 4(2): 27-38.

Butt M, 2014. Result-oriented e-government evaluation: citizen's perspective [EB/OL]. (2014-12-24) [2016-12-08]. http://www.webology.org/2014/v11n2/a124.pdf.

Cadotte E R, Woodruff R B, Jenkins R L, 1987. Expectations and norms in models of consumer satisfaction [J]. Journal of Marketing Research, 24(3): 305-314.

Cai W, Li H, Yuan W, 2009. The analysis of public need to the government community information[C]. 2009 International forum on information technology and applications, Chengdu: 663-664.

Cardozo R N, 1965. An experimental study of consumer effort, expectation, and satisfaction [J]. Journal of Marketing Research, (2): 244-249.

Carlsmith J M, Aronson E, 1963. Some hedonic consequences of the confirmation and disconfirmation of expectancies [J]. The Journal of Abnormal and Social Psychology, 66(2): 151-156.

Cassel C, Eklöf J A, 2001. Modelling customer satisfaction and loyalty on aggregate levels:

experience from the ECSI pilot study [C]. The 6th TQM World Congress, Saint Petersburg: 309.

Chen C, 2005. The centrality of pivotal points in the evolution of the scientific networks [C]. Proceedings of the international conference on intelligent user interfaces (IUI2005), San Diego, CA: 37-43.

Chin W W, 1998. Issues and opinion on structural equation modeling [J]. MIS Quarterly, 22(1): vii-xvi.

Chin W W, Marcolin B L, Newsted P R, 2003. A partial least squares latent variable modeling approach for measuring interaction effects results from a Monte Carlo simulation study and an electronic-mail emotion/ adoption study [J]. Information System Research, 14(2): 189-217.

Churchill G A, Surprenant C, 1982. An investigation into the determinants of customer satisfaction [J]. Journal of Marketing Research, 19(4): 491-504.

Crano W D, Prislin R, 2008. Attitudes and attitude change [M]. Hove: Psychology Press.

Cresswell A M, Burke G B, Pardo T A, 2006. Advancing return on investment analysis for government IT [C]. International Conference on Digital Government Research: Bridging Disciplines & Domains, Digital Government Society of North America: 244-245.

Cronin J J, Taylor S A, 1994. SERVPERF versus SERVQUAL: reconciling performance-based and perceptions-minus-expectations measurement of service quality [J]. Journal of Marketing, 58(1): 125-131.

Davis F D, 1989. Perceived usefulness, perceived ease of use, and user acceptance of information technology [J]. MIS Quarterly, 13(3): 319-335.

Davis F D, 1993. User acceptance of information technology: system characteristics, user perceptions, and behavioral impacts [J]. International Journal of Man-Machine Studies, 38(3): 475-487.

Day R L, 1984. Modeling choices among alternative responses to dissatisfaction [J]. Advances in Consumer Research, 11(4): 496-499.

de Souza E R, Mont'Alvão C, 2012. Web accessibility: evaluation of a website with different semi-automatic evaluation tools [J]. Work, 41(1): 1567-1571.

DeLone W H, McLean E R, 1992. Information systems success: the quest for the dependent variable [J]. Information Systems Research, 3(1): 60-95.

Dempster A P, Laird N M, Rubin D B, 1977. Maximum likelihood from incomplete data via the EM algorithm [J]. Journal of the Royal Statistical Society, 39(1): 1-38.

Dishaw M T, Strong D M, 1999. Extending the technology acceptance model with task-technology fit constructs [J]. Information & Management, 36(1): 9-21.

Dolat Abadi H R, Kabiry N, Forghani M H, 2013. Analyzing the effect of customer equity on satisfaction [J]. International Journal of Academic Research in Business & Social Sciences, 3(5): 600.

Doll W J, Torkzadeh G, 1988. The measurement of end-user computing satisfaction [J]. MIS Quarterly, 12(2): 259-274.

Efron B, 1979. Bootstrap methods: another look at the Jackknife [J]. Annals of Statistics, 7(1): 1-26.

Elling S, Lentz L, Jong M D, et al., 2012. Measuring the quality of governmental websites in a controlled versus an online setting with the "Website Evaluation Questionnaire" [J]. Government Information Quarterly, 29(3): 383-393.

Emerson R M, 1976. Social exchange theory [J]. Annual Review of Sociology, (2): 335-362.

Engel J F, Blaekwell T D, Miniard P W, 1993. Consumer behavior [M]. Chicago: The Dryden Press.

Eschenfelder K R, Beachboard J C, Mcclure C R, et al., 1997. Assessing U.S. federal government websites [J]. Government Information Quarterly, 14(2): 173-189.

Fishbein M A, Ajzen I, 1975. Belief, attitude, intention, and behavior: an introduction to theory and research [M]. Boston: Addison-Wesley.

Fornell C, 1992. A national customer satisfaction barometer: the Swedish experience [J]. Journal of Marketing, 56(1): 6-21.

Fornell C, 2005. 瑞典顾客满意度晴雨表[J]. 刘金兰, 康键, 编译. 管理学报, 2(3): 372-378.

Fornell C, Johnson M D, Anderson E W, et al., 1996. The American Customer Satisfaction Index: nature, purpose, and findings [J]. Journal of Marketing, 60(4): 7-18.

Fornell C, 刘金兰, 2006. 顾客满意度与 ACSI [M]. 天津: 天津大学出版社.

Gefen D, Straub D W, 2000. The relative importance of perceived ease of use in IS adoption: a study of E-Commerce adoption [J]. Journal of the Association for Information Systems, 1(8): 15.

Girginer N, Çelik A E, Uçkun N, 2011. Structural equality model study for credit card attitude scale [J]. Eskişehir Osmangazi Üniversitesi Sosyal Bilimler Dergisi, 12(1): 17-30.

Goodhue D L, 1995. Understanding user evaluations of information system [J]. Management Science, 12(41): 1827-1844.

Goodhue D L, Thompson R L, 1995. Task-technology fit and individual performance [J]. MIS Quarterly, 19(2): 213-236.

Gouscos D, Kalikakis M, Legal M, et al., 2007. A general model of performance and quality for one-stop e-government service offerings [J]. Government Information Quarterly, 24(4): 860-885.

Greenberg J, 1993. Justice and organizational citizenship: a commentary on the state of the science [J]. Employee Responsibilities & Rights Journal, 6(3): 249-256.

Grönroos C, 1983. Strategic management and marketing in service sector [M]. Cambridge: Marketing Science Institute: 83-104.

Ha H Y, 2012. The effects of online shopping attributes on satisfaction-purchase intention link: a longitudinal study [J]. International Journal of Consumer Studies, 36(3): 327-334.

Ha Y W, Park M C, 2013. Antecedents of customer satisfaction and customer loyalty for emerging devices in the initial market of Korea: an equity framework [J]. Psychology & Marketing, 30(8): 676-689.

Haistead D, Hartman D, Schmidt S L, 1994. Multisource effects on the satisfaction formation process [J]. Journal of the Academy of Marketing Science, 22(2): 114-129.

Harley D, Henke J, 2007. Toward an effective understanding of website users: advantages and pitfalls of linking transaction log analysis and online surveys [J/OL]. (2010-07-07) [2018-07-05]. http://www.chinalibs.net/Upload/Pusfile/2010/7/7/1923681303.pdf.

Harrison A W, Rainer R K, 1992. The influence of individual differences on skill in end-user computing [J]. Journal of Management Information System, 9(1): 93-111.

Heider F, 1958. The psychology of interpersonal relations [M]. New York: John Wiley & Sons.

Herzberg F, 1959. The motivation to work [M]. New York: John Wiley and Sons.

Hirschman A O, 1970. Review: exit, voice, and loyalty: responses to decline in firms, organizations, and states [M]. Cambridge: Harvard University Press.

Hoffman D L, Novak T P, 1996. Marketing in hypermedia computer-mediated environments: conceptual foundations [J]. Journal of Marketing, 60(3): 50-68.

Homburg V, Bekkers V, 2002. The back-office of e-government (managing information domainsas political economics) [C]. Proceedings of the 35th Hawaii International Conference on System Sciences, Hawaii.

Hovland C I, 1957. The order of presentation in persuasion [M]. New Haven: Yale University Press.

Hovland C I, Harvey O J, Sherif M, 1957. Assimilation of contrast effects in reaction to communication and attitude change [J]. Journal of Abnormal Psychology, 55(2): 244-252.

Howard J A, Sheth J N, 1969. The theory of buyer behavior [M]. New York: John Wiley and Sons.

Hsiao C H, Wang H C, Doong H S, 2012. A study of factors influencing e-government service acceptance intention: a multiple perspective approach [C]. Joint International Conference on Electronic Government and the Information Systems Perspective and Electronic Democracy, and Proceedings of the 2012 Joint International Conference on Advancing Democracy, Government and Governance: 79-87.

Hu Y C, 2009. Study on the impacts of service quality and customer satisfaction on customer loyalty in B2C e-commerce [C]. 2009 ISECS International Colloquium on Computing, Communication, Control, and Management, IEEE: 625-628.

Huang K T, Yang W L, Wang R Y, 1999. Quality information and knowledge [M]. Upper Saddle River: Prentice Hall PTR.

Hung S Y, Chang C M, Kuo S R, 2013. User acceptance of mobile e-government services: an empirical study [J]. Government Information Quarterly, 30(1): 33-44.

Hunt K H, 1977. "CS/D-Overview and future research direction"[M]// Hunt K H. Conceptualization and measurement of consumer satisfaction and dissatisfaction. Cambridge: Marketing Science Institute: 455-488.

Jati H, Dominic D D, 2009. Quality evaluation of e-government website using web diagnostic tools: asian case [C]. International Conference on Information Management and Engineering, IEEE: 85-89.

Jayanti R, Jackson A, 1991. Service satisfaction: an exploratory investigation of three models [J]. Advances in Consumer Research, 18(1): 603.

Jia C L, 2008. Research on e-government customer satisfaction based on interpretative structural modeling and management by objective[C]. Proceedings of the 5th international conference on innovation and management, Vol1, II: 1312-1315.

Joo Y G, Sohn S Y, 2008. Structural equation model for effective CRM of digital content industry [J]. Expert Systems with Applications, 34(1): 63-71.

Jöreskog K G, Sörbom D, 1989. LISREL-7 user's reference guide [M]. Mooresville: ScienticSoftware.

Kahn B K, Strong D M, Wang R Y, 2002. Information quality benchmarks: product and service performance [J]. Communication of the ACM, 45(4): 187.

Karahanna E, Straub D W, Chervany N, 1999. Information technology adoption across time: a cross-sectional comparison of pre-adoption and post-adoption beliefs [J]. MIS Quarterly, 23(2): 183-213.

Katerattanakul P, Siau K, 1999. Measuring information quality of web sites: development of an instrument [C]. Proceedings of the 20th International Conference on Information Systems (ICIS-99): 279-285.

Kertesz S, 2003. Cost-benefit analysis of e-government investments [EB/OL]. (2003-05-23) [2018-07-10]. http://www.edemocratie.ro/publicatii/Cost-Benefit.pdf.

Klopping I M, McKinney E, 2004. Extending the technology acceptance model and the task-technology fit model to consumer E-Commerce [J]. Information Technology, Learning, and Performance Journal, 22 (1): 35.

Kotler P, 1991. Marketing management analysis, planning, implementation and control [M].

Upper Saddle River: Prentice Hall.

Kudikyala U K, Vaughn R B, 2005. Software requirement understanding using pathfinder networks: discovering and evaluating mental models [J]. Journal of Systems & Software, 74(1): 101-108.

LaBarbera P A, Mazursky D, 1983. A longitudinal assessment of consumer satisfaction/dissatisfaction: the dynamic aspect of the cognitive process [J]. Journal of Marketing Research, 20: 393-404.

Lean O K, Zailani S, Ramayah T, et al., 2009. Factors influencing intention to use e-government services among citizens in Malaysia [J]. International Journal of Information Management, 29(6): 458-475.

Lee C C, Cheng H K, Cheng H H, 2007. An empirical study of mobile commerce in insurance industry: task-technology fit and individual differences [J]. Decision Support Systems, 43(1): 95-110.

Lee Y W, Strong D M, Kahn B K, et al., 2002. AIMQ: a methodology for information quality assessment [J]. Information & Management, 40(2): 133-146.

Lehtinen J R, Lehtinen U, 1982. Service quality: a study of quality dimensions [J]. Service Management Institute, Helsinki, unpublished working paper.

Lenk K, 2002. Electronic service delivery—a driver of public sector modernization [J]. Information Polity, 7 (23): 87-96.

Liao C, Chen J L, Yen D C, 2007. Theory of Planning Behavior (TPB) and customer satisfaction in the continued use of e-service: an integrated model [J]. Computers in Human Behavior, 23(6): 2804-2822.

Liljander V, Strandvik T, 1995. The nature of customer relationships in services [J]. Advances in Services Marketing and Management, (4): 141-167.

Lin C, Lu H, 2000. Toward an understanding of the behavioral intention to use a web site [J]. International Journal of Information Management, 20(3): 197-208.

Little R J A, Rubin D B, 1986. Statistical analysis with missing data [M]. New York: Wiley.

Mai N T T, Yoshi T, Tuan N P, 2013. Technology acceptance model and the paths to online customer loyalty in an emerging market [J]. Tržište/market, 25(2): 231-248.

Manham III J G, Netemeyer R G, 2002. Modeling customer perceptions of complaint handling over time: the effects of perceived justice on satisfaction and intent [J]. Journal of Retailing, 78(4): 239-252.

Mano H, Oliver R L, 1993. Assessing the dimensionality and structure of the consumption experience: evaluation, feeling, and satisfaction [J]. Journal of Consumer Research, 20(3): 451-466.

Maslow A H, 1943. A theory of human motivation [J]. Psychological Review, 50(4): 370-396.

Mathieson K, 1991. Predicting user intentions: comparing the technology acceptance model with the theory of planned behavior [M]. Catonsville: INFORMS.

Mckinney V, Yoon K, Zahedi F M, 2002. The measurement of web-customer satisfaction: an expectation and disconfirmation approach [J]. Information Systems Research, 13(3): 296-315.

Miranda F J, Sanguino R, Bañegil T M, et al., 2009. Quantitative assessment of European municipal web sites development and use of an evaluation tool [J]. Internet Research, 19(4): 425-441.

Moore G C, Benbasat I, 1996. Integrating diffusion of innovations and theory of reasoned action models to predict utilization of information technology by end-users [M]// Kautz K, Pries-Heje J. Diffusion and adoption of information technology. New York: Springer: 251-265.

Morley O, Hyams E, 2015. Leading the government's strategy for information management [J]. CILIP UPDATE with Gazette: 18-20.

Negash S, Ryan T, Igbaria M, 2003. Quality and effectiveness in Web-based customer support systems [J]. Information & Management, 40(8): 757-768.

Niehaves B, Plattfau R, 2010. E-government for the citizens: digital divide and Internet technology acceptance among the elderly [C]. Proceedings of the Gov Workshop10 (gov10). West London: Brunel University.

Oliver R L, 1980. A cognitive model of the antecedents and consequences of satisfaction decisions [J]. Journal of Marketing Research, 17(3): 460.

Oliver R L, 1989. Processing of the satisfaction response in consumption: a suggested framework and research propositions [J]. Journal of Consumer Satisfaction, Dissatisfaction and Complaining Behavior, 2: 1-16.

Oliver R L, 1993. Cognitive, affective, and attribute bases of the satisfaction response [J]. Journal of Consumer Research, 20 (3): 418-430.

Oliver R L, 1997. Satisfaction: a behavioral perspective on the consumer [M]. New York: McGraw-Hill Companies, Inc.

Oliver R L, Swan J E, 1989. Consumer perceptions of interpersonal equity and satisfaction in transactions: a field survey approach [J]. Journal of Marketing, 53(2): 21-35.

Oliver R L, Westbrook R A, 1993. Profiles of consumer emotions and satisfaction in ownership and usage [J]. Journal of Consumer Satisfaction, Dissatisfaction and Complaining Behavior, (6): 12-25.

Olsen S O, 2002. Comparative evaluation and the relationship between quality, satisfaction, and repurchase loyalty [J]. Journal of the Academy of Marketing Science, 30(3): 240-249.

Orgeron C P, Goodman D, 2011. Evaluating citizen adoption and satisfaction of e-government [J]. International Journal of Electronic Government Research, 7(3): 57-78.

Ostrom A, Iacobucci D, 1995. Consumer trade-offs and the evaluation of services [J]. Journal of Marketing, 59(1): 17-28.

Pappas I O, Pateli A G, Giannakos M N, et al., 2014. Moderating effects of online shopping experience on customer satisfaction and repurchase intentions [J]. International Journal of Retail & Distribution Management, 42(3): 187-204.

Parasuraman A, Berry L L, Zeithaml V A, 1991. Refinement and reassessment of the SERVQUAL scale [J]. Journal of Retailing, 67 (4): 420-450.

Parasuraman A, Zeithaml V A, Berry L L, 1985. A conceptual model of service quality and its implications for future research [J]. Journal of Marketing, 49 (4): 41-50.

Parasuraman A, Zeithaml V A, Berry L L, 1994. Reassessment of expectations as a comparison standard in measuring service quality: implications for further research [J]. Journal of Marketing, 58(1): 111-124.

Park N, Rhoads M, Hou J, et al., 2014. Understanding the acceptance of teleconferencing systems among employees: an extension of the technology acceptance model [J]. Computers in Human Behavior, 39(5): 118-127.

Quelch J A, Takeuchi H, 1983. Nonstore marketing: fast track or slow? [J]. Harvard Business Review, 59(4): 75-84.

Rabina D L, 2011. E-government: information, technology, and transformation AMIS (advances in management information systems) [J]. Government Information Quarterly, 28(2): 110-111.

Rana N P, Dwivedi Y K, Williams M D, 2015. A meta-analysis of existing research on citizen adoption of e-government [J]. Information Systems Frontiers, 17(3): 547-563.

Redalen A, Miller N, 2000. Evaluating website modifications at the national library of medicine through search log analysis [J/OL]. (2000-01-28) [2015-02-05]. http://www.dlib.org/dlib/january00/redalen/01redalen.html.

Richins M L, 1985. Factors affecting the level of consumer initiated complaints to marketing organizations [J]. International Journal of Research in Marketing, 2(3): 197-206.

Riding R, Cheema I, 1991. Cognitive styles—an overview and integration [J]. Educational Psychology, (11): 193-215.

Rogers E M, 1983. Diffusion of innovations [M]. New York: The Free Press.

Rogers E M, 2003. Diffusion of innovations theory [M]. 5th. New York: The Free Press.

Rossiter J R, 2002. The C-OAR-SE procedure for scale development in marketing [J]. International Journal of Research in Marketing, 19(4): 305-335.

Saeed K, Hwang Y, Yi M, 2003. Toward an integrative framework for online consumer behavior research: a meta-analysis approach [J]. Journal of End User Computing, 15(4): 1-26.

Sasser W E, Olsen R P, Wyckoff D D, 1978. Management of service operations: text, cases, and readings [M]. Boston: Allyn and Bacon.

Sauerwein E, Bailom F, Matzler K, et al., 1996. The Kano model: how to delight your customers [J]. International Working Seminar on Production Economics, 1(4): 313-327.

Schafer J L, 1997. Analysis of incomplete multivariate data [M]. London: Chapman & Hall: 430.

Schedler K, 2002. Case study: the swiss electronic government barometer [EB/OL]. (2002-04-07) [2018-07-04]. https://www.belfercenter.org/sites/default/files/files/publication/schedler-wp.pdf.

Selnes F, Gønhaug K, 2000. Effects of supplier reliability and benevolence in business marketing [J]. Journal of Business Research, 49(3): 259-271.

Sivakumar K, Li M, Dong B, 2014. Service quality: the impact of frequency, timing, proximity, and sequence of failures and delights [J]. Journal of Marketing, 78(1): 41-58.

Srivastava S C, Thompson T, 2005. Citizen trust development for e-government adoption: case of Singapore [EB/OL]. (2005-06-28) [2018-07-08]. http://www.pacis-net.org/file/2005/194.pdf.

Stowers G N L, 2004. Measuring the performance of e-government [EB/OL]. (2004-03-01) [2018-07-04]. http://www.businessofgovernment.org/sites/default/files/EGovernment Performance_0.pdf.

Strandvik T, Liljander V, 1997. Emotions in service satisfaction [J]. International Journal of Service Industry Management, 8(2): 148-169.

Strong D M, Lee Y W, Wang R Y, 1997. Data quality in context [J]. Communications of the ACM, 40(5): 103-110.

Swan J E, Trawick F I, 1982. Satisfaction related to predictive, desired expectations: a field study [M]//Hunt H K, Day R L. New findings on consumer satisfaction and complaining. Bloomington: Indiana University Press: 15-32.

Taylor S, Todd P, 1995. An integrated model of waste management behavior: a test of household recycling and composting intentions [J]. Environment & Behavior, 27(5): 603-630.

Thibaut J W, Walker L, 1975. Procedural justice: a psychological analysis [M]. New York: Halsted Press Division of Wiley.

Torres L, Pina V, Acerete B, 2005. E-government developments on delivering public services among EU cities [J]. Government Information Quarterly, 22(2): 217-238.

Tse D K, Wilton P C, 1988. Models of consumer satisfaction: an extension [J]. Journal of

Marketing Research, 25(2): 204-212.

Turner K F, Bienstock C C, Reed R O, 2010. An application of the conceptual model of service quality to independent auditing services [J]. Journal of Applied Business Research, 26(4): 1-8.

Udo G J, Bagchi K K, Kirs P J, 2010. An assessment of customers' e-service quality perception, satisfaction and intention [J]. International Journal of Information Management, 30(6): 481-492.

United Nations, 2003. World public sector report 2003: e-government at the crossroad [EB/OL]. (2003-08-23) [2018-07-10]. https://publicadministration.un.org/publications/content/PDFs/E-Library%20Archives/World%20Public%20Sector%20Report%20series/World%20Public%20Sector%20Report.2003.pdf.

United Nations, 2008. UN e-Government survey 2008: from e-Government to connected governance [EB/OL]. (2008-01-01) [2018-04-15]. http://unpan1.un.org/intradoc/groups/public/documents/un/unpan028607.pdf.

van Dyke T P, Kappelman L A, Prybutok V R, 1997. Measuring information systems service quality: concerns on the use of the SERVQUAL questionnaire [J]. MIS Quarterly, 21(2): 195-208.

van Ryzin G G, 2006. Testing the expectancy disconfirmation model of citizen satisfaction with local government [J]. Journal of Public Administration Research and Theory, 16(4): 599-611.

Venkatesh V, Davis F D, 2000. A theoretical extension of the technology acceptance model: four longitudinal field studies [J]. Management Science, 46(2): 186-204.

Venkatesh V, Hoehle H, Aljafari R, 2014. A usability evaluation of the Obama care website [J]. Government Information Quarterly, 31(4): 669-680.

Venkatesh V, Morris M G, Davis G B, et al., 2003. User acceptance of information technology: toward a unified view [J]. MIS Quarterly, 27(3): 425-478.

Verdegem P, Verleye G, 2009. User-centered e-government in practice: a comprehensive model for measuring user satisfaction [J]. Government Information Quarterly, 26(3): 487-497.

Vroom V H, 1964. Work and motivation [M]. New York: Wiley.

Wakaruk A, 2013. Government information management in the 21st Century: international perspctives [J]. Government Information Quarterly, 30(2): 211-212.

Walker L, Lind E A, Thibaut J, 1979. The relation between procedural and distributive justice [J]. Virginia Law Review, 65(8): 1401-1420.

Waller M A, Dabholkar P A, Gentry J J, 2000. Postponement, product customization, and market-oriented supply chain management [J]. Journal of Business Logistics, 21(2): 133-159.

Wang H, Yin Q, 2012. The evaluation and empirical research on government website station based on information architecture [J]. Future Control and Automation, 172: 417-425.

Wang R Y, Strong D M, 1996. Beyond accuracy: what data quality means to data consumers [J]. Journal of Management Information Systems, 12(4): 5-33.

Wang S, Zhang J, Yang F, et al., 2015. A method of e-government website services quality evaluation based on web log analysis[M]//Zhang R, Zhang Z, Liu K, et al. LISS 2013: proceedings of 3rd international conference on logistics, informatics and service science. Berlin: Springer: 1157-1162.

Westbrook R A, 1980. Intrapersonal affective influences on consumer satisfaction with products [J]. Journal of Consumer Research, 7(1): 49-54.

Westbrook R A, Oliver R L, 1991. The dimensionality of consumption emotion patterns and consumer satisfaction [J]. Journal of Consumer Research, 18(1): 84-91.

Westbrook R A, Reilly M D, 1983. Value-percept disparity: an alternative to the disconfirmation of expectations theory of consumer satisfaction [J]. Advances in Consumer Research, 10(4): 256-261.

White C, 2015. The impact of motivation on customer satisfaction formation: a self-determination perspective [J]. European Journal of Marketing, 49(11/12): 1923-1940.

Wold H, 1966. Estimation of principal components and related models by iterative least squares [J]. Multivariate Analysis, 1: 391-420.

Wolfinbarger M, Gilly M C, 2001. Shopping online for freedom, control, and fun [J]. California Management Review, 43(2): 34-55.

Wood F B, Siegel E R, Feldman S, et al., 2008. Web evaluation at the US national institutes of health: use of the American customer satisfaction index online customer survey [J]. Journal of Medical Internet Research, 10(1): e4.

Woodruff R B, 1997. Customer value: the next source for competitive advantage [J]. Journal of the Academy of Marketing Science, 25(2): 139-153.

Xu Z, Tong H, Peng H, et al., 2008. Study on customer psychological satisfaction evaluation in government portal website based on PLS for structural equation modeling [C]. International Conference on Computer Science and Information Technology, IEEE: 578-582.

Yaghoubi N M, Bahmani E, 2010. Factors affecting the adoption of online banking—an integration of technology acceptance model and Theory of Planned Behavior [J]. International Journal of Business & Management, 7(3): 231-236.

Yang H, Yang S, 2014. Positive affect facilitates task switching in the dimensional change card sort task: implications for the shifting aspect of executive function [J]. Cognition & Emotion, 28(7): 1242.

Yang Z, Cai S, Zhou Z, et al., 2005. Development and validation of an instrument to measure user perceived service quality of information presenting Web portals [J]. Information & Management, 42(4): 575-589.

Yao T, 2009. The measurement of public satisfaction of the e-government: an empirical research in Zhejiang Province [C]. Eighth Wuhan International Conference on E-Business, Vols I-III: 673-678.

Zeithaml V A, Parasuraman A, Berry L L, 1990. Delivering quality service: balancing customer perceptions and expectations [M]. Cambridge: Marketing Science Institute.

Zhang X, Prybutok V R, 2005. A consumer perspective of E-service quality [J]. IEEE Transactions on Engineering Management, 52(4): 461-477.

Zhao M, Dholakia R R, 2009. A multi-attribute model of web site interactivity and customer satisfaction: an application of the KANO model [J]. Managing Service Quality, 19(3): 286-307.

附录1 "影响政府门户网站感知质量相关因素"的开放式调查问卷

使用政府门户网站的过程中,请问哪些因素影响您对政府门户网站质量的感知?请将您认为的相关因素尽可能多地列举出来,如信息资源的有用性不高、网站不易使用、搜索结果不准确等。

附录2　政府门户网站公众感知质量影响因素调查问卷

尊敬的老师：

　　政府门户网站已经成为一些信息基础设施完备、电子政务发达国家促进政府行政改革、扩大公共服务的有力工具。在信息技术高速发展的今天，政府门户网站的服务质量是否满足公众的需求，从公众满意出发如何评价政府门户网站运行绩效，以及如何以公众满意为导向，促进政府门户网站的建设等一系列问题，促使本人开展此次调查。本次调查问卷定义的政府门户网站是指由国家或地方所有，整合并链接了政府职能部门现有的业务应用、组织内容和信息，具有统一入口，便于公众、企业或下属单位随时随地、简单、快捷地获取个性化服务的政府与公众互动的接口网站。

　　恳请您百忙之中参与调查，此项调查旨在系统地了解您根据自己使用政府门户网站的体验，提供有关政府门户网站感知质量的相关的影响因素。请根据您的真实体验，在备选的结果中选择，回答此问卷大约占用您10分钟时间。本次调查完全采用匿名方式，不涉及个人隐私及国家、企业机密，调查结果仅用于学术研究，再次感谢您的支持与合作。

第一部分　甄别问卷

1. 您使用过政府门户网站吗？（如中华人民共和国中央人民政府门户网站、美国第一政府网站、湖北省人民政府网站……）[单选题]
　　○使用过　○没有用过
2. 您常用的政府门户网站是？[主观题]（请在横线上填写）

_____

第二部分　正式问卷

请根据您的使用体验和自己的理解，对每个题项的认同程度进行判断，

"7"表示完全认同,"1"表示完全不认同。

3. 该网站所提供的信息数量丰富吗?[单选题][必答题]

完全不认同 ○1 ○2 ○3 ○4 ○5 ○6 ○7 完全认同

4. 该网站提供的信息内容非常完整?[单选题][必答题]

完全不认同 ○1 ○2 ○3 ○4 ○5 ○6 ○7 完全认同

5. 该网站提供的信息内容可充分满足您的需求?[单选题][必答题]

完全不认同 ○1 ○2 ○3 ○4 ○5 ○6 ○7 完全认同

6. 该网站提供的信息内容时间跨度大吗?[单选题][必答题]

完全不认同 ○1 ○2 ○3 ○4 ○5 ○6 ○7 完全认同

7. 该网站提供的信息涵盖的类型广泛吗?(如公报、文件、专利等)[单选题][必答题]

完全不认同 ○1 ○2 ○3 ○4 ○5 ○6 ○7 完全认同

8. 该网站提供的信息内容新颖吗?[单选题][必答题]

完全不认同 ○1 ○2 ○3 ○4 ○5 ○6 ○7 完全认同

9. 该网站内容更新速度快吗?[单选题][必答题]

完全不认同 ○1 ○2 ○3 ○4 ○5 ○6 ○7 完全认同

10. 该网站提供的信息内容来自政府的权威机构吗?[单选题][必答题]

完全不认同 ○1 ○2 ○3 ○4 ○5 ○6 ○7 完全认同

11. 该网站提供的信息来源值得信赖吗?[单选题][必答题]

完全不认同 ○1 ○2 ○3 ○4 ○5 ○6 ○7 完全认同

12. 该网站提供的信息内容容易理解吗?[单选题][必答题]

完全不认同 ○1 ○2 ○3 ○4 ○5 ○6 ○7 完全认同

13. 您在任何时候、任何地方都能轻松访问该网站吗?[单选题][必答题]

完全不认同 ○1 ○2 ○3 ○4 ○5 ○6 ○7 完全认同

14. 该网站网页打开、链接及检索速度比较迅速吗?[单选题][必答题]

完全不认同 ○1 ○2 ○3 ○4 ○5 ○6 ○7 完全认同

15. 该网站运行始终稳定吗?[单选题][必答题]

完全不认同 ○1 ○2 ○3 ○4 ○5 ○6 ○7 完全认同

16. 从该网站提供的分类体系,您能方便地获取所需的服务吗?[单选题][必答题]

完全不认同 ○1 ○2 ○3 ○4 ○5 ○6 ○7 完全认同

17. 通过该网站的导航功能，您能方便地获取所需的服务吗？［单选题］［必答题］

　　完全不认同○1　○2　○3　○4　○5　○6　○7 完全认同

18. 该网站提供较为丰富的检索方式吗？［单选题］［必答题］

　　完全不认同○1　○2　○3　○4　○5　○6　○7 完全认同

19. 该网站提供的各种检索方式能帮您轻松地找到所需的服务吗？［单选题］［必答题］

　　完全不认同○1　○2　○3　○4　○5　○6　○7 完全认同

20. 该网站可提供跨网站检索功能吗？［单选题］［必答题］

　　完全不认同○1　○2　○3　○4　○5　○6　○7 完全认同

21. 该网站能提供方便、快捷的信息存储、阅读、编辑、打印方式吗？［单选题］［必答题］

　　完全不认同○1　○2　○3　○4　○5　○6　○7 完全认同

22. 在与网站交互中，个人信息及运行环境等具有安全保障吗？［单选题］［必答题］

　　完全不认同○1　○2　○3　○4　○5　○6　○7 完全认同

23. 该网站始终能提供持续稳定的服务？［单选题］［必答题］

　　完全不认同○1　○2　○3　○4　○5　○6　○7 完全认同

24. 在该网站各种共享服务的获取中很少遇到障碍吗？［单选题］［必答题］

　　完全不认同○1　○2　○3　○4　○5　○6　○7 完全认同

25. 始终能从该网站获取平等共享的服务吗？［单选题］［必答题］

　　完全不认同○1　○2　○3　○4　○5　○6　○7 完全认同

26. 该网站检索结果完全符合您的预期吗？［单选题］［必答题］

　　完全不认同○1　○2　○3　○4　○5　○6　○7 完全认同

27. 该网站能提供个性化服务吗？（如用户页面定制、邮件定制等服务）［单选题］［必答题］

　　完全不认同○1　○2　○3　○4　○5　○6　○7 完全认同

28. 该网站能较好地提供在线办事服务吗？［单选题］［必答题］

　　完全不认同○1　○2　○3　○4　○5　○6　○7 完全认同

29. 该网站能较好地提供在线帮助（培训）服务吗？［单选题］［必答题］

　　完全不认同○1　○2　○3　○4　○5　○6　○7 完全认同

30. 该网站的在线帮助（培训）服务，有助于您掌握网站的操作吗？[单选题][必答题]

完全不认同○1 ○2 ○3 ○4 ○5 ○6 ○7 完全认同

第三部分 个 人 信 息

为了进行问卷结果的统计分析，我们需要了解几个您的个人数据，并承诺为您严格保密。

31. 性别 [单选题]
○男 ○女

32. 年龄 [单选题]
○25 岁以下 ○26～30 岁 ○31～35 岁 ○36～40 岁 ○41～45 岁 ○45 岁以上

33. 教育背景 [单选题]
○大专以下 ○大专 ○本科 ○硕士 ○博士

34. 网龄 [单选题]
○1 年以下 ○1～5 年 ○6～10 年 ○10 年以上

35. 职业 [单选题]
○党政府机关 ○企业 ○教育机构 ○科研机构 ○文化机构 ○医疗机构 ○社会团体 ○其他机构

36. 互联网操作水平 [单选题]
非常不熟练○1 ○2 ○3 ○4 ○5 ○6 ○7 非常熟练

再次感谢您的支持！

附录 3　湖北省人民政府门户网站公众满意度调查问卷

尊敬的老师：

　　随着互联网的普及应用，以及信息技术的发展，建立面向公众的服务型政府门户网站已经成为当代政府电子政务管理创新的重要领域之一。为客观、真实地评价用户导向、全面质量管理、结果导向等政府行政改革理念在政府门户网站面向公众服务践行中的现状，我们以湖北省人民政府门户网站为研究对象开展了政府门户网站公众满意度调查，旨在获取湖北省人民政府门户网站公众满意度指数。

　　感谢您百忙之中参与调查。请根据您使用湖北省人民政府门户网站的真实体验，在问卷备选项中选择。问卷填写可能会占用您 5~7 分钟的时间。本次调查采用匿名形式，调查内容不涉及个人隐私及国家、企业机密，调查结果仅用于学术研究，您的反馈意见对本人研究的开展起着非常重要的作用，再次感谢您的支持与合作。

第一部分　甄别问卷

1. 您是否使用过湖北省人民政府门户网站？　[单选题][必答题]
○是　○否

第二部分　湖北省人民政府门户网站公众需求调查

根据您的使用体验，回答下列问题。
2. 您每天平均上网的时间是？　[单选题][必答题]
○少于 1 小时　○2~4 小时　○5~7 小时　○8 小时以上
3. 您对湖北省人民政府门户网站的总体印象是什么？　[多选题][必答题]
○政府信息公开的平台　○政府实施公众参与的渠道

○政府各部门与公众沟通的工具　○政府便民服务通道

○政府提高行政效率的手段　　○不了解

○其他＿＿＿＿（提示：请填入您的答案）

4. 您每月平均访问几次该政府门户网站？［单选题］

○低于 1 次　○1～2 次　○3～4 次　○5～6 次　○7～8 次　○9～10 次

○10 次以上

5. 您通过什么渠道知道该政府门户网站的？［多选题］［必答题］

○报纸　○广播　○电视　○户外广告　○网络链接　○他人推荐

○其他＿＿＿＿（提示：请写出您的答案）

6. 您使用该政府门户网站的目的是什么？［多选题］［必答题］

○查询信息（政策法规、经济、教育、生活等信息）○在线申报或注册

○下载相关表格及资料　　　　○在线咨询　　　　○查询相关政府网站

○其他＿＿＿＿（提示：请写出您的答案）

7. 该政府门户网站提供的哪些信息对您来说最有帮助？［多选题］［必答题］

○政务信息　○财务投资信息

○便民服务信息（医疗/养老保险、交通等）

○旅游信息　○"三农"信息　○其他＿＿＿＿（提示：请写出您的答案）

第三部分　湖北省人民政府门户网站公众满意度调查

根据您的使用体验，选择对每个题项的认同程度。

8. 工作或生活中遇到问题时，您是否想到使用该政府门户网站？［单选题］［必答题］

完全没想到○1　○2　○3　○4　○5　○6　○7 立即想到

9. 使用前您对该政府门户网站服务质量的整体预期如何？［单选题］［必答题］

非常差○1　○2　○3　○4　○5　○6　○7 非常好

10. 您预期中该政府门户网站的服务主题与其内容的相关程度是？［单选题］［必答题］

完全不相关○1　○2　○3　○4　○5　○6　○7 完全相关

11. 您预期中该政府门户网站可信程度是？［单选题］［必答题］

完全不可信○1　○2　○3　○4　○5　○6　○7 完全可信

12. 您预期该政府门户网站对您的需求满足的程度是？［单选题］［必答题］

完全不能○1　○2　○3　○4　○5　○6　○7 完全可以

13. 您预期使用该政府门户网站的整个过程将使您感觉？［单选题］［必答题］

非常不满意○1　○2　○3　○4　○5　○6　○7 非常满意

14. 您预期该政府门户网站的服务质量将使您感觉？［单选题］［必答题］

非常不满意○1　○2　○3　○4　○5　○6　○7 非常满意

15. 您在任何时候均能轻松地访问该政府门户网站吗？［单选题］［必答题］

完全不能○1　○2　○3　○4　○5　○6　○7 完全能

16. 您能在任何有互联网的地方轻松地访问该政府门户网站吗？［单选题］［必答题］

完全不能○1　○2　○3　○4　○5　○6　○7 完全能

17. 该政府门户网站打开的速度如何？［单选题］［必答题］

非常慢○1　○2　○3　○4　○5　○6　○7 非常快

18. 点击该政府门户网站相关链接网址时，出现无法链接或空链接的可能性是？［单选题］［必答题］

非常大○1　○2　○3　○4　○5　○6　○7 非常小

19. 该政府门户网站支持多种检索方法吗？［单选题］［必答题］

完全不支持○1　○2　○3　○4　○5　○6　○7 完全支持

20. 该政府门户网站搜索引擎的功能如何？（如可否获取全文内容等）［单选题］［必答题］

非常单一○1　○2　○3　○4　○5　○6　○7 非常强大

21. 该政府门户网站提供的信息内容是否充实？［单选题］［必答题］

非常少○1　○2　○3　○4　○5　○6　○7 非常充实

22. 该政府门户网站提供的信息类型是否丰富？（如供下载、阅读的信息类型等）［单选题］［必答题］

非常单一○1　○2　○3　○4　○5　○6　○7 非常丰富

23. 该政府门户网站信息更新速度如何？［单选题］［必答题］

非常慢○1　○2　○3　○4　○5　○6　○7 非常快

24. 该政府门户网站提供的信息内容是否真实可信？［单选题］［必答题］

非常不可信○1　○2　○3　○4　○5　○6　○7 非常可信

25. 该政府门户网站提供信息的时间跨度如何？［单选题］［必答题］

非常小○1 ○2 ○3 ○4 ○5 ○6 ○7 非常大

26. 该政府门户网站是否提供在线咨询、在线办理等服务？［单选题］［必答题］

完全不能○1 ○2 ○3 ○4 ○5 ○6 ○7 完全能

27. 该政府门户网站是否提供个性化服务？（如个人信息需求定制、个性化页面设置等）［单选题］［必答题］

完全不能○1 ○2 ○3 ○4 ○5 ○6 ○7 完全能

28. 总体上看该政府门户网站的使用过程是否符合您的预期？［单选题］［必答题］

完全不符合○1 ○2 ○3 ○4 ○5 ○6 ○7 完全符合

29. 总体上看，该政府门户网站的信息资源服务是否符合您的预期？［单选题］［必答题］

完全不符合○1 ○2 ○3 ○4 ○5 ○6 ○7 完全符合

30. 总体上看，该政府门户网站的使用效果是否符合您的预期？［单选题］［必答题］

完全不符合○1 ○2 ○3 ○4 ○5 ○6 ○7 完全符合

31. 您付出的时间或精力与在该政府门户网站上获取的结果是否对等？［单选题］［必答题］

非常不对等○1 ○2 ○3 ○4 ○5 ○6 ○7 非常对等

32. 使用该政府门户网站能够提高您的办事效率吗？［单选题］［必答题］

完全不能○1 ○2 ○3 ○4 ○5 ○6 ○7 完全能

33. 使用该政府门户网站能够满足您的个性化需求吗？［单选题］［必答题］

完全不能○1 ○2 ○3 ○4 ○5 ○6 ○7 完全能

34. 该政府门户网站的"在线帮助"服务有助于您使用该政府门户网站吗？［单选题］［必答题］

完全不能○1 ○2 ○3 ○4 ○5 ○6 ○7 完全能

35. 该政府门户网站的"网络导航"服务有助于您获取相关服务吗？［单选题］［必答题］

完全不能○1 ○2 ○3 ○4 ○5 ○6 ○7 完全能

36. 该政府门户网站的架构及外观设计有助于您使用该政府门户网站吗？［单选题］［必答题］

完全不能○1 ○2 ○3 ○4 ○5 ○6 ○7 完全能

37. 学会使用该政府门户网站对您来说容易吗？[单选题][必答题]
非常困难○1　○2　○3　○4　○5　○6　○7 非常容易

38. 获取该政府门户网站的服务对您来说容易吗？[单选题][必答题]
非常困难○1　○2　○3　○4　○5　○6　○7 非常容易

39. 在使用该政府门户网站的整个过程中您感觉容易吗？[单选题][必答题]
非常困难○1　○2　○3　○4　○5　○6　○7 非常容易

40. 总体上您对该政府门户网站的整个使用过程是否满意？[单选题][必答题]
非常不满意○1　○2　○3　○4　○5　○6　○7 非常满意

41. 总体上您对该政府门户网站的服务满意吗？[单选题][必答题]
非常不满意○1　○2　○3　○4　○5　○6　○7 非常满意

42. 总体上您对该政府门户网站的整体满意程度（与预期服务质量相比）是什么？[单选题][必答题]
非常不满意○1　○2　○3　○4　○5　○6　○7 非常满意

43. 总体上您对该政府门户网站的整体满意程度（与理想的服务质量相比）是什么？[单选题][必答题]
非常不满意○1　○2　○3　○4　○5　○6　○7 非常满意

44. 在使用该政府门户网站的过程中您有抱怨吗？[单选题][必答题]
从来没有○1　○2　○3　○4　○5　○6　○7 一直都有

45. 您对该政府门户网站的服务质量有过抱怨吗？[单选题][必答题]
从来没有○1　○2　○3　○4　○5　○6　○7 一直都有

46. 您觉得该政府门户网站的反馈渠道通畅吗？[单选题][必答题]
非常闭塞○1　○2　○3　○4　○5　○6　○7 非常通畅

47. 您认为该政府门户网站在促进电子政务发展，增进政府与公众交流，体现政府服务职能中的作用如何？[单选题][必答题]
非常不明显○1　○2　○3　○4　○5　○6　○7 非常明显

48. 下次需要时，您还会选择该政府门户网站吗？[单选题][必答题]
完全不可能○1　○2　○3　○4　○5　○6　○7 完全可能

49. 您会向他人推荐使用该政府门户网站吗？[单选题][必答题]
完全不可能○1　○2　○3　○4　○5　○6　○7 完全可能

50. 您对该政府门户网站的发展充满信心吗？[单选题][必答题]
完全没信心○1　○2　○3　○4　○5　○6　○7 完全有信心

第四部分　个人信息（包含用户使用心理）调查

51. 您的性别 [单选题][必答题]
○男　○女

52. 您的年龄 [单选题][必答题]
○25岁以下　○26~30岁　○31~35岁　○36~40岁　○41~45岁
○45岁以上

53. 您的学历 [单选题][必答题]
○大专以下　○大专　○本科　○硕士　○博士

54. 您的网龄 [单选题][必答题]
○1年以下　○1~5年　○6~10年　○10年以上

55. 您的职业 [单选题][必答题]
○党政机关、事业单位高层领导　○党政机关、事业单位中层领导
○党政机关、事业单位公务员　○企业董事长　○企业高层管理者
○企业中层管理者　○企业职员　○社会团体高层管理人员
○社会团体中层管理人员　○社会团体普通职员　○军人
○科研、教育、文艺、体育、卫生人员　○学生　○自由职业者
○个体商户、业主　○无业、失业、待业、下岗人员　○离退休人员

56. 您的电脑操作水平是什么？（包括Word、Excel等软件的操作水平及网络基础技能的掌握等）[单选题][必答题]
非常差○1　○2　○3　○4　○5　○6　○7非常好

57. 您的知识及能力储备能使您通过该政府门户网站获取所需的服务吗？[单选题][必答题]
完全不可以○1　○2　○3　○4　○5　○6　○7完全可以

58. 在该政府门户网站的整个使用过程您能否解决所遇的困难？[单选题][必答题]
完全不能○1　○2　○3　○4　○5　○6　○7完全可以

59. 对您有重要影响的人支持您通过该政府门户网站获取所需的服务吗？[单选题][必答题]
非常反对○1　○2　○3　○4　○5　○6　○7非常支持

60. 对您的行为有重要影响的人对您使用该政府门户网站的态度是什么？［单选题］［必答题］

非常反对○1　○2　○3　○4　○5　○6　○7 非常支持

61. 您能熟练地使用该政府门户网站处理日常生活、工作事务吗？［单选题］［必答题］

非常不熟练○1　○2　○3　○4　○5　○6　○7 非常熟练

62. 对您有重要影响的人认为在与政府的交流中该政府门户网站应为首要选择吗？［单选题］［必答题］

完全不认为○1　○2　○3　○4　○5　○6　○7 完全认为

63. 在利用该政府门户网站处理事务时，您的需求明确吗？［单选题］［必答题］

很不明确○1　○2　○3　○4　○5　○6　○7 很明确

64. 在利用该政府门户网站处理事务时，您了解该政府门户网站的各项功能吗？［单选题］［必答题］

很不了解○1　○2　○3　○4　○5　○6　○7 很了解

65. 在利用该政府门户网站处理事务时，您认为该政府门户网站的技术、功能、支持、适用您所要解决的问题吗？［单选题］［必答题］

完全不适用○1　○2　○3　○4　○5　○6　○7 完全适用

再次感谢您的支持！

附录4　广东省人民政府门户网站公众满意度调查问卷

您好，我们是"政府门户网站公众满意度模型研究"课题研究小组成员，现围绕该课题开展相关调研。政府在推广"互联网+"模式的过程中，政府门户网站在搭建政府与公众交互平台，处理日常公共事务，解决公众需求并衍生更大的社会效益上的作用日益凸显。建立面向公众的服务型政府门户网站已经成为当代政府电子政务管理创新的重要领域之一。政府门户网站建设绩效如何，应以公众的需求是否得到满足为基点，同样，政府门户网站的改进更应基于公众满意视角，探讨相应完善对策。为客观、真实地评价用户导向、全面质量管理、结果导向等政府行政改革理念在政府门户网站面向公众服务践行中的现状，我们以广东省人民政府门户网站为研究对象开展了政府门户网站公众满意度调查，旨在获取广东省人民政府门户网站公众满意度指数，并完善此前研究。感谢您百忙之中参与调查。请根据您使用广东省人民政府门户网站的真实体验，在问卷备选项中选择。问卷填写可能会占用您3~5分钟的时间。本次调查采用匿名形式，调查内容不涉及个人隐私及国家、企业机密，我们承诺调查结果仅用于学术研究，绝不会用作其他用途，所以您可放心填写。填写过程中，在您认为符合您的选项上打"√"即可。谢谢您的配合！

第一部分　甄别问卷

1. 您是否使用过广东省人民政府门户网站？　[单选题][必答题]
○是　○否

第二部分　广东省人民政府门户网站公众需求调查

根据您的使用体验，回答下列问题。

2. 您每天平均上网的时间是？［单选题］［必答题］

○少于 1 小时　○2～4 小时　○5～7 小时　○8 小时以上

3. 您对广东省人民政府门户网站的总体感觉是什么？［多选题］［必答题］

○政府信息公开的平台　○政府实施公众参与的渠道

○政府各部门与公众沟通的工具　○政府便民服务通道

○政府提高行政效率的手段　○不了解　○其他_____

4. 您每月平均访问几次该政府门户网站？［单选题］

○低于 1 次　○1～2 次　○3～4 次　○5～6 次　○7～8 次　○9～10 次

○10 次以上

5. 您通过什么渠道知道该政府门户网站的？［多选题］［必答题］

○报纸　○广播　○电视　○户外广告　○网络链接　○他人推荐

○其他_____

6. 您使用该政府门户网站的目的是？［多选题］［必答题］

○查询信息（政策法规、经济、教育、生活等信息）○在线申报或注册

○下载相关表格及资料　○在线咨询　○查询相关政府网站

○在线办事　○其他_____

7. 该政府门户网站提供的哪些信息对您来说最有帮助？［多选题］［必答题］

○政务信息　○财务投资信息

○便民服务信息（医疗/养老保险、交通等）

○旅游信息　○"三农"信息　○其他_____

第三部分　广东省人民政府门户网站公众满意度调查

8. 您的性别［单选题］［必答题］

○男　○女

9. 您的年龄［单选题］［必答题］

○25 岁以下　○25～34 岁　○35～44 岁　○45～54 岁　○55～64 岁

○65 岁及以上

10. 您的受教育程度是［单选题］［必答题］

○大专及以下　○本科　○硕士　○博士

11. 您目前从事的职业是 [单选题][必答题]
○党政机关、事业单位干部　　○企业员工　　○学生
○教育、科研、文艺、体育、卫生部门职员　　○个体商户、业主
○其他_____（含无业、待业、离退休人员）

12. 您的网龄是 [单选题][必答题]
○1年以下　○1~5年　○6~10年　○10年以上

13. 在使用广东省人民政府门户网站之前，您对以下问题的认可程度（1~5分别表示完全不同意、基本不同意、一般、基本同意、完全同意）

信息资源质量高	1　2　3　4　5
信息系统方便好用	1　2　3　4　5
总体使用效果好	1　2　3　4　5

使用广东省人民政府门户网站后，您对以下问题的认可程度（1~5分别表示完全不同意、基本不同意、一般、基本同意、完全同意）

信息资源涉及领域广泛、类型丰富	1　2　3　4　5
信息资源内容丰富且完整，能很好地满足需求	1　2　3　4　5
信息资源来源可靠、描述规范、可信度高	1　2　3　4　5
信息资源更新频率高，能获取即时最新信息	1　2　3　4　5
提供在线办事功能，支持在线咨询、培训	1　2　3　4　5
使用过程中响应速度快、访问便捷	1　2　3　4　5
面向不同的公众群体，使其获取同等质量的服务	1　2　3　4　5
界面友好、个性化强，具有强大的检索和存取功能	1　2　3　4　5
信息资源质量与预期相符	1　2　3　4　5
信息系统质量与预期相符	1　2　3　4　5
信息内容能满足需求	1　2　3　4　5
信息系统功能能满足需求	1　2　3　4　5
使用该网站，您的付出与获取的对比与他人一样	1　2　3　4　5
在不同时期使用该网站，您的付出与获取的对比均一样	1　2　3　4　5
使用该网站可提高办事效率	1　2　3　4　5
该网站能满足您的个性化要求	1　2　3　4　5

该网站的使用总体上让您满意	1 2 3 4 5
该网站的使用过程让您满意	1 2 3 4 5
使用该网站所获得的结果让您满意	1 2 3 4 5

14. 针对广东省人民政府门户网站的使用过程和影响条件，您对以下问题的认可程度（**1~5分别表示完全不同意、基本不同意、一般、基本同意、完全同意**）

您很容易理解该网站的主题与内容	1 2 3 4 5
您很容易操作该网站中各项功能	1 2 3 4 5
您能很容易地学习使用该网站的功能服务	1 2 3 4 5
您在访问该网站的时候有能力应付整个过程	1 2 3 4 5
有便利的外部条件支持您去访问该网站	1 2 3 4 5
社会主流价值观念和趋势影响着您使用该网站	1 2 3 4 5
某一团体或个人影响着您使用该网站	1 2 3 4 5
任务、需求的复杂性会影响您使用该网站的效果	1 2 3 4 5
该网站的信息技术能有效帮助您完成任务	1 2 3 4 5
您还会继续使用该网站	1 2 3 4 5
您会经常去访问该网站	1 2 3 4 5
您会推荐他人来使用该网站	1 2 3 4 5

15. 您对提升广东省人民政府门户网站有哪些建议或意见？

再次感谢您的支持！

后　　记

　　至此搁笔，思绪万千。求学就教一晃三十八年，弹指一挥间。昨日灯黄，今日初放。未敢垂翅，自希奋翼。谨以此书献给我的父母，还有漫漫人生旅程风华一路的妻琳和爱女陶然。

李海涛

2018 年 10 月于云山诗意